20.04. 2007

Für Andreas,

auch als Dankeschön
für die Unterstützung
und Hilfe in den
vergangenen Jahren,
verbunden mit den
besten Wünschen für
die Zukunft

Rainer

Bibliografische Information der Deutschen Nationalbibliothek

Die Deutsche Nationalbibliothek verzeichnet diese Publikation
in der Deutschen Nationalbibliografie; detaillierte bibliografische
Daten sind im Internet unter http://dnb.d-nb.de abrufbar.

www.rosenberger-fachverlag.de

Umschlaggestaltung: Eva Martinez, Stuttgart
Lektorat: Manuela Olsson, M. A., Göppingen
Satz: UM-Satz- & Werbestudio Ulrike Messer, Weissach
Druck: AALEXX Druck, Großburgwedel
Printed in Germany
ISBN 978-3-931085-67-4

Rainer Langen

# Die Sprache der Banken

Erfolgsrezepte für eine überzeugende
Kommunikation mit Kapitalgebern

**Rosenberger**
Fachverlag

*Für Corinna*

# Inhalt

# Teil II
# Kommunikation mit Kapitalgebern

## Teil III
## Der Unternehmer im Finanzierungsgespräch

# Teil V

*Einführung*

# Wozu ich Sie
einladen möchte

## Sind Sie fit für das Gespräch mit Ihrer Bank?

Seien Sie doch mal ehrlich: Stehen Sie als mittelständischer Unternehmer nicht manchmal mit Ihrer Bank auf „Kriegsfuß"? Haben Sie nicht oftmals das Gefühl, dass man Ihnen gar nicht richtig zuhört, nichts von Ihrem Geschäft und Ihrer Branche versteht? Hat man nicht immer ein paar kluge Ratschläge auf den Lippen? Und fordert man nicht immer wieder neue Unterlagen von Ihnen, nur damit man Ihren doch so dringend benötigten Kredit nicht genehmigen muss?

Einzelschicksal? Oder wie angespannt ist das Verhältnis zwischen mittelständischen Unternehmen und ihren Banken wirklich? Haben Sie nicht auch das Gefühl, dass sich gegenüber früher etwas verändert hat, dass auf einmal ganz andere, neue „Spielregeln" gelten? Das Schreckgespenst „Basel II" ist hier nur ein Stichwort. Oft zitiert, schon zum Überdruss als Argument in einer vielfach auch emotional aufgeladenen Diskussion missverständlich oder im Eigeninteresse verbraucht. Wer weiß eigentlich noch, was wirklich dahinter steht?

Hand aufs Herz: Sind Sie wirklich fit für das Gespräch mit Ihrer Bank? Wissen Sie, wie Banken wirklich „ticken", wie ihre Denk- und Arbeitsweise ist? Es gibt in diesen Zeiten viele wichtige Themen rund um die Finanzierung von Unternehmen. „Instrumente zur Wachstumsfinanzierung", „Unternehmensnachfolge", „M&A im Mittelstand", „Beteiligungskapital", „Betriebliche Altersversorgung", „Internationalisierungsstrategien im Mittelstand", „Öffentliche Förderprogramme" sind nur einige Schlagzeilen. Aber wenig findet sich zum Thema „Kommunikation mit Banken". Kein Problem? Kann doch jeder? Oder doch „Die Bank – das unbekannte Wesen?"

Auf Unternehmerseminaren heißt es immer wieder: „Moderne Finanzierungsinstrumente kennen und beurteilen" oder: „Die zehn goldenen Regeln für die Unternehmensfinanzierung". Gut gemeinte Checklisten und Instrumentarien gibt es viele. Aber wie benutzt man diese? Setzt die Benutzung der Werkzeuge nicht voraus, dass man die Fähigkeit besitzt, die Sprache der Banken zu verstehen und sie selbst zu sprechen? Ist nicht erst so eine partnerschaftliche Kommunikation möglich? Kann man die Bankensprache lernen?

## Wofür ich Sie sensibilisieren möchte

Meine langjährigen Erfahrungen und Beobachtungen aus dem Finanzierungsalltag haben eines immer wieder gezeigt: Viele mittelständisch geprägte Unternehmer unterschätzen, wie entscheidend und vertrauensfördernd eine zielgerichtete Kommunikation ist, die die Bankenseite versteht und einbindet. Meinungsbildung orientiert sich eben oftmals nicht nur an den tatsächlichen Fakten, sondern auch an der individuellen Wahrnehmung des jeweiligen Partners auf der anderen Seite.

Jetzt möchte ich *Ihr* Bewusstsein schärfen. Lassen Sie es zu, vorurteilsfrei! Ich kann aus vielen Finanzierungssituationen nachvollziehen, dass Unternehmer sich oftmals im Finanzierungsgespräch nur als Bittsteller fühlen. Und ich weiß, welche Probleme entstehen können, wenn Bank und Unternehmen nicht die gleiche Sprache sprechen. Deshalb bereits an dieser Stelle meine Kernbotschaft:

> Ein Höchstmaß an professioneller Kommunikation
> + die Bereitschaft, die Sprache und Denkwelt der Banken zu verstehen

> = der strategische Wettbewerbsfaktor für mittelständische Unternehmen

Klingt wirklich einfach und wie selbstverständlich, ist es aber nicht!

*„Populanten von Domizilen mit fragiler transparenter Außenstruktur sollen sich von der Umfunktionierung von gegen Deformierung resistenter Materie zu Wurfprojekten distanzieren."* [Buschardt, 11].

Haben Sie das verstanden? Nein? Sprache dient zwar der Verständigung, man muss sie aber auch sprechen und verstehen können, damit sie nicht ins Leere geht. Obiger Satz heißt also „übersetzt" nicht mehr und nicht weniger als:

*„Wer im Glashaus sitzt, sollte nicht mit Steinen werfen."*

Jetzt ist auf einmal alles klar. Und warum? Weil der gleiche Sachverhalt nur mit anderen Worten ausgedrückt wurde.

Folgen Sie mir in eine für Sie neue, vielleicht auch fremde Welt ... Werfen Sie einen Blick hinter die Kulissen der Kreditwelt. Schritt für Schritt in 21 Kapiteln. Ich berichte Ihnen über meine langjährigen Erfahrungen und gebe Ihnen zahlreiche Empfehlungen rund um das Thema Finanzierung. Das Buch will Ihnen damit einfache und wirksame Regeln für den alltäglichen Umgang mit Bankern vermitteln und Ihnen helfen, die häufigsten (Kommunikations-)Fehler im Umgang mit Banken zu vermeiden.

## Was Sie nun erwartet

In den ersten fünf Kapiteln möchte ich Ihnen „Neue Wege in der Finanzierungskommunikation" und die daraus resultierenden Herausforderungen für mittelständische Unternehmer aufzeigen:

- Was prägt die Welt der Finanzkommunikation?
- Was war früher anders? Welche Spielregeln herrschen heute?
- Wie sieht der Weg zu einem professionellen Finanzierungsmanagement aus?
- Gibt es ein „Schlaraffenland" alternativer Finanzierungsinstrumente?

Der zweite Teil des Buches behandelt die Grundlagen der „Kommunikation mit Kapitalgebern". In ebenfalls vier Kapiteln werde ich Ihnen, aufbauend auf den „Zwei Seiten einer Unternehmensbotschaft", die Erfolgsfaktoren einer vertrauensvollen und professionellen Kommunikation erläutern. Basis hierfür sind die „neuen" Spielregeln im Finanzierungsmarkt. Diese müssen Sie kennen. Denn dann beherrschen Sie die Spielregeln und werden nicht zum Spielball Ihnen unbekannter Regeln! Nach dem Lesen dieser Kapitel nehmen Sie viele wertvolle Empfehlungen und Tipps für Ihren Finanzierungsalltag mit:

- Wie kann ich mich noch professioneller auf die neuen Marktgegebenheiten einstellen?
- Welche Möglichkeiten gibt es für mich, Finanzierungsprobleme durch eine gute und kontinuierliche Kommunikation zu bewältigen?

- Wie kann ich zum Beispiel meine Unternehmensstrategie einer Bank kompetent und vertrauenswürdig vermitteln?
- Wie wichtig und erfolgreich kann „Networking", also Beziehungsmanagement, für mich sein?

Teil III des Buches beschäftigt sich dann in fünf Schritten mit der konkreten Situation „Der Unternehmer im Finanzierungsgespräch". Irgendwann werden Sie als Unternehmer feststellen: Jetzt brauchen wir Kredit! Ich zeige Ihnen auf, welche Handlungsalternativen Sie im Finanzierungsmarkt haben und was Sie im Verlauf einer Finanzierungsanfrage bei Ihrer Bank alles beachten müssen:

- Welche Finanzierungsart ist für mein Vorhaben überhaupt die richtige?
- Mit welcher Bank soll ich sprechen?
- Welche Rolle kann meine Hausbank übernehmen?
- Wer in der Bank ist für mich der richtige Ansprechpartner?
- Gibt es Personen im Hintergrund, die zu kennen wichtig wäre?
- Wie funktioniert der Kreditentscheidungsprozess?
- Kann ich hierauf Einfluss nehmen?
- Welche Verhandlungsstrategie sollte ich anwenden?

## Es wird einiges von Ihnen verlangt!

Im vierten Teil müssen Sie in fünf Kapiteln erst einmal Hausaufgaben machen. Denn nun heißt es, die „Erforderlichen Informationen und Sicherheiten" überzeugend, transparent und bedarfsgerecht zur Verfügung zu stellen. Am Anfang werden Sie sicherlich verzweifeln: Was die Banker alles wissen und haben wollen! Nicht mit mir! Und dann gibt es auch noch ein Ratingverfahren, dem man sich stellen muss. Vielfach undurchschaubar und nicht nachvollziehbar. Aber keine Sorge, dieses Buch zeigt Ihnen schrittweise, was alles dahinter steckt. Und mit diesem Wissen, meinen Tipps und den vielen Empfehlungen aus der Praxis können Sie den Anforderungen ganz professionell entgegentreten und am Ende mit überzeugenden Argumenten auch eine positive Kreditentscheidung erreichen.

Aber damit fängt die Arbeit für Sie erst so richtig an. Denn jetzt gilt es, einen Kreditvertrag abzuschließen und die dort getroffenen Vereinbarungen auch partnerschaftlich in der täglichen Arbeit und im Miteinander mit Ihrer Bank umzusetzen. Ich werde Ihnen zeigen, was Sie hierbei beachten müssen und welche speziellen Erwartungen Ihr Kreditgeber im Laufe der nun folgenden Zeit an Sie hat.

## Acht Geheimnisse, um die Sprache der Banker zu verstehen

Am Ende des Buches werde ich Ihnen meine ganz persönlichen Erfolgsrezepte für ein zielgerichtetes Finanzierungsmanagement und eine professionelle Finanzierungskommunikation verraten:

- Was sollten Sie auf keinen Fall im Umgang mit Banken tun?
- Was sind die „Acht Geheimnisse", die Sie auf jeden Fall kennen sollten?

Seien Sie also gespannt. Sie haben bereits den ersten Schritt getan, um eine für Sie neue Sprache zu lernen: Die Sprache der Banken. Diskutieren Sie mit mir. Sagen Sie mir Ihre Meinung. Erzählen Sie mir von Ihren speziellen Erfahrungen! Leben Sie dieses Buch! Der eilige Leser möge sich sein ganz spezielles Thema heraussuchen und die zahlreichen Querverweise nutzen. Oder er fängt von hinten an, mit den Erfolgsrezepten und den „Acht Geheimnissen", die man kennen muss, um die Sprache der Banken zu verstehen.

## Zum Sprachgebrauch in diesem Buch

Der Begriff der Bank bzw. des Bankers wird in diesem Buch in Anlehnung an den Sprachalltag als Synonym für diese Branche und alle hier Tätigen benutzt. Wohl wissend, dass es hier und da natürlich sehr feine begriffliche Differenzierungen gibt.

Dieses Buch versteht sich als Praxis-Ratgeber für den mittelständischen Unternehmer. Dabei wird der Begriff „Mittelstand" in Anlehnung an die gebräuchliche Definition des Instituts für Mittelstandsforschung in Bonn sowie die KMU-Definition der Europäischen Kommission verstanden [EU, 33; IfM Bonn, 50]. Diese unterscheidet Unternehmen nach den quantitativen Kriterien Jahresumsatz und Beschäftigtenzahl. Hieraus ergeben sich auch die Einordnungen in „kleine", „mittlere" und „große" Unternehmen. Den KMU-Bereich der kleinen und mittleren Unternehmen mit bis zu 50 Mio Euro Jahresumsatz bezeichne ich im Folgenden auch als „breiten Mittelstand".

Wenn von mittelständischen Unternehmern gesprochen wird, so sind damit natürlich gleichermaßen Unternehmerinnen gemeint, wohl wissend, dass diese in unserem Wirtschaftsalltag mindestens genauso erfolgreich sind wie ihre männlichen Kollegen.

Die Praxisbeispiele beruhen alle auf tatsächlichen Erfahrungen des Autors. Die Namen der handelnden Personen und der beschriebenen Unternehmen wurden allerdings abgeändert. Namensgleichheiten mit existierenden Personen oder Firmen sind daher rein zufällig.

Das Zeichen „→" im Text verweist auf ausführlichere Erläuterungen eines Sachverhaltes an späterer Stelle des jeweiligen Kapitels oder gibt einen Hinweis auf noch folgende bzw. vorangegangene Kapitel.

Die umfangreichen Literaturhinweise am Ende des Buches sollen als Anregung und Hilfe für den Leser mit dazu beitragen, fachspezifische Themen, Fragen oder Begriffe weiter zu vertiefen. Dies gilt insbesondere auch für rechtliche, steuerrechtliche und bilanzielle Fragestellungen oder die detaillierte Auswertung verschiedenster Marktstudien.

*Teil I*

# Neue Wege
# in der Finanzierungs-
# kommunikation

# 1 Die Welt der Finanzkommunikation

## Was wissen Sie über Kommunikation?

In unserem alltäglichen Tun begegnet uns in vielen Situationen wie selbstverständlich das Schlagwort „Kommunikation". Beispielsweise mit Mitarbeitern, Kunden und Lieferanten aber auch Behörden und Institutionen oder jeden Tag im persönlichen Umfeld mit Freunden oder in der Familie. Sie als Unternehmer kommunizieren tagtäglich die Eigenschaften Ihrer Produkte und Dienstleistungen zum Beispiel über Internet, Kundenmagazine oder ganz spezielle Marketingmaßnahmen. Da ist die Anzeige in der Fachzeitschrift Ihrer Branche oder die Sonderverkaufsaktion zum Wochenende, aber auch der Pressebericht über Ihre neue Geschäftsstrategie. Oder die Publikation Ihrer aktuellen Geschäftszahlen für Gesellschafter, Financiers oder die Finanzbehörden. Und gerade noch haben Sie dem Firmenkundenbetreuer Ihrer Hausbank den Businessplan für die Jahre 2008 bis 2010 für Ihre neue Produktionssparte übergeben.

Immer geht es also um Kommunikation, immer aber sind die Anforderungen an das, was Kommunikation leisten soll, andere. Das macht es nicht einfacher, auch wenn man sich vielleicht hier und da im Rahmen seiner Öffentlichkeitsarbeit zum Beispiel durch ein professionelles Mediamanagement oder eine spezialisierte PR-Agentur unterstützen lassen kann. Denn auch mit dieser müssen Sie kommunizieren, beispielsweise Ihre eigenen Anforderungen, Ideen und Wünsche.

## Kommunikationsprobleme

Wir kommunizieren also jeden Tag, nahezu ununterbrochen mit Menschen in unserem Umfeld. So viel, und schon so lange, dass man meinen sollte, dass alles ganz einfach ist und jeder jeden verstehen müsste. Und dennoch, jeder von uns hat schon einmal erlebt, wie gerade dadurch Probleme entstanden, dass man aneinander vorbei geredet hat, nicht auf der gleichen „Wellenlänge" lag, nicht die gleiche Sprache gesprochen hat. Und Kommunikationsprobleme waren dann oftmals der Anfang oder der Auslöser für eine Reihe von unvorhergesehenen Handlungen und Ereignissen, die so eigentlich niemand gewollt oder erwartet hatte. Eben

noch waren Sie der Meinung, einen bis in alle Facetten gut ausgearbei-
teten Geschäftsplan für Ihre Investition in die neue Firmenimmobilie
zu haben und kurze Zeit später kommt, scheinbar wie aus heiterem
Himmel, das Nein der Banken zur angefragten Finanzierung.

Was ist also Kommunikation? Was macht Kommunikation so schwierig? Warum scheitern wir so oft an etwas, was wir doch jeden Tag
praktizieren? Wo liegen Stolpersteine offenbar im Detail?

## Kommunikation heißt auch, etwas gemeinsam machen

Der Begriff „Kommunikation" fand erst Anfang der 70er Jahre Eingang
in den zunächst rein wissenschaftlichen Sprachgebrauch. Anlass war
seinerzeit das Buch „Menschliche Kommunikation" von Paul Watz-
lawick. Und heute, dreißig Jahre später, ist Kommunikation einer der
Schlüsselbegriffe in unserer immer komplexer werdenden Welt [Wiki-
pedia, 96]. Ganz allgemein bezeichnet man mit Kommunikation den
wechselseitigen Austausch von Gedanken und Informationen in Sprache,
Gestik, Schrift oder Bild. Nicht nur das gesprochene Wort oder dieses
Buch ist Kommunikation, auch mit Mimik, das heißt der nonverbalen
Kommunikation, kann man sehr viel ausdrücken.

Aber Kommunikation geht auch noch einen Schritt weiter. Abgeleitet
vom lateinischen Verb „communicare", was soviel bedeutet wie „etwas
gemeinsam machen, vereinigen, etwas mit jemandem teilen, mit jemandem etwas besprechen, sich beraten", ist Kommunikation gerade auch
das *gemeinsame* Erarbeiten von Gedanken, Meinungen und Vorgehensweisen. Also ist partnerschaftliche, wechselseitige Kommunikation
auch das Mittel zu einem gemeinsamen Ziel. Durch geeignete Kommunikation gelangt das richtige Wissen in der richtigen Form zur richtigen
Zeit an den Ort, wo es zur Erreichung gemeinsamer Ziele gebraucht
wird [Pelz, 80].

### Praxisbeispiel
Um das künftige Wachstum Ihrer Geschäftssparte in Asien sicherzustellen, brauchen Sie eine zusätzliche Finanzierung, die Sie bei Ihrer
Hausbank beantragen. Und der Firmenkundenbetreuer Ihrer Hausbank
sucht nach zusätzlichen Möglichkeiten, Kredite an mittelständische

Unternehmen zu vergeben, um dadurch das Wachstum seiner Bank-
filiale in der Sparte „Firmenkundenkredite" weiter voranzutreiben.
Jetzt ist partnerschaftliche Kommunikation gefragt, damit Sie beide
Ihre Ziele erreichen können. Sowohl Sie als auch der Firmenkunden-
betreuer der Bank muss nun die eigenen Motive, Erwartungen und
Rahmenbedingungen in offener, den Geschäftspartner verstehenden
Art und Weise im direkten Gespräch kommunizieren.

In Teil II „Kommunikation mit Kapitalgebern" werden ich Ihnen zu
diesem Thema viele Tipps und Lösungsansätze aus der Praxis geben.

## Kommunikation ist Interaktion

Kommunikation ist also immer auch Interaktion. Diese kann zwischen
Menschen sowohl über das gesprochene Wort als auch über Gesten,
Mimik und Berührungen, die nonverbale Körpersprache, stattfinden.
Ungeachtet des sprachlichen Inhaltes werden in jeder Situation Signale
übermittelt, die für den Beobachter einen für ihn eigenen, festgelegten
Bedeutungsinhalt haben. Er interpretiert die Signale. Diese sind dann
Auslöser für Reaktionen. Somit entstehen aus Kommunikation zwischen-
menschliche Beziehungen, die im Folgenden weiter aufgebaut, gefestigt
oder auch beendet werden können. Kommunikation ist also auch immer ein Prozess, bei dem Menschen bemüht sind, gemeinsam Probleme
zu lösen. Wir werden uns dies später in Teil III „Der Unternehmer im
Finanzierungsgespräch" im Detail ansehen.

## Kulturelle Prozesse als Grundlage für Kommunikation

Grundlage für kommunikative Prozesse zwischen Menschen ist immer
die jeweils zugrunde liegende Kultur, das heißt die gemeinsame Lebenspraxis. In kulturellen Prozessen entstehen im Zeitverlauf Sinnzusam-
menhänge, in denen Probleme gestellt und gelöst werden. Wer in einer
gemeinsamen kulturellen Lebenspraxis aufwächst, zum Beispiel als An-
gehöriger eines bestimmten Berufsstandes, entwickelt innerhalb dieser
Lebens- oder Berufspraxis eine eigene Sprache, mit deren Hilfe dann auf
eine einheitliche Art und Weise kommuniziert werden kann. Hier findet
sich auch die *Sprache der Banken* wieder. Schnell entstehen Begrifflichkeiten wie zum Beispiel „Klumpenrisiko", „Syndizierter Kredit",

„Beleihungswert vs. Beleihungsgrenze" oder „baw-Befristung", deren genaue Kenntnis oftmals Insidern vorbehalten ist. Mit Hilfe dieses Buches werden auch Sie diese Begriffe kennen und verstehen lernen.

## Drei Ziele der Kommunikation

Drei wesentliche Ziele der Kommunikation sind [Wikipedia, 96]:

* Erwerb von Wissen und Erkenntnis, also Lernen
* Bildung oder Ausbau von Beziehungsnetzwerken und Partnerschaften
* Verständigung über die Verteilung von bestimmten Leistungen

Kommunikation kann beispielsweise bei der Verständigung über die Verteilung von bestimmten Leistungen auch als Instrument eingesetzt werden, um eine Position zu erreichen, von der für einen selbst ein größtmöglicher Nutzen ausgeht. Jetzt geht es um das Verhandeln mit seinem Gegenüber und um den Aufbau von Netzwerken und Kooperationen. In Kapitel 9 „Erfolgreiches Networking im Förderdschungel" und in Kapitel 14 „Professionell verhandeln" werde ich Ihnen dazu eine Reihe von Tipps und Anregungen für Ihren Praxisalltag vermitteln.

## Kommunikation im Finanzmarkt

Betrachten wir nun einmal etwas näher die Finanzwelt und ihre Märkte sowie die dort agierenden Personen. Kommunikation ist immer auch wesentlicher Bestandteil und Ausdrucksform von komplexen Systemen. Ohne Kommunikation kann ein solches System wie zum Beispiel der Finanzmarkt nicht existieren. Unternehmen, Verbände und Institutionen haben inzwischen längst erkannt, dass Kommunikation einen ganz wesentlichen Beitrag zur Unternehmensentwicklung und zur unternehmerischen Wertschöpfung leistet. Daher resultiert auch die Akzeptanz der entsprechenden Arbeitsgebiete, insbesondere im Bereich Öffentlichkeitsarbeit („Public Relations") und Finanzkommunikation („Investor Relations"). Gerade der Bereich der Finanzkommunikation hat seit Mitte der 90er Jahre eine rasante Entwicklung genommen, in deren Folge es zu einer bis dahin nicht gekannte Offenlegung von Unternehmensdaten kam [Droste, 24; Piwinger, 82].

## Finanz- und Finanzierungskommunikation

Der Begriff „Finanzkommunikation" wird in der heutigen Zeit immer breiter ausgelegt und angewendet. Zu klären ist im Einzelfall immer, ob man von der klassischen Finanzkommunikation („Investor Relations") als PR-Spezialdisziplin und einer inzwischen anerkannten Spielart der Betriebswirtschaftslehre oder eher der Finanz*ierungs*kommunikation („Financing Relations") spricht. Von Finanzkommunikation wird bisher eher in Zusammenhang mit publizitätspflichtigen oder größeren Gesellschaften und deren Auftreten am Kapitalmarkt, also zum Beispiel bei Bekanntmachungen gemäß den Erfordernissen des Wertpapierhandelsgesetzes (WpHG) oder bei (außer-)börslichen Emissionen gesprochen. Investor Relations sind so verstanden alle vom Unternehmen getroffenen Maßnahmen, die darauf zielen, die Bereitstellung von Kapital durch externe Quellen langfristig sicherzustellen und bei finanziellen Transaktionen auftretende Hemmnisse zu überwinden. Während also Public Relations der Repräsentation des Unternehmens als Ganzes dienen, beziehen sich die Investor Relations auf die wirtschaftliche Situation des Unternehmens und die Kommunikation mit gegenwärtigen und zukünftigen Kapitalgebern [Droste, 24; Piwinger, 82].

Der Begriff „Finanzierungskommunikation" („Financing Relations") umfasst

- alle Tätigkeiten, Aktionen und Maßnahmen eines Unternehmens,
- die direkt oder indirekt
- der Beschaffung oder dem Erhalt
- von Finanzierungsmitteln dienen.

Die Tätigkeiten, Aktionen und Maßnahmen im Rahmen der Finanzierungskommunikation können dabei in fünf Themenbereiche aufgeteilt werden:

- *Definition* einer an den unternehmerischen Zielsetzungen ausgerichteten eigenen unternehmerischen Finanzierungsstrategie
- *Auswahl* und Ansprache geeigneter, auch neuer Finanzierungspartner
- *Bewertung* der eigenen Präferenz für verschiedene in Frage kommende Finanzierungsinstrumente oder -modelle

- *Bereitstellung* aller relevanten Unternehmensinformationen für potenzielle Financiers in entscheidungsreifer und überzeugender Form
- *Verhandlung* der konkreten Finanzierung in allen ihren Facetten bis hin zum Vertragsabschluss und dessen Umsetzung im Finanzierungsalltag

## Persönliche Kommunikation

Jede Unternehmenskommunikation, egal ob im Bereich der übergeordneten Öffentlichkeitsarbeit oder der ganz speziellen Finanzierungskommunikation beruht letztlich auf Ihrer persönlichen Kommunikation als Unternehmer und der von Ihnen gezeigten Fähigkeit zu einem professionellen Kommunikationsmanagement. Achten Sie deshalb auch immer auf die Eigenarten Ihrer ganz persönlichen Kommunikationsform. Wie könnte zum Beispiel Ihr Gegenüber Ihre Körperhaltung interpretieren? Versuchen Sie sachlich zu bleiben. Zeigen Sie Emotion nur dort, wo es um Ihr eigenes Geschäft geht, denn hier müssen Sie überzeugen, hier können und dürfen Sie dann auch einmal emotional sein. Also Sachlichkeit und Emotion jeweils an der richtigen Stelle. Und respektieren Sie, dass auch Ihr Gegenüber – egal auf welcher hierarchischen Stufe er steht – eine Persönlichkeit ist und auch so behandelt werden möchte. Denn in den unterschiedlichsten Situationen gelten immer die Grundregeln einer jeden Kommunikation:

- Hören Sie zu
- Bringen Sie Wertschätzung entgegen
- Seien Sie einfühlsam
- Seien Sie offen und ehrlich
- Entwickeln Sie Gemeinsamkeiten
- Seien Sie lernbereit
- Bemühen Sie sich um Verständlichkeit

Details hierzu werden Sie insbesondere in Kapitel 6 „Die zwei Seiten einer Unternehmensbotschaft" und in Kapitel 7 „Erfolgsfaktoren einer professionellen Kommunikation" erfahren.

Zunächst wollen wir uns aber in Kapitel 2, auch anhand einiger empirischer Studien, einmal näher ansehen, wie die „Finanzierungskommunikation im Mittelstand" gelebt wird und wie sich diese im Verlauf der letzten Jahre geändert hat, zwangsläufig ändern musste oder noch ändern muss, weil die Märkte immer komplexer und die Anforderungen an eine professionelle Kommunikation immer höher geworden sind. In Kapitel 3 werden Sie dann mehr über „Die neuen Herausforderungen für mittelständische Unternehmer" und die „Acht Praxistipps für ein professionelles Finanzierungsmanagement" erfahren. In Kapitel 4 haben Sie dann die Möglichkeit, einmal selbst zu testen, wie gut Ihr Finanzierungsmanagement bereits heute ist.

# 2 Finanzierungskommunikation im Mittelstand

## Das alte Hausbankprinzip

Bis vor wenigen Jahren war die Finanzierung des operativen Geschäftes von mittelständischen Unternehmen eine in der Regel übersichtlich strukturierte Aufgabe. Zum einen finanzierten Unternehmen sich aus eigenen Mitteln, wie Rücklagen, Rückstellungen oder Gesellschafterdarlehen. Zum anderen schöpfte man weitere Liquidität zum Beispiel über Lieferantenkredite oder Leasing. Zusätzlicher Bedarf, im Kontokorrentbereich oder bei Investitionsprojekten wurde über die bereits langjährig engagierte Hausbank dargestellt. Als Sicherheiten dienten zumeist betriebliche Vermögensteile, wie die Betriebsimmobilie, der Maschinenpark, das Warenlager oder die Forderungen aus Lieferungen und Leistungen.

Das alte Hausbankprinzip war im Mittelstand geprägt von Großbanken mit ihrem breit gefächerten Filialsystem, den regionalen Sparkassen sowie den Volks- und Raiffeisenbanken. Es galt ein strenges Regionalprinzip. So wurden im lokalen Einzugsgebiet der jeweiligen Filiale des Kreditinstituts nur die Unternehmen finanziert, die in diesem regionalen Umfeld ihren Sitz hatten und dort auch die betrieblichen Aktivitäten ausübten. Damit war eine enge geographische Bindung zwischen Unternehmen und Bank vorgegeben. Dies bedeutete, dass ein mittelständischer Unternehmer in seiner Region nur eine begrenzte Auswahl von möglichen Bankpartnern hatte. War eine Bank aber von einem Unternehmen erst einmal als Hausbank auserwählt, so blieb man dieser über viele Jahre treu. Denn man konnte sich als Unternehmer auf *seine* Bank verlassen.

### Praxisbeipiel

Norbert Mann, Inhaber der traditionsreichen Mann Spielwarenfabrik GmbH mit einem Jahresumsatz von seinerzeit noch 25 Mio DM wird eines Morgens von seinem Finanzprokuristen angesprochen, der ihm von einem kurzfristigen Liquiditätsengpass in Höhe von 300.000 DM berichtet. Norbert Mann greift umgehend zum Hörer und ruft seinen Tennispartner Matthias Freund, Vorstand der örtlichen Sparkasse, an.

Er bittet ihn, den ausgereichten Betriebsmittelkredit von 1,5 Mio DM
in den nächsten vier Wochen um 300.000 DM überziehen zu dürfen.
Matthias Freund sagt die Überziehung umgehend zu, schließlich besteht die geschäftliche Verbindung schon über fünfzehn Jahre.

Zu beobachten war, dass die engen geschäftlichen Beziehungen oftmals
auch in eine persönlich nahe Beziehung zwischen Firmenkundenbetreuer und Unternehmer einmündeten. Hieraus ergaben sich in dem einen
oder anderen Fall zwangsläufig gewisse Abhängigkeiten.

## Der Firmenkundenbetreuer als Entscheider

Oftmals war also der örtliche Firmenkundenbetreuer mit hohen eigenen Kreditkompetenzen ausgestattet. Somit konnte er in seinem Ent-
scheidungsbereich über eine Vielzahl von Kreditwünschen direkt selbst
entscheiden. Der Firmenkundenbetreuer war der „gute Freund" des
Unternehmers. Man kannte sich eben, aus dem Industrieclub, vom
Sportverein oder über eine gesellschaftliche Vereinigung. Von daher
fand die entscheidende Kommunikation in Finanzierungsfragen auch
vielfach außerhalb der Bank statt. Nicht wenige Kredite sind auf diese
Art und Weise beim gemeinsamen Sport oder bei privaten Treffen aus-
gehandelt und entschieden worden. Es war also viele Jahre „einfach".
Dies galt insbesondere hinsichtlich des erforderlichen Informationsauf-
wandes für eine möglichst rasche Kreditgewährung durch die örtliche
Hausbank. Denn vieles beruhte in erster Linie auf dem aus langjährigen
Geschäftsbeziehungen gewonnenen Vertrauen. Und wenn man nicht
mehr als nötig Transparenz über das eigene Unternehmen schaffen wollte, gab es als letzte Möglichkeit immer noch den „Gefälligkeitskredit".
Mit der Begründung, der Kreditnehmer sei ein für die Bank äußerst
wichtiger Meinungsmacher oder Multiplikator und damit von beson-
derem geschäftspolitischen Interesse, waren bei Kreditentscheidungen
weniger die wirtschaftlichen oder finanziellen Fakten als mehr die Persönlichkeit sowie Stellung des Unternehmers im öffentlichen Leben
wichtig. Die letzten Kredite, die auf diesem Wege ausgereicht wurden,
waren Anfang der 90er Jahre die an den „Baulöwen" Jürgen Schneider.
Es ist bekannt, wie diese Geschichte endete. Der Zusammenbruch eines
auf tönernen „Kreditfüßen" stehenden Bauimperiums war mit einer der
Auslöser für einen tief greifenden Sinnes- und Strukturwandel in der
deutschen Kreditwirtschaft.

## Strukturwandel in der Bankenwelt

Diese grundlegenden Veränderungen zogen sich bis Ende der 90er Jahre hin. Insbesondere durch den Zusammenbruch der heiß gelaufenen Spekulationen am „Neuen Markt" kam es zu bis dahin nicht gekannten hohen Kreditausfällen bei den Banken. Die in der Folge notwendigen Wertberichtigungen lösten eine tief greifende Bankenkrise aus, deren Auswirkungen noch heute zu spüren sind. In der Bankenwelt kam es zu einem in dieser Form zuvor nur in anderen Branchen, beispielsweise der Stahlindustrie, zu beobachtenden Strukturwandel. Deutlich geänderte gesetzliche Rahmenbedingungen beschleunigten den Prozess. Stichworte sind hier die Eigenkapitalvorschriften für Kreditinstitute (Basel II) und die Mindestanforderungen an das Risikomanagement der Kreditinstitute („MaRisk").

Was folgte, war eine gravierende Veränderung in der Qualität der Beziehung zwischen Bank und Unternehmen. Früher war diese vielfach von stillschweigenden Übereinkünften, einer zurückhaltenden Informationspolitik und einer oftmals auch ohne wesentliche Sicherheiten erfolgenden Kreditvergabe gekennzeichnet. Heute stehen kennzahlenbasierte und nachprüfbare Kriterien über die wirtschaftliche Situation des Unternehmens im Vordergrund. Mit einem Mal sind zum Beispiel die Marktaussichten eines Investitionsvorhabens sowie ein nachvollziehbarer Verwendungszweck wichtig. Und jetzt werden Sicherheiten gefordert, deren Erlöse im Krisen- und Verwertungsfall auch die ausgereichten Kredite abdecken sollen.

## Trennung von Markt und Marktfolge

Die elementarste Veränderung in der Bankenwelt war die organisatorische Trennung von Kredit-Vertrieb, auch „Markt" genannt und Kredit-Entscheidung, der „Marktfolge". Hiermit wurde das Ziel verfolgt, das Risikobewusstsein der im Kreditgeschäft handelnden Personen wieder zu steigern und Kreditentscheidungen völlig losgelöst vom Verhältnis des Unternehmers zu „seinem" Firmenkundenbetreuer zu treffen. Damit schieden subjektive Faktoren, wie das „Sich-Kennen" von heute auf morgen weitestgehend aus.

Was hatte sich geändert? Der Spielraum des Firmenkundenbetreuers in seinen Kreditverhandlungen war deutlich geringer geworden als in früheren Zeiten. Er konnte nun nicht mehr direkt selbst entscheiden. Jetzt gab es, organisatorisch getrennt voneinander, mit einem Mal Betreuer und Entscheider. Unterschiedliche Personen mit unterschiedlichen Aufgaben, Kompetenzen, Zielen und Motiven.

### Praxisbeispiel

Kommen wir noch einmal zurück auf die Mann Spielwarenfabrik GmbH. Einige Jahre später greift Norbert Mann wieder zum Hörer, um seinen Tennispartner, Vorstand der örtlichen Sparkasse, wieder um eine kurzfristige Überziehung der Betriebsmittellinie zu bitten. Doch diesmal kann Matthias Freund nicht sofort zusagen. Er braucht aktuelle Unterlagen zur geschäftlichen Situation und einen Liquiditätsplan, damit sein Kreditanalyst ein Firmenkundenrating erstellen kann. Auf dieser Basis wird der Kreditanalyst dann eine Entscheidung über den Kreditwunsch treffen. Matthias Freund rät seinem Kunden, die angeforderten Unterlagen möglichst rasch aber dennoch sorgfältig und überzeugend vorzubereiten.

Wie man sieht, ergeben sich aus dem veränderten Verhältnis des Unternehmens zur Bank für die erforderliche Finanzierungskommunikation entsprechende Auswirkungen und Handlungsempfehlungen. Diese werde ich Ihnen in Kapitel 13 „Mit wem in der Bank sollen wir sprechen?" detailliert aufzeigen.

## Das Rating im Kreditprozess

Im Zuge der strukturellen Umwälzungen in der Bankenwelt gibt es noch eine weitere, entscheidende Veränderung. Durch die Neugestaltung der Eigenkapitalvorschriften für Kreditinstitute (Basel II) muss sich jedes Unternehmen im Rahmen der Kreditvergabe bei seiner finanzierenden Bank einem umfangreichen Ratingprozess unterwerfen. Zum Jahresbeginn 2007 ist Basel II für alle Kreditinstitute verpflichtend. Diese sind nun gesetzlich dazu angehalten, ihre Kredite zu einem dem Risiko adäquaten Zinssatz auszureichen. Zielsetzung dabei ist insbesondere, dass die Finanzbranche ihre Kredite viel stärker als früher nach objektivierbaren Kriterien vergibt und damit mögliche Ausfallrisiken deutlich verringert werden. Für den Unternehmer bedeutet dies, dass die Bonität seines Unternehmens über das Beurteilungssystem „Rating" zum entscheidenden Faktor für die Kreditvergabe, die Finanzierungskosten und die zu stellenden Sicherheiten geworden ist.

Zum Thema „Rating" und den Auswirkungen auf den Kreditprozess gibt es bis heute eine Fülle von Veröffentlichungen und Informationsveranstaltungen. Dennoch bleibt zu beobachten, dass gerade im Mittelstand weiterhin eine große Unsicherheit über die Art und die Auswirkungen des Ratingprozesses bei Banken bestehen. Insbesondere kleine Unternehmen sehen die Auswirkungen von Basel II mit Blick auf den schwierigen Zugang zu den von ihnen benötigten Krediten immer noch sehr kritisch [KfW, 61, 65]. Gemäß DIHK-Befragung [20] bewerteten Ende 2006 über 50 Prozent der kleinen Unternehmen Basel II als Risiko für die Unternehmensfinanzierung. In Kapitel 15 „Hilfe, jetzt werden wir geratet!" werde ich einen tieferen Einblick in die Ratingprozesse der Banken geben und Handlungsalternativen sowie Möglichkeiten der Vorbereitung aufzeigen.

## Die neue Kreditwelt

Viele Unternehmer klagten und klagen in der Vergangenheit aber auch heute noch über erschwerten Kreditzugang, einen nicht nachzuvollziehenden Ratingprozess, ohne Gründe abgelehnte Kredite und eine langwierige Bearbeitungs- und Entscheidungsdauer [KfW, 61, 65; Hackethal, 39]. Sie erlebten und erleben immer noch für sich eine allgemeine Klimaverschlechterung im Verhältnis zu „ihrem" Firmenkundenbetreuer. Das Wort von der „Kreditklemme" machte bald die Runde und steht auch ganz aktuell wieder als „Schreckgespenst" vor der Tür [Handelsblatt vom 21.08.2007: Unternehmen droht Kreditklemme → Kapitel 11 „Handlungsalternativen im Finanzierungsmarkt"].

Aber ist dies alles wirklich verwunderlich? Finanzierungen erfolgen heute nicht mehr mit der Selbstverständlichkeit, wie dies früher oft der Fall gewesen war. Das Geschäft hat sich gewandelt. Und der Informationsbedarf der Banken ist immer größer und komplexer geworden. Es werden Sicherheiten, Informationen und Unterlagen angefordert, die früher nie gefragt waren. Und wie so oft, wenn Altgewohntes über Bord geworfen werden muss, sind auf Seiten der Unternehmer rasch Frustration und Enttäuschung an der Tagesordnung. Ich werde Ihnen helfen, die Hintergründe noch besser zu verstehen. In Kapitel 16 „Hilfe, was die Banker alles wissen wollen!" zeige ich Ihnen auf, wie Sie mit Ihrem speziellen Unternehmenskonzept professionell überzeugen können.

## Alternative Finanzierungsmöglichkeiten

Als Folge der strukturellen Marktveränderungen in vielen Finanzierungsbereichen konnte beobachtet werden, wie traditionelle Bindungen zur Hausbank sich weiter lockerten. Die Zahl der genutzten Finanzierungspartner nahm in der Breite zu. Die neue Kreditwelt ist somit von der Angebotsseite zunehmend vielschichtiger und komplexer geworden [zeb, 100]. Auf dem Marktplatz der mittelständischen Finanzierung sind inzwischen viele tätig, die zuvor hier kaum oder gar nicht gesehen worden waren: Landesbanken, die nach dem Wegfall der staatlichen Haftungsgarantien auch außerhalb ihrer angestammten Grenzen das Geschäft mit dem Mittelstand verstärken. Oder insbesondere angelsächsisch geprägte Auslandsbanken mit deutschen Niederlassungen sowie Spezialbanken und Finanzierer für Factoring und Leasing. Außerdem Private-Equity-Gesellschaften und manchmal „heuschreckenartig" viele Investoren, früher unbekannte Hedge-Fonds, Debt-Trader und Aufkäufer von Kreditforderungen. Fast alle Kapitalgeber sind heute überregional, die meisten sogar bundesweit tätig. Das strenge Regionalprinzip gilt schon lange nicht mehr und ist ersetzt worden durch ein überregionales „Konkurrenzprinzip" auf lokaler Ebene. Ein Resultat hieraus ist der deutlich stärker gewordene Margendruck in der Bankenwelt. So schrieb das Handelsblatt am 12. Februar 2007: „Kreditgeschäft der Banken enttäuscht. Margen stehen in Deutschland weiter unter Druck".

In Kapitel 12 „Mit welcher Bank sollen wir sprechen?" zeige ich Ihnen, wie Sie am besten mit den neuen Komplexitäten auf der Angebotsseite zurechtkommen und wie Sie für sich den optimalen Weg zum „richtigen" Finanzierer finden. Denn nun stehen Banken beim Thema Kreditvergabe viel stärker als früher im Wettbewerb und es gibt auch für mittelständische Unternehmen echte Alternativen unter den verschiedensten Anbietern und ihren breiten Palette an alternativen Finanzierungsinstrumenten.

## Alternative Finanzierungsprodukte

Insbesondere die letzten drei Jahre sind geprägt vom Angebot einer Reihe neuer Finanzierungsprodukte. Genau genommen sind es aber von der Grundform her nur die „alten" Produkte, die erst in der „Neuen Welt" in abgewandelter oder weiterentwickelter Form so richtig zur Geltung kommen. Bestes Beispiel ist das inzwischen allseits bekannte Finanzierungsprodukt „Mezzanine-Kapital" als einer Mischform zwischen Eigen- und Fremdkapital. War „Mezzanine" vor Jahren nur den absoluten Finanzierungsexperten ein Begriff, so finden sich heute in der Fachpresse nahezu täglich Schlagzeilen wie: „Mezzanine löst Probleme", „Mischkapital bringt Vorteile", „Mezzanine für passgenaue Finanzierungen" oder „Mezzanine ist Finanzierungsalternative für den Mittelstand". Und schnell sind die Schlagworte von den „alternativen Finanzierungsprodukten" und den „intelligenten Finanzierungskonzepten" in aller Munde und zu wichtigen Begriffen im Finanzierungsalltag geworden.

In Kapitel 5 „Mezzanine, das Schlaraffenland der alternativen Finanzierungen?" und in Kapitel 11 „Handlungsalternativen im Finanzierungsmarkt" werde ich Ihnen aufzeigen, wie Sie am besten und am schnellsten zu der für Sie optimalen Finanzierungsstruktur kommen. Dabei zeige ich Ihnen, wie Sie als mittelständischer Unternehmer selbst unterschiedliche Finanzierungswege und -instrumente beurteilen und bewerten können.

## Neues Beziehungsgeflecht zu Banken und Financiers

Die Auflösung des alten klassischen Hausbankprinzips führte aber nicht, wie vielleicht erwartet, zu einem zweiseitigen Beziehungsgewirr von Verbindungen der mittelständischen Unternehmen zu ihren Banken und Financiers. Oftmals wurden die alten, engen Einzelverbindungen in ein neues Beziehungsgeflecht überführt, in dem nun unterschiedliche Financiers verschiedene Aufgaben übernehmen. Zu beobachten ist aber, dass in der Folge das früher oftmals übliche Prinzip der „Gesamtbankverbindung" nicht mehr oder nur noch eingeschränkt anzutreffen ist. Denn heute bedeutet eine bestimmte Kreditbeziehung mit einer Bank nicht automatisch, dass auch andere, lukrative (Kredit-)Geschäfte bei dieser Bank getätigt werden. Die vorhandene Angebotsvielfalt bietet dem Unternehmer nunmehr eine breite Auswahlmöglichkeit, um eigene Kosten-Nutzen-Überlegungen zu optimieren. Aber Vorsicht: Aufpassen muss man nun sicherlich, dass im Folge eines „Rosinenpickens" das ehemals partnerschaftliche Verhältnis zur Bank nicht verloren geht (→ Kapitel 12 „Mit welcher Bank sollen wir sprechen?")

## Neue Komplexitäten beherrschen die Kreditvergabe

Neue Komplexitäten beherrschen nunmehr die Finanzierungsmärkte. Der Prozess der Kreditvergabe scheint immer intransparenter zu werden. Was sind nun die Entscheidungskriterien für eine Bank? Die Bonität des Kunden? Das Rating? Geschäftspolitische Vorgaben? Ein spezieller Branchenfokus? Wird Basel II nur vorgeschoben? In Kapitel 10 „Hilfe, jetzt brauchen wir Kredit!" und in Kapitel 16 „Hilfe, was die Banker alles wissen wollen!" werde ich Ihre Fragen im Detail beantworten und einen Blick hinter die Kulissen der Kreditvergabe werfen.

Eines aber steht fest: Die veränderten Rahmenbedingungen zwingen auch den mittelständischen Unternehmer, seine Beziehungen zu den Banken zu überdenken und aktiv zu pflegen. Dies beginnt bei der Auswahl der Finanzierungsform und der möglichen Finanzierungspartner und setzt sich fort in der individuellen Strukturierung der Finanzierung bis hin zum Vertragsabschluss. Aber auch dann ist dieser Prozess noch nicht beendet. Nun folgt die Phase des aktiven Beziehungsmanagements zwischen Unternehmer und Bank bei einem partnerschaftlich gelebten Kredit- oder Darlehensverhältnis. In Kapitel 18 „Die Entscheidung ist gefallen – wie geht es weiter?" zeige ich Ihnen, was Sie alles tun können und müssen, um auch nach der Kreditvergabe Ihr Beziehungsmanagement mit Ihren Banken professionell zu pflegen.

## Empirische Studien

Es gibt eine Reihe von empirischen Studien zum Thema Finanzkommunikation im Mittelstand [Ernst & Young, 30; Euler Hermes, 32; impulse, 54; KfW, 61, 65; KPMG, 68, 69; Leidig, 72]. Begrifflich umfassen diese Studien tatsächlich aber eher die Finanzierungskommunikation zwischen mittelständischem Unternehmer und Kapitalgebern, wobei mit Kapitalgebern vor allem die Banken gemeint sind. Aus den vielfältigen Ergebnissen lassen sich vier Kernaussagen ableiten:

- Die negative Einstellung vieler Unternehmer zur Finanzierungskommunikation resultiert zu einem beachtlichen Teil aus deren Unwissenheit über die konkreten Anforderungen der jeweiligen Kapitalgeber.
- Insgesamt besteht in der Finanzierungskommunikation eine deutliche Diskrepanz zwischen der Eigenbeurteilung des mittelständischen Unternehmers und der Wahrnehmung der Kapitalgeber.
- Unternehmen mit einer professionellen Finanzierungskommunikation haben im Vergleich zu anderen Unternehmen eindeutig Vorteile: bessere Konditionen, besseren Kapitalzugang und intensivere Unterstützung durch die Kapitalgeber.
- Zu einer professionellen Finanzierungskommunikation gehört neben einer aktiven Gestaltung der Kommunikation, die Erstellung aussagekräftiger Unterlagen sowie die Intensivierung des Einsatzes von Controllinginstrumenten.

Stimmen Sie diesen Aussagen zu? Wie sehen Sie sich in Ihrer Rolle als mittelständischer Unternehmer? Ich möchte Ihnen im folgenden Kapitel 3 „Die neuen Herausforderungen für mittelständische Unternehmer" helfen, die Antworten auf fünf wichtige Fragen zu finden.

## Fünf Fragen zu Ihrem Finanzierungsmanagement:

- Welche Rückschlüsse können Sie selbst in Bezug auf Ihr Verhältnis zu Kapitalgebern und speziell zu Banken ziehen?

- Könnten Sie Ihre Finanzierungskommunikation noch verbessern?

- Welche Handlungsempfehlungen sind besonders für Sie geeignet?

- Mit welchen Konsequenzen müssen Sie rechnen, wenn Sie sich gegenüber den neuen Themenstellungen nicht offen genug zeigen?

- Wie können Sie zukünftige Herausforderungen noch besser bewältigen?

In Kapitel 4 „Ist Ihr Finanzierungsmanagement schon optimal?" haben Sie dann die Möglichkeit, einen Selbsttest durchzuführen. Hierbei können Sie erfahren, wie gut Ihr Finanzierungsmanagement bereits heute ist.

# 3    Die neuen Herausforderungen für mittelständische Unternehmer

## Erfolgsfaktor Finanzierung

Viele mittelständische Unternehmen haben mit ihren Produkten „Made in Germany" den Weltmarkt erobert. Um sich aber in einer globalisierten Welt der zunehmenden Konkurrenz stellen zu können, ist nicht nur allein Technologieführerschaft gefragt, sondern insbesondere auch das entsprechende Finanzierungs-Know-how. Finanzierungsthemen gehören heute zu den Top-Themen im Mittelstand. Auf die Frage: „Welche Themen sind für Sie derzeit von Bedeutung?" wurde in einer Mittelstands-Studie von Ernst & Young [28] das Thema „Finanzierung" in 74 Prozent der Fälle genannt. Gerade auch für inhabergeführte Familienunternehmen sind dabei Finanzierungsfragen eine der größten Herausforderungen für das Management. In einer Studie von Pricewaterhouse-Coopers [84] stellt die Unternehmensfinanzierung für die deutschen Familiengesellschaften mit 56 Prozent mehr als doppelt so häufig eine Herausforderung dar als für ihre europäischen Wettbewerber.

**Typische Problemstellungen in der Praxis sind zum Beispiel:**
- Sie benötigen eine Investitionsfinanzierung für die Ersatzbeschaffung Ihrer veralteten Produktionsmaschine. Ist Ihre Hausbank jetzt die einzige Adresse, die Sie hierauf ansprechen sollten?
- Sie planen den Kauf eines für Sie wichtigen Zuliefer-Unternehmens. Welche Finanzierungsform wäre jetzt die passende und wie könnte es gleichzeitig gelingen, dabei die Eigenmittelausstattung zu stärken?
- Sie beabsichtigen einen neuen Standort zu errichten. Gibt es hierfür öffentliche Fördermittel und welche Schritte müssen Sie zur deren Beantragung einleiten?

Einfache Fragen mit einfachen Antworten? Oder doch Fragen, die durch die vielfältigen Handlungsalternativen komplexere Sachverhalte darstellen? Angesichts des weltweiten Strukturwandels der internationalen Finanzmärkte und des Umbruchprozesses im Kreditgeschäft müssen sich Unternehmer heute bei Finanzierungsthemen mit deutlich gestiegenen

Anforderungen seitens der Kapitalgeber und insbesondere der Banken auseinandersetzen. Damit wird „Finanzierungswissen", beispielsweise die Kenntnis der internen Entscheidungsprozesse bei Banken oder das Wissen um neue Finanzierungsinstrumente, zu einem entscheidenden unternehmerischen Erfolgsfaktor der Zukunft.

## Finanzierungsfehler und Firmeninsolvenz

In den letzten sechs Jahren lag die Anzahl den Unternehmensinsolvenzen deutlich über 30.000 pro Jahr [Creditreform, 14]. Auch für das Gesamtjahr 2007 werden erneut bis zu 30.000 Firmenpleiten erwartet. Weniger als zuvor, aber ebenso viele wie im Jahr 2000. Analysiert man die Ursachen für Firmenpleiten, dann stellt man fest, dass Fehler in der Finanzierung immer mit zu den folgenschwersten Versäumnissen des Managements gehören. Eine repräsentative Befragung von Insolvenzverwaltern bestätigt, dass viele dieser Insolvenzen hätten vermieden werden können, wenn es im Unternehmen ein professionelles Finanzierungsmanagement gegeben hätte [Euler Hermes, 31]. „Bestehende Finanzierungslücken" sind dabei mit 76 Prozent eine der wichtigsten Insolvenzursachen. Dies spiegelt sich dann in Einzelaspekten, wie „zu geringe Kreditwürdigkeit", „unzureichende Eigenkapitalausstattung" und „zu hohe Zinsbelastung" wider. Daneben ist mit 44 Prozent das Thema „ungenügende Transparenz und Kommunikation in Finanzierungsfragen" eine weitere bedeutsame Ursache für unternehmerische Schieflagen. Hervorzuheben sind hierbei

- die unklare Verteilung von Kompetenzen im Unternehmen bei Finanzierungsthemen,
- die fehlende offene Kommunikation mit Geschäftspartnern, d. h. auch Banken,
- die unzureichende Kommunikation innerhalb des Unternehmens.

Dies zeigt deutlich, welche große, auch existenzielle Bedeutung die Kommunikation und ganz speziell Finanzierungskommunikation für den unternehmerischen Alltag hat. Nur derjenige wird langfristig erfolgreich sein, der mit der Vielfalt und Komplexität des fachlichen Wissens sicher und für das eigene Unternehmen gewinnbringend umgehen kann.

## Finanzierung und Wissensmanagement

Der erfolgreiche Umgang mit „Wissen" setzt immer auch ein professionelles Wissensmanagement voraus. Ausgerichtet an dem unternehmerischen Wollen und Können müssen die handelnden Personen und die Ressourcen des Unternehmens so geleitet werden, dass die gewünschten Finanzierungsziele zum richtigen Zeitpunkt erreicht werden. Hierzu ist es erforderlich, dass für alle Fragen- und Problemstellungen rund um das Thema „Finanzierung" die drei Schritte eines professionellen Wissensmanagements eingehalten werden [Pelz, 80]:

● *Schritt 1: Ermittlung* des notwendigen Wissens für alle Finanzierungsbereiche

● *Schritt 2: Beschaffung* des notwendigen Wissens

● *Schritt 3: Einsatz* des nun vorhandenen Wissens zur konkreten Lösung von speziellen Problemstellungen im Bereich der Finanzierung

Es geht also in den drei Phasen des Wissensmanagements darum, das relevante Wissen innerhalb eines kontinuierlichen Lern- und Feedback-Prozesses optimal zu nutzen und produktiv zu machen, wodurch ein kaum zu überbietender Konkurrenzvorteil entsteht. Dabei besteht das Wissen, das ein Unternehmen braucht, um im Markt erfolgreich zu sein aus dem gebündelten und vernetzten Wissen aller Mitarbeiter einer Organisation [Pelz, 80]. Dies bedeutet, dass gerade auch in Finanzierungsfragen alle Wissensträger einer Organisation auf eine gemeinsame unternehmerische Zielsetzung ausgerichtet sein müssen.

## Wer trägt die Verantwortung?

Die Verantwortung für Finanzierungsfragen sollte zumeist in Händen der Gesellschafter oder der Geschäftsführung liegen und somit „Chefsache" sein. Eine Studie der INTES Akademie für Familienunternehmen [57] über das Thema Finanzierung zeigt auf, dass die Finanzierungsverantwortung in 26 Prozent der Fälle bei den Gesellschaftern, in 44 Prozent bei der Geschäftsführung und in 8 Prozent bei Angestellten

unterhalb der Geschäftsführung liegt. In 22 Prozent der Fälle übernimmt eine Kombination von Personen diese Funktion.

Sind Finanzierungsthemen im Unternehmen auf Mitarbeiter unterhalb
der ersten Führungsebene, zum Beispiel den Finanzprokuristen oder
den Leiter Rechnungswesen delegiert worden, so ist meine Beobachtung,
dass diese oftmals weder mit klaren Kompetenzen in Sachen Finanzierung ausgestattet noch im Sinne einer ganzheitlichen Unternehmensbe-
trachtung in grundlegende strategische Entscheidungen eingebunden
sind. Damit erscheinen sie ihrem Gesprächspartner auf der Bankenseite
häufig als reiner „Sachverwalter" in finanzierungstechnischen Fragen
und Aufgabenstellungen. Dies kann zu erheblichen Problemen im Verhältnis zwischen Unternehmen und Bank führen, wie das nachfolgende
Beispiel aus der Praxis zeigt:

## Praxisbeispiel

*Ausgangssituation*
Die Otto Schmid Industriemaschinen GmbH, ein mittelständisch ge-
führtes Familienunternehmen mit einem Jahresumsatz von 40 Mio
Euro hat einen gegenüber asiatischer Konkurrenz mit neuer Sensorik
versehenen Maschinentyp im Bereich „Textil" entwickelt. Nun soll
der Prototyp in Serie gehen. Hierfür benötigt das Unternehmen nach
ersten Einschätzungen seines Finanzprokuristen Thomas Weber eine
Anlauffinanzierung von 2 Mio Euro für die nächsten 12 Monate.

Der geschäftsführender Alleingesellschafter Peter Schmid, Enkel des
Firmengründers Otto Schmid, beauftragt seinen Finanzprokuristen ein
entsprechendes Finanzierungsgespräch mit der Hausbank zu führen,
um deren Vorstellungen für eine Finanzierung zu erkunden. Bei der
Bank besteht aktuell ein Kontokorrentkredit von 3 Mio Euro, eine
Avalfinanzierung von 1,3 Mio Euro und eine Finanzierung für die Betriebsimmobilie von noch 6,5 Mio Euro. Der Kontokorrentkredit steht
im nächsten Monat zur Prolongation an. Thomas Weber vereinbart
kurzfristig einen Termin mit seinem Firmenkundenbetreuer, Matthias
Schultz. Vorab hat er ihm bereits gesagt, dass es eine neue Finanzierung zu besprechen gäbe.

*Das Finanzierungsgespräch*
Im darauf folgenden Gespräch möchte Herr Weber vor allem wissen, wie teuer ein entsprechender Kredit wäre, welche Laufzeitmöglichkeiten es gibt und wie schnell mit einer Auszahlung zu rechnen ist. Matthias Schultz, der ein erfahrener Firmenkundenbetreuer ist, hört sich gerne die Wünsche seines Kunden an. Aber er möchte nun auch mehr zur Unternehmensstrategie und den Asienaktivitäten der Schmid GmbH wissen. Außerdem muss er, auch mit Blick auf die anstehende Prolongation der Kontokorrentlinie und die Ratingerfordernisse, die aktuellen Unternehmensziffern sowie eine Planrechnung der nächsten drei Jahre an sein Kredit-Entscheidungsgremium weitergeben.

*Unterschiedliche Erwartungen*
Herr Weber kommt unvorbereitet zu seiner Hausbank. Ihn interessieren in erster Linie die finanztechnischen Aspekte. Und er wäre ein schlechter Finanzmann, wenn er nicht versuchen würde, den Kredit zu möglichst niedrigen Zinsen zu bekommen. Unternehmensstrategie und die Konkurrenzsituation in Asien sind nicht sein Betätigungsfeld. Das ist bei der Schmid GmbH immer noch Chefsache. Und der Chef hat entschieden, dass die gerade fertig gestellten Zahlen des abgelaufenen Geschäftsjahres, die einen nicht geplanten Verlust von T€ 650 ausweisen, erst einmal unter Verschluss bleiben. Sicherheitshalber, damit die Hausbank nicht negativ reagiert.

Der Firmenkundenbetreuer der Hausbank ist enttäuscht. Herr Schultz hatte erwartet, dass ihm seitens des Unternehmens eigene erste Finanzierungsüberlegungen dargelegt wurden. Des Weiteren war er davon ausgegangen, dass ihm der Finanzprokurist die neuesten Entwicklungen hinsichtlich Unternehmensstrategie und Ertragslage erläutert und ihm hierzu aussagefähige Unterlagen übergeben würde. Und eigentlich hatte er ja erwartet, dass auch der Firmeninhaber, Peter Schmid, an dem Gespräch teilgenommen hätte.

Aber auch Herr Weber ist enttäuscht. Das Gespräch mit seinem Firmenkundenbetreuer war aus seiner Sicht wenig hilfreich. Dieser hatte nur umfangreiche Unterlagen eingefordert, und dass obwohl die Geschäftsverbindung zur Schmid GmbH doch schon viele Jahre problemlos bestand. Einen Zinssatz für die gewünschte neue Finanzierung konnte Herr Schultz ihm auch nicht nennen. Er hatte auf die erst abzuwartende Ratinganalyse verwiesen und auch nach möglichen Sicherheiten gefragt. Für Finanzprokurist Thomas Weber war dies alles nicht mehr verständlich.

*Mehr Kommunikation hätte hier geholfen*
Das Finanzierungsgespräch wäre sicherlich erfolgreicher verlaufen, wenn

- im Unternehmen eine stärkere ressortübergreifende Kommunikation stattgefunden hätte,
- die Unternehmensführung zu einer deutlich offeneren Informationspolitik gegenüber der Bank bereit gewesen wäre und
- sowohl der Finanzprokurist als auch der Firmenkundenbetreuer bei der telefonischen Terminvereinbarung kommuniziert hätten, welche Erwartungshaltung mit dem Finanzierungsgespräch verbunden wird.

Das Beispiel zeigt, wie wichtig Finanzierungsthemen und die damit zusammenhängende Finanzierungskommunikation im Unternehmen genommen werden müssen. Sie dürfen nicht als Nebensächlichkeiten betrachtet werden, für die man im oft hektischen Tagesgeschäft sowieso keine Zeit hat. Nehmen Sie sich ein Beispiel an den großen börsennotierten Unternehmen. Wenn diese sich ihren Analysten und Investoren präsentieren, dann stellt der Vorstandsvorsitzende persönlich die Unternehmens- und Finanzierungsstrategie dar. Zu beobachten ist ein Höchstmaß an „Chef-Personifizierung", die sich fast immer auch in einer direkten Korrelation zum Börsenkurs ausdrückt. Und dies gilt, im übertragenen Sinne, auch für mittelständische Unternehmen.

Aber besonders bei kleineren mittelständischen Unternehmen ist das „Zeit-Argument" immer wieder zu hören. In der Konsequenz befassen sich diese Unternehmen eindeutig zuwenig mit dem Management ihrer Finanzierung. Häufig ist das zeitliche Argument tatsächlich aber nur vorgeschoben. Viele Unternehmer verfügen ganz einfach nicht über die erforderlichen Fachkenntnisse und Erfahrungen, um sich ausführlich und ausreichend mit dem Thema „Finanzierung" zu befassen. Hier ist

es wie mit einer Fremdsprache. Ich kann mich mit einem Menschen
anderer Herkunft nur verständigen und mit ihm gute Geschäfte ma-
chen, wenn ich ihn in seiner Sprache verstehe. Und deshalb ist es für
Sie als mittelständischem Unternehmer so wichtig, dass Sie lernen, die
„Sprache der Banken" zu verstehen. Und scheuen Sie sich nicht, bei für
Sie wichtigen Fragestellungen in der einen oder anderen Situation einen
„Dolmetscher" zu Hilfe zu nehmen. Denn eines ist erstaunlich: Obwohl
sich das Angebot an Finanzierungsinstrumenten in den vergangenen
Jahren wesentlich komplexer geworden ist, entscheidet noch jeder siebte
Chef allein – ohne sich anderweitig zu informieren [impulse, 54].

## Finanzierungsmanagement: Lernbereitschaft und Wissen

Unabhängig davon, wo die Verantwortung in „Finanzierungsfragen"
im unternehmerischen Alltag liegt, muss sichergestellt sein, dass alle
eingebundenen Entscheidungsträger über ein Mindestmaß an fachlicher
Qualifikation verfügen. Dies setzt zumindest ein Grundverständnis für
Finanzierungsthemen voraus. Gerade bei mittelständischen Unternehmen kommen aber viele Gesellschafter und Geschäftsführer aus dem
technischen Bereich. Mit kaufmännischen Themen und hier gerade
auch Finanzierungsfragen haben sie sich oftmals, wenn überhaupt, nur
am Rande beschäftigen müssen. Ist dies der Fall, so ist es wichtig, dass
sie ihre oftmals starke Fixierung auf produktionstechnische Herausforderungen aufgeben und den finanzierungstechnischen Fragestellungen
zumindest den gleichen Stellenwert einräumen.

Denn nur so kann die zunehmende Komplexität in Finanzierungsfragen
für das Unternehmen zufriedenstellend beherrscht werden. Hier sollte
und darf man sich nicht mit „zweitklassigen" Lösungen zufrieden geben.
Chefsache ist immer gut, aber nur solange, wie der Chef oder die ver-
antwortliche Führungskraft auch über das entsprechende Wissen und
die Lernbereitschaft zu diesem Thema verfügt. Viele Kapitalgeber sind
immer wieder erstaunt, wenn der Unternehmer zwar jede „Schraube"
in seinem Unternehmen kennt, aber nicht weiß, was zum Beispiel eine
Cashflow basierte Planung ist (→ Kapitel 16 „Hilfe, was die Banker
alles wissen wollen").

## Wachstumschancen durch professionelles Finanzierungsmanagement

Finanzierungsverantwortung muss also immer hinreichend kompetent und unter Mitwirkung der Geschäftsführungsebene besetzt sein. Man kann und darf Finanzierungsmanagement nicht so eben „mitmachen" oder auf die leichte Schulter nehmen. Und dort, wo diese Kompetenzen im Unternehmen noch fehlen, muss dafür Sorge getragen werden, dass den Entscheidungsträgern die oftmals komplexen Finanzierungsinformationen voll umfänglich und entscheidungsfähig von kompetenter, erforderlichenfalls auch externer Seite aufbereitet werden. Denn eines zeigt die tägliche Praxis ganz klar: Unternehmen, die mit einem professionellen Finanzierungsmanagement und insbesondere auch Kenntnissen um alternative Finanzierungstechniken immer auf dem neuesten Stand sind, haben deutlich bessere Wachstumschancen als Unternehmen, die diese Themen nebenher behandeln [Ernst & Young, 30]. DAX 30- und Konzernunternehmen machen es vor. Die tragende Managementsäule ist der Einsatz von Finanzprofis, auch Chief Financial Officer (CFO) genannt, die über ein stetiges Lernen mit Markttrends über ein Expertenwissen in Sachen Finanzierung verfügen. Ihr Ziel ist das jederzeit professionelle Beschaffen von Finanzmitteln, das so genannte „Financial Sourcing". Dabei wird kontinuierlich am Markt beobachtet, welche neuen Finanzierungsmöglichkeiten angeboten werden oder an Bedeutung gewinnen [Reppesgaard, 85].

## Bereitschaft zur Veränderung

Was Kapitalgeber heute sehen wollen, ist die Bereitschaft der Unternehmen, ihr bisher in Fragen der Finanzierungskommunikation gewohntes Verhalten zu verändern und auch auf diesem Gebiet so professionell zu arbeiten, wie es bereits in vielen anderen operativen Bereichen der Fall ist. Veränderungsbereitschaft umfasst dabei neben der klaren Professionalisierung der Kapitalbeschaffung insbesondere auch die Fähigkeit, sich auf verändernde Finanzierungsbedingungen schnell, zielgerichtet und für das eigene Unternehmen Nutzen maximierend einzustellen. Der Weg dorthin ist oftmals mit größeren Veränderungen verbunden, die sich sowohl auf die traditionellen unternehmerischen Strukturen als auch auf langjährig gewohnte Denk- und Verhaltensmuster beziehen.

Die Welt der Unternehmensfinanzierung ist eben viel komplexer als noch vor Jahren und die Wahl der passenden Finanzierungsform wird somit auch für den deutschen Mittelstand immer wichtiger. Denn nur so kann flexibel auf globale Veränderungen reagiert und die eigene Wettbewerbsfähigkeit weiter gestärkt werden.

## Praxisbeispiel

### Ausgangssituation

Die im Elektronikhandel tätige mittelständische Transistor GmbH mit einem Umsatz von 22 Mio Euro hat durch den Wegfall eines Groß-kunden einen zusätzlichen Liquiditätsbedarf in Höhe von 60.000 Euro. Dieser wird auf Basis der angepassten Liquiditätsplanung gegen Mit-te des übernächsten Monats auftreten. Schnell vereinbart die Ge-schäftsführung daraufhin mit der Hausbank einen Termin und bittet um Erhöhung des bereits mit 750.000 Euro bestehenden Barkredites. Solche temporären Erhöhungen waren in der Vergangenheit von der Hausbank immer problemlos zugesagt worden. Umso verwunderter reagiert man nun auf das Verhalten der Bank, welche zunächst einmal einen „Eigenbeitrag" des Unternehmens einfordert. Aber wie soll das möglich sein?

### Lösung durch Veränderungsbereitschaft

Finanzielle Ressourcen könnten zum Beispiel durch Abbau des Lagers, Straffung des Forderungsmanagements oder Verlängerung von Zah-lungsfristen (man muss nicht immer mit Skonto zahlen!) sehr schnell selbst gehoben werden. Zunächst ist einmal Eigeninitiative und nicht die Bank gefragt. Bei der Transistor GmbH war man seit Jahren ge-wohnt, ein sehr breites, Kapital bindendes Sortiment vorzuhalten. Damit entsprach man der Unternehmensphilosophie, jederzeit alle Kundenwünsche erfüllen zu können. Nach einer umfassenden Analyse kam man aber schnell zu dem Ergebnis, dass im Durchschnitt mit rund 25 Prozent des Lagerbestandes über 80 Prozent der Kunden bedient wurden. Dies veranlasste die Geschäftsführung zu einem raschen und konsequenten Umdenkungsprozess. Der Lagerbestand wurde über eine Sonderverkaufsaktion drastisch abgebaut, wodurch innerhalb von nur sechs Wochen nahezu 100.000 Euro in die Kasse flossen. Damit war der Liquiditätsengpass behoben.

Im aufgezeigten Beispiel hat es sich also gelohnt, erst einmal über eigene Möglichkeiten und Strategien zur Deckung des Finanzbedarfs nachzudenken. Natürlich ist die Alternative der „Eigenleistung" in Finanzierungsfragen nicht immer gegeben. Umso wichtiger ist dann eine erfolgreiche, den heutigen Ansprüchen von Banken genügende Finanzierungskommunikation.

## Aktive und offene Finanzierungskommunikation

Veränderungsbereitschaft bedeutet immer auch Bereitschaft zu aktiver und offener Finanzierungskommunikation. Der „Zug" in Richtung einer professionellen Finanzierungskommunikation ist im Markt nicht mehr zu stoppen und wer als Unternehmer nicht zur vollständigen Transparenz bereit ist, der wird im Finanzierungsmarkt in große Schwierigkeiten geraten. Denn je mehr mittelständische Unternehmen in Zukunft ihre Kommunikationsstrategie in Finanzierungsfragen positiv umstellen, desto größer wird der Druck auf die anderen Marktteilnehmer. Bislang veröffentlichen nur wenige mittelständische Unternehmen mehr Informationen, als sie unbedingt müssen. Solange noch alle „Geheimniskrämerei" betreiben, fällt der Einzelne wenig auf. Wenn aber die Mehrheit zu einem anderen Kommunikationsverhalten übergeht, dann wird man bei den Zauderern vermuten, dass sie etwas zu verbergen haben. Mit möglicherweise fatalen Folgen. Im Konkurrenzkampf um günstige Finanzierungsmittel werden solche Unternehmen zunehmend einen echten Wettbewerbsnachteil haben. Dies wird mit hoher Wahrscheinlichkeit deutlich negative Auswirkungen auf die geschäftlichen Wachstumsperspektiven dieser Unternehmen haben. Sie werden sich zwangsläufig nur unterdurchschnittlich oder sogar rückläufig entwickeln [Ernst & Young, 30].

## Kreditverhandlungen sind nicht einfacher geworden

Kreditverhandlungen und die Kapitalbeschaffung sind in komplexen Finanzierungsmärkten nicht einfacher geworden und erfordern zunehmend ein professionelles Vorgehen. Die neuen Spielregeln im Finanzierungsmarkt und bei der Kreditbeschaffung sind geprägt von einer ständigen dynamischen Neuausrichtung der Produktwelt sowie sich verändernden Anforderungen der Financiers, insbesondere auch durch regulatorische Themen wie Basel II und das hieraus resultierende Rating der Banken. In Kapitel 8 „Die Spielregeln im Finanzierungsmarkt" werde ich Ihnen noch detailliert aufzeigen, mit welchen eigenen Vorgehensweisen Sie auch die „etwas anderen" Spielregeln beherrschen können.

## Acht Praxistipps
## für ein professionelles Finanzierungsmanagement

Aus meinen praktischen Erfahrungen und vielen Kreditverhandlungen mit und für mittelständische Unternehmen kann ich acht Empfehlungen ableiten, mit deren Hilfe Sie sicher zu einem erfolgreichen Management Ihrer anstehenden Finanzierungsfragen kommen. Einzige Voraussetzung: Sie sind bereit, auch auf für Sie neuen Wegen zielstrebig voranzuschreiten.

**TIPP 1:**
Stellen Sie alle Ihre bisherigen Finanzierungsmuster in Frage
**TIPP 2:**
Erarbeiten Sie eine eigene Finanzierungsstrategie
**TIPP 3:**
Erschließen Sie sich neue Finanzierungsquellen
**TIPP 4:**
Erweitern Sie Ihre Finanzierungsinstrumente
**TIPP 5:**
Informieren Sie sich über die Ratinganforderungen der Banken
**TIPP 6:**
Gewähren Sie Transparenz über Ihr Unternehmen
**TIPP 7:**
Schaffen Sie Vertrauen
**TIPP 8:**
Vernetzen Sie Ihre Kompetenz mit der Kompetenz externer Experten

In den nun folgenden Kapiteln dieses Buches werden uns diese acht Tipps aus der Praxis ständig begleiten. Dabei werde ich Ihnen zeigen, was Sie tun müssen, um diese Tipps in Ihrem Finanzierungsalltag erfolgreich umzusetzen. Aber zunächst: Testen Sie sich im folgenden Kapitel doch einmal selbst.

# 4 Ist Ihr Finanzierungsmanagement schon optimal?

## Testen Sie sich selbst!

Ich werde Ihnen aus den in den vorherigen Kapitel genannten empirischen Studien [Ernst & Young, 30; Euler Hermes, 32; impulse, 54; KfW, 61, 65; KPMG, 68, 69; Leidig, 72] und meinen eigenen Erfahrungen fünfzehn Marktbeobachtungen zur Finanzierungskommunikation bei mittelständischen Unternehmen vorstellen. Sie haben dabei die Möglichkeit, sich selbst zu testen. Erkennen Sie Ihre Potenziale zu einer nachhaltigen Optimierung Ihres Finanzmanagements und Ihrer eigenen Finanzierungskommunikation? Dann ist auch Ihr Unternehmen den Herausforderungen von morgen gewachsen. Denn ein Höchstmaß an aktiver Kommunikation und Transparenz ist bereits heute einer der entscheidenden Wachstumstreiber für mittelständische Unternehmen.

## Beobachtung und Test 1

Bei mehr als 60 Prozent der mittelständischen Unternehmen besteht die Geschäftsbeziehung mit dem Hauptkreditgeber länger als zehn Jahre.

**Antwort A:** Die Geschäftsbeziehung zu unserer Hausbank besteht seit mehr als zehn Jahren und wir haben bisher keinen Anlass gesehen, uns aktiv nach anderen Finanzierungspartnern umzusehen

**Antwort B:** Wir haben eine langjährige Geschäftsbeziehung zu unserer Hausbank, wollen aber demnächst auch einmal mit anderen Financiers sprechen

**Antwort C:** Wir haben unseren Hauptkreditgeber innerhalb der letzten zwölf Monate gewechselt bzw. einzelne Finanzierungskomponenten über einen anderen Financier neu dargestellt

# Beobachtung und Test 2

Mehr als zwei Drittel der mittelständischen Unternehmer halten sich zum Thema Finanzierungskommunikation für ausreichend informiert.

**Antwort A**:  Wir sind ausreichend informiert, zum Beispiel über die Fachpresse

**Antwort B:**  Wir informieren uns speziell bei konkreten Finanzierungsanlässen über die verfügbaren Medien, wie zum Beispiel Internet oder Fachpublikationen

**Antwort C:**  Wir haben dringend umfangreichen Informationsbedarf

# Beobachtung und Test 3

Die weit überwiegende Mehrheit der Unternehmen hält ihre eigene Finanzierungskommunikation für sehr gut und glaubt über ein gutes Präsentations-Know-how zu verfügen.

**Antwort A**:  Beim Layout unsere Unternehmenspräsentationen werden wir von einer professionellen Werbeagentur unterstützt

**Antwort B:**  Wir haben ein sehr gutes Verhältnis zu unserem Firmenkundenbetreuer. Bei unseren Präsentationen greifen wir auf unsere langjährig bewährten Standards zurück

**Antwort C:**  Wir würden gerne mehr wissen zum Thema zielgruppengerechte Kommunikation und Präsentation

## Beobachtung und Test 4

Bei immerhin noch fast jedem siebten mittelständischen Unternehmen kommt es im Rahmen der Finanzierungskommunikation zu keinem persönlichen Kontakt mit der Bankenseite. Mehr als ein Drittel der Unternehmer empfinden Finanzierungskommunikation als lästig.

**Antwort A:**    Für Finanzierungskommunikation haben wir keine Zeit. Wir müssen sehen, dass wir unser operatives Geschäft nach vorne bringen

**Antwort B:**    Unser Finanzprokurist kennt alle Ansprechpartner bei unserer Hausbank bestens

**Antwort C:**    Sowohl Geschäftsführung als auch unsere Finanzabteilung stehen in regelmäßigem, persönlichem Kontakt zu unseren Kreditgebern

## Beobachtung und Test 5

Obwohl das Angebot an Finanzierungsinstrumenten und Methoden in den vergangenen Jahren wesentlich umfangreicher und komplexer geworden ist, entscheidet jeder siebte Chef in Finanzierungsthemen allein und ohne sich anderweitig zu informieren.

**Antwort A:**    Finanzierungsthemen sind bei uns schon immer Chefsache gewesen. Damit haben wir gute Erfahrungen gemacht

**Antwort B:**    Finanzierungsentscheidungen sind Chefsache. Hierfür benötigen wir manchmal zusätzliche Informationen

**Antwort C:**    Bei Finanzierungsthemen lassen wir uns immer durch einen unabhängigen Expertenrat unterstützen, ähnlich unserem Steuerberater oder Hausjuristen

## Beobachtung und Test 6

Der überwiegende Teil der Mittelständler ist der Meinung, dass ihnen die Zeit zur Finanzierungskommunikation fehlt. Nahezu jeder zweite Unternehmer hält den Aufwand größer als den Nutzen und fühlt sich oftmals als Bittsteller.

**Antwort A:** Finanzierungskommunikation bringt nicht viel. Unsere kreditgebende Bank behandelt uns sowieso wie einen Bittsteller

**Antwort B:** Wir würden gerne mehr zum Thema Finanzierungskommunikation machen, uns fehlt hierfür aber im Tagesgeschäft leider die Zeit

**Antwort C:** Finanzierungskommunikation ist uns wichtig. Wir nehmen uns die Zeit dazu

## Beobachtung und Test 7

Die Hälfte der Unternehmen gibt an, Kapitalgeber nur dann zu informieren, wenn es unbedingt sein muss. Viele meinen, dass sie bei offener Finanzierungskommunikation Nachteile riskieren, insbesondere wenn sich die Geschäftslage verschlechtert.

**Antwort A:** Es besteht durchaus die Gefahr, dass die Bank vertrauliche Informationen an unsere Konkurrenz weitergibt

**Antwort B:** Wir informieren unsere Banken regelmäßig, mit der Weitergabe von negativen Informationen lassen wir uns aber immer etwas Zeit

**Antwort C:** Wir informieren unsere Kreditgeber vorbehaltlos und „just in time"

## Beobachtung und Test 8

Nicht einmal die Hälfte der Unternehmer weiß oder glaubt zu wissen, wie Banken die ihnen zur Verfügung gestellten Informationen auswerten, beurteilen und weiter nutzen. Weniger als 10 Prozent der Unternehmen stellt ihren Hauptkreditgebern monatliche Informationen zur Verfügung. Die überwiegende Mehrheit glaubt, geeignete Unterlagen für die Kreditvergabe zu liefern.

**Antwort A:** Unsere Bank bekommt einmal im Jahr unsere Bilanz mit der Gewinn- und Verlustrechnung sowie umfangreichen Erläuterungen hierzu

**Antwort B:** Wir geben quartalsweise Informationen an unsere Kreditgeber. Wir wissen aber nicht, wie diese dann ausgewertet werden

**Antwort C:** Wir unterrichten unsere Bank monatlich und erhalten regelmäßige Auswertungen der Kreditanalysten mit Branchen-Vergleichswerten und den wichtigsten Finanzkennzahlen

## Beobachtung und Test 9

Alternative Finanzierungsinstrumente wie Beteiligungs- oder Mezzanine-Kapital haben zwar an Bekanntheit gewonnen, werden bisher aber von mittelständischen Unternehmen nur selten eingesetzt. Als Gründe für die Nicht-Nutzung werden zumeist genannt: „sind informiert, aber Instrument erscheint zu kompliziert", „es fehlen die relevanten Informationen" oder „keine Zeit, um sich näher mit dem Thema zu beschäftigen".

**Antwort A:** Mezzanine-Kapital ist etwas für große Unternehmen

**Antwort B:** Wir würden uns gerne über Mezzanine-Finanzierungen informieren, aufgrund der Komplexität fehlt uns aber die Zeit

**Antwort C:** Wir haben uns von mehreren Banken deren Mezzanine-Programme im persönlichen Gespräch vorstellen lassen

## Beobachtung und Test 10

Für mittelständische Unternehmen, die nicht transparent genug sind, bleiben große Potenziale ungenutzt. Denn entweder findet sich für gute Ideen und Projekte gar kein Financier oder die Finanzierung wird teurer, weil ein Risikozuschlag hinzukommt. Tendenziell können solche Unternehmen damit nicht überdurchschnittlich wachsen

**Antwort A:**  Wir wachsen auch ohne übermäßige Finanzierungskommunikation

**Antwort B:**  Wir sind uns der Problematik bewusst. Um uns aber vor der Weitergabe von Informationen an die Konkurrenz zu schützen, sind wir auch bereit, einen höheren Zinssatz zu akzeptieren

**Antwort C:**  Wir sind bereit, jederzeit alle erforderlichen Informationen über unsere neuen Projekte gegenüber potenziellen Financiers auf den Tisch zu legen

Die nun folgenden letzten fünf Beobachtungen geben das Thema Finanzierungskommunikation aus Sicht der Bank wieder. Schauen Sie einmal, ob Sie die gemachten Beobachtungen teilen oder ob Ihre Einschätzungen und die der Bankenwelt weit auseinander liegen. Denn dann besteht eine entsprechende Erwartungslücke. Aus einer solchen Lücke würde ein erhebliches Verständnis- und Kommunikationsproblem resultieren und Sie sollten sich dann fragen, was Sie dafür tun könnten, um diese Lücke wieder zu schließen.

## Beobachtung und Test 11

Die Entscheidungsträger in den Kreditinstituten gehen nahezu einstimmig davon aus, dass das Thema Finanzierungskommunikation zukünftig noch mehr an Bedeutung gewinnen wird.

**Antwort A:** Sehen wir nicht so

**Antwort B:** Glauben wir nur teilweise

**Antwort C:** Stimmen wir voll zu

## Beobachtung und Test 12

Die Mehrheit der Kapitalgeber glaubt, dass der typische Mittelständler nicht weiß, wie er gegenüber Banken Unternehmensinformationen vermitteln soll. Deutlich wird dies beispielsweise bei der Kommunikation und Kommentierung von Plandaten: Während zwei Drittel der Unternehmer meinen, die Plandaten aktiv zu kommunizieren und den Plan-Ist-Vergleich zu erläutern, wird dies nur von wenigen Kreditinstituten bestätigt.

**Antwort A:** Wir wissen aus langjähriger Erfahrung sehr genau, was Banken wollen

**Antwort B:** Unsere unterjährige Planrechnung enthält immer auch einen Soll-Ist-Vergleich mit einer rechnerischen Abweichungsanalyse

**Antwort C:** Wir würden unser monatliches Reporting gerne noch stärker an den Wünschen unserer Hausbank ausrichten

## Beobachtung und Test 13

Viele Kreditinstitute sehen auf Seiten der Unternehmen noch deutliches Verbesserungspotenzial bei der Kommunikation der klaren Vorstellung einer Finanzierungsstrategie sowie einer frühzeitigen Nachfolgeregelung.

**Antwort A:** Nachfolgeregelung ist bei uns derzeit kein Thema. Die Kreditkosten sind für uns das wichtigste Entscheidungskriterium bei Finanzierungen

**Antwort B:** Wir erwarten von unserer Hausbank, dass sie uns die für uns beste Finanzierungsalternative erarbeitet

**Antwort C:** Wir haben uns vorgenommen, uns für das nächste Finanzierungsgespräch mit einer eigenen Finanzierungsstrategie vorzubereiten

## Beobachtung und Test 14

Sowohl auf Banken- als auch Unternehmerseite wird eine deutliche Verlängerung der Kreditverhandlungen festgestellt.

**Antwort A:** Stimmt, haben wir auch bemerkt

**Antwort B:** Stimmt, ist aber nicht akzeptabel. Hierüber müssen wir mit unserer Bank unbedingt reden

**Antwort C:** Stimmt, haben wir bei unserer letzten Verhandlung auch festgestellt. Wir wollen künftig unsererseits aber alles mögliche tun, um hier wieder zu einer Verkürzung der Verhandlungsdauer zu kommen

## Beobachtung und Test 15

Als ein Grund für eine Erwartungslücke wird von mittelständischen Unternehmern immer wieder die eingeschränkte Kommunikationsoffenheit von Kreditinstituten, insbesondere beim Rating genannt. Dies sehen die darauf angesprochenen Kreditinstitute nicht so.

**Antwort A:** Unsere Hausbank informiert nicht über die Ratinganalyse

**Antwort B:** Auf unser intensives Nachfragen hat unsere Hausbank uns die Ratinganalyse umfangreich erläutert

**Antwort C:** Wir pflegen einen sehr partnerschaftlichen Kontakt zu unserer Hausbank. Kommunikationsoffenheit ist immer auch ein gegenseitiger Prozess

## Testauswertung

Ermitteln Sie bitte, welche Antwort (A, B oder C) Sie am häufigsten gewählt haben und lesen Sie dann nach, was das Testergebnis über Ihr Finanzierungsmanagement und Ihre Finanzierungskommunikation aussagt:

### Antwort A in acht oder mehr Fällen oder
### Antwort C in drei oder weniger Fällen

Sie lassen sich beim Thema Finanzierungsmanagement und Finanzierungskommunikation von Ihrer Erfahrung leiten. Dies hat Ihnen bisher zumeist den gewünschten Erfolg gebracht. In Zeiten sich rasch verändernder Märkte und zunehmender Komplexität kann es aber sein, dass das bisherige Erfolgsmodell nicht automatisch auch das der Zukunft ist. Sehen Sie deshalb in den Anregungen und Empfehlungen der nun folgenden Kapitel dieses Buches eine gute Chance, Ihr eigenes Erfolgsmodell „Kommunikation" weiter zu entwickeln und den neuen Marktgegebenheiten anzupassen. So sind Sie künftigen Herausforderungen gewachsen!

## Antwort B in acht oder mehr Fällen oder
## Antwort A, B oder C in mindestens vier Fällen:

Sie haben die neuen Entwicklungen in den Finanzierungsmärkten und die Notwendigkeit zu einem Mehr an professioneller Kommunikation erkannt. Allerdings hält Ihr unternehmerischer Alltag mit seinen umfangreichen operativen Tätigkeiten Sie immer noch zu oft davon ab, wirklich neue Wege zu gehen. Nehmen Sie die nun folgenden Kapitel dieses Buches mit den vielen praktischen Tipps und Erfahrungsberichten als Anregung und Anlass, um Ihr Finanzierungsmanagement weiter zu verbessern. So erreichen Sie Wettbewerbsvorteile im Markt!

## Antwort C in acht oder mehr Fällen oder
## Antwort A in drei oder weniger Fällen:

Sie sind bereit zu einer offenen Kommunikation, erwarten diese aber auch von Ihrem Gegenüber. Sie sind sich bewusst, dass Finanzierungsthemen und die damit einhergehende Kommunikation ein entscheidender unternehmerischer Erfolgsfaktor sind. Von daher sind Sie immer sehr an fundierten Informationen und der Erfahrung von außenstehenden Experten interessiert. Sie versuchen, das neu gewonnene Wissen im Team erfolgreich für Ihr Unternehmen umzusetzen. Nehmen Sie von daher die nun folgenden Kapitel dieses Buches als gute Möglichkeit, Bekanntes mit Neuem abzugleichen und so Ihr eigenes Wissen und Handeln weiter zu optimieren. So sind Sie bald „TOP of FINANCING".

Folgen Sie mir nun im folgenden Kapitel 5 in eine ganz spezielle Finanzierungswelt: „Mezzanine, das Schlaraffenland der alternativen Finanzierungen?" Hier erfahren Sie, welche Vielfalt Ihnen im Markt angeboten wird und auf welche Stolpersteine Sie achten müssen, damit auch Sie diese Finanzierungsinstrumente optimal für sich nutzen können.

# 5 Mezzanine, das Schlaraffenland der alternativen Finanzierungen?

## Unternehmensfinanzierung im Umbruch

Die Finanzierung von Investitionsvorhaben oder Wachstumsplänen mittelständischer Unternehmen war in der Vergangenheit in der weit überwiegenden Zahl der Fälle auf den klassischen Bankkredit, zum Beispiel in Form des längerfristigen Investitionsdarlehens fokussiert. In den letzten Jahren wurden in der Finanzwelt eine Reihe innovativer Finanzierungsprodukte neu entwickelt oder schon bestehende Finanzierungsinstrumente in neuer Ausgestaltung angeboten. Diese waren zunächst nur für Konzernunternehmen oder größere Mittelständler konstruiert. Inzwischen gibt es aber zunehmend Finanzierungsprojekte, bei denen durch Bündelung bzw. Standardisierung vieler kleinerer Beteiligungen oder alternativer Finanzierungen eine breitere Anwendung möglich wird. Damit bietet sich auch dem Mittelstand die Chance, den außerbörslichen Kapitalmarkt zur Finanzierung zu nutzen.

Angefangen von der

- Existenzgründung sowie der
- Wachstums- und Akquisitionsphase bis hin zur
- Unternehmensnachfolge und der
- Restrukturierung eines Unternehmens

besteht für solche Finanzierungen eine Reihe von Optionen.

Im Eigenkapitalbereich erfolgt die Kapitalbeschaffung klassischerweise durch

- strategische Investoren oder mittelständische Industrieholdings,
- Finanzinvestoren, wie Beteiligungs-, Venture-Capital- oder Private-Equity-Gesellschaften sowie
- wohlhabende private Investoren, wie „Family Offices" oder Business Angels.

Dagegen stehen im Fremdkapitalbereich

- klassische Instrumente wie Leasing und Factoring oder
- strukturierte Konzepte, wie zum Beispiel ABS-Finanzierungen (Asset Backed Securities) sowie
- Schuldscheindarlehen (Anleihen am Kapitalmarkt)

zur Verfügung. Was ein mittelständischer Unternehmer im Rahmen der Finanzierungskommunikation hierbei beachten muss, werde ich in Kapitel 11 „Handlungsalternativen im Finanzierungsmarkt" aufzeigen.

Zunehmend in den Fokus der Unternehmensfinanzierung getreten sind inzwischen die so genannten hybriden („gemischten") Finanzierungsinstrumente in Form von

- Mezzanine-Kapital

Hierbei handelt es sich in der Regel um Finanzierungsinstrumente, die zwischen dem reinen Eigen- und Fremdkapital einzuordnenden sind. Das im Markt platzierte Mezzanine-Volumen von inzwischen mehr als 50 Anbietern hat sich von rund 0,5 Mrd. Euro im Jahr 2000 bis 2007 auf rund 5,0 Mrd. Euro nahezu verzehnfacht [Bastian, 4; Brzeski, 8]. Dabei haben die Mezzanine-Geber in Deutschland bisher rund 700 Unternehmen finanziert, was einem Durchschnittsinvestment von rund sieben Millionen Euro entspricht [Bastian, 4]. Damit werden die rasante Marktentwicklung und die große Bedeutung dieses Finanzierungsinstruments für eine moderne Unternehmensfinanzierung deutlich.

Hat sich hier die Tür zu einem neuen „Schlaraffenland" einer bankenunabhängigen Finanzierung aufgetan? Bietet Mezzanine die Lösung aller Finanzierungsprobleme? Lassen Sie uns von daher etwas Zeit aufwenden, um dieses hochinteressante Finanzierungsinstrument mit seinen unterschiedlichen Strukturen und Ausprägungen näher zu beleuchten. Dabei werde ich Ihnen aufzeigen, welche Fragestellungen für Sie als mittelständischem Unternehmer von besonderer Bedeutung sind, und was Sie auf Ihrem Weg zu einer erfolgreichen Mezzanine-Finanzierung unbedingt beachten sollten.

# Mezzanine – Zauberwort im Finanzierungsmarkt?

Noch vor ein paar Jahren war Mezzanine nur wirklichen Insidern bekannt. Damals galten solche Finanzierungen eher als exotisch. Heute vergeht dagegen kaum eine Woche, in der nicht in der Fachpresse die Vielfalt und die Flexibilität dieser Finanzierungsform mit ihren für die unterschiedlichsten Finanzierungsanlässe maßgeschneiderten Erscheinungsformen besonders erwähnt wird. Aus der Fülle der Literatur sei nur auf einige wenige exemplarisch verwiesen [Brzeski, 8; Finance, 34; KfW, 60; Werner, 93; Winkeljohann, 98, 99]

Was verbirgt sich nun hinter dem Begriff „Mezzanine"? Mezzanine ist zunächst nichts weiter als der Oberbegriff für verschiedene, durchaus innovative Finanzierungsformen, die in ihrer bilanziellen Bewertung zwischen dem Eigen- und Fremdkapital stehen. In der Regel

- werden die Mittel dem Unternehmen ohne Sicherheiten und nachrangig zu sonstigen Gläubigern zur Verfügung gestellt,
- besteht eine Vorrangigkeit zu etwaigen Ansprüchen der Gesellschafter, also den reinen Eigenkapitalgebern,
- erfolgt die Kapitalüberlassung zeitlich befristet, wobei sich ein Zeitraum von fünf bis zehn Jahren als marktgängig erwiesen hat,
- entstehen gesellschaftsrechtlich keine Eigentumsrechte an dem finanzierten Unternehmen,
- besteht formell kein regelmäßiges Mitspracherecht.

Zu unterscheiden sind insbesondere vier Formen, die eine breite Anwendung finden:

- Stille Beteiligung
- Genussrechte
- Nachrangdarlehen
- Wandel- und Optionsanleihen

Anbieter von Mezzanine-Produkten in Deutschland sind insbesondere

- Banken, direkt oder indirekt über spezielle Zweckgesellschaften
- Kapitalbeteiligungsgesellschaften

- Beteiligungs- oder Mezzanine-Fonds in ihrer Funktion als Finanz-intermediäre zwischen Kapitalgebern und zu finanzierenden Unternehmen

Bei der Einordnung und Bewertung der vielfältigsten Mezzanine-Finanzierungen und ihren ganz speziellen Ausgestaltungen sind vor allem

- steuerliche (Abzugsfähigkeit der vereinbarten Zinsen?)
- bilanzielle (Bilanzierung als Eigen- oder Fremdkapital?)
- juristische (Kündigungsrechte in der Krise?)
- rating-analytische (Auswirkungen auf das Rating der Hausbank?)

Fragestellungen zu beachten.

### Praxistipp

Unabhängig von den jeweiligen Aussagen und Einordnungen von Mezzanine-Produkten in der vielfältigen Literatur sowie den unterschiedlichsten Anbieterprospekten, empfehle ich Ihnen:
- Fragen Sie Ihren Steuerberater!
  Denn er kann Ihnen die steuerlichen Auswirkungen darlegen.
- Fragen Sie Ihren Wirtschaftsprüfer!
  Denn er entscheidet über die bilanzielle Zuordnung.
- Fragen Sie Ihren Juristen!
  Denn er kann Ihnen Ihre vertraglichen Rechte und Pflichten aufzeigen.
- Fragen Sie Ihre Bank!
  Denn Kreditinstitute haben jeweils individuelle Kriterien für die analytische Behandlung von Mezzanine-Finanzierungen.

## Mezzanine und Mittelstand

Früher beschränkte sich der Begriff Mezzanine im Mittelstand eher auf stille Beteiligungen und Nachrangdarlehen. Finanzierungen standen nur wenigen ausgewählten Unternehmen mit Zinssätzen jenseits von 15 Prozent p.a. zur Verfügung. Inzwischen wird aufgrund der Vielzahl der vorstrukturierten Mezzanine-Programme die gesamte Bandbreite angeboten, einschließlich Genussscheinen, Wandelanleihen und Schuldverschreibungen. Die Vorteile solcher Mezzanine Produkte liegen in den mittlerweile auch für den Mittelstand annehmbaren Konditionen und der Verfügbarkeit in kleineren Tranchen. Diese beziffern sich inzwischen bei einzelnen Instituten schon auf deutlich unter 500.000 Euro und beziehen auch Unternehmen mit ein, deren Jahresumsatz unterhalb von 10 Mio Euro liegt. Insbesondere im Bereich der öffentlichen Förderbanken sind auch für kleinere mittelständische Unternehmen bereits attraktive Angebote zu finden (→ Kapitel 9 „Erfolgreiches Networking im Förderdschungel").

Trotzdem ist es aber nach wie vor schwierig und manchmal auch ein langwieriges Unterfangen, gerade den kleineren und mittleren Mittelstand von den Vorteilen einer Mezzanine-Finanzierung zu überzeugen. Ein erheblicher Teil des Mittelstandes hat sich bislang noch nicht intensiv mit diesem Finanzierungsinstrument auseinandergesetzt und unterschätzt dessen Bedeutung für das eigene Finanzmanagement. Eine Unternehmensbefragung aus dem Jahr 2006 [impulse, 54] zeigt auf, dass rund 71 Prozent der befragten mittelständischen Unternehmen aussagen, dass ihnen Mezzanine-Kapital unbekannt sei. Rund 28 Prozent kennen das Produkt zwar, nutzen es aber nicht (→ Kapitel 11 „Handlungsalternativen im Finanzierungsmarkt").

Worauf ist dies zurückzuführen? Über 10 Prozent der befragten Unternehmen gab an, das eine Mezzanine-Finanzierung zu bürokratisch, zu kompliziert und zu zeitintensiv sei. Fast 22 Prozent hielten das Produkt für ihr Unternehmen für nicht geeignet. Aber verfügten die befragten Unternehmer auch tatsächlich über alle entscheidenden Informationen? Meine Erfahrung ist, dass zumeist erhebliche Informationsdefizite hinsichtlich der Vielfalt der Programme, deren Nutzungsmöglichkeiten und der jeweiligen Vergabekriterien bestehen. Ganz zu schweigen von den sich rasch ändernden steuerlichen, bilanziellen und rechtlichen Implikationen solcher Finanzierungsprodukte in einem sich mit großer Dynamik entwickelnden Markt. So gaben denn auch 7 Prozent der befragten Unternehmer direkt an, dass Ihnen die relevanten Informationen fehlten.

Die zu beobachtenden Unsicherheiten manifestieren sich unter anderem in den folgenden Fragen:

- Welche Voraussetzungen muss mein Unternehmen erfüllen, um Mezzanine-Kapital zu erhalten?
- Wie sieht der Vergabeprozess typischerweise aus?
- Wie wird Mezzanine-Kapital steuerlich behandelt?
- Wie wird Mezzanine-Kapital bilanziert?
- Welche Rechte und Pflichten gehen typischerweise mit der Aufnahme von Mezzanine-Kapital einher?
- Wie gehen die Banken mit Mezzanine-Kapital um? Welche Auswirkung hat Mezzanine-Kapital auf das Rating meines Unternehmens?
- Wie finde ich bei der großen Marktvielfalt das für mein Unternehmen passende Angebot?

Wie kann man also die Komplexität und die fehlende Zeit beherrschbar machen?

## Praxistipp

*Zwei bekannte Situationen*
Ihr Unternehmen hat ein Vertragsproblem mit einem Lieferanten, der die bestellte Ware nicht in der erforderlichen Qualität geliefert hat. Der Lieferant fordert Sie aber dennoch zur Zahlung auf. Wen schalten Sie nun als Ratgeber mit ein? In aller Regel, keine Frage, einen anerkannten Juristen mit dem Spezialgebiet Vertragsrecht.

Sie als Unternehmer stellen sich die Frage, welche steuerlichen Auswirkungen der Verkauf einer nicht betriebsnotwendigen Immobilie hat. Wen fragen Sie um Rat, bevor Sie sich entscheiden? In aller Regel, auch hier keine Frage, Ihren Steuerberater oder Wirtschaftsprüfer.

In beiden Fällen handelt es sich also um eine Art von klassischem Outsourcing. Nur dass es jetzt nicht um das bekannte Outsourcing von vor- oder nachgelagerten Produktionsschritten geht, sondern um das Outsourcing von speziellem Know-how. Denn es wäre auf Dauer für das Unternehmen viel zu unrentabel, das juristische oder steuerliche Spezialwissen selbst zu unterhalten und stetig den Erfordernissen der Zeit anzupassen.

*Mein Tipp*
Warum also nicht auch in Finanzierungsfragen den Weg des Outsourcings gehen? Gerade bei dem Thema „Mezzanine" geht es ohne externen Expertenrat praktisch nicht mehr, da die Märkte sehr komplex geworden sind. Fragen Sie einen erfahrenen Finanzierungsprofi nach seiner Meinung und seinem Rat. Denn er verfügt über umfangreiches Praxiswissen aus vergleichbaren Fällen.

## Mittelstand und Eigenkapital

Die Eigenkapitalquote ist einer der wichtigsten Indikatoren für die Finanzkraft eines Unternehmens. Daher kommt dieser Quote auch bei der Bonitätsbeurteilung der Banken, insbesondere im Rahmen des Ratingverfahrens, große Bedeutung zu. Eine gute Eigenkapitalausstattung trägt mit dazu bei, dass das Kredit suchende Unternehmen innerhalb des Ratingverfahrens eine positive Bonitätsbeurteilung erhält. Dies ist nicht zuletzt auch für das beteiligte Kreditinstitut von Vorteil, weil es zur Absicherung des Kredites selbst weniger Eigenkapital hinterlegen muss (→ Kapitel 15 „Hilfe, jetzt werden wir geratet").

Im abgeschlossenen Bilanzjahr 2004 lag die Eigenkapitalquote mittelständischer Unternehmen mit bis zu 50 Mio Euro Jahresumsatz im Durchschnitt bei annähernd 8 Prozent [DSGV, 19]. Sie war damit aber immerhin fast doppelt so hoch wie im Jahr 2001. Für das Bilanzjahr 2005 ist schon jetzt ein weiterer deutlicher Anstieg auf fast 12 Prozent abzusehen [DSGV, 19]. Sowohl im Vergleich zu Großunternehmen mit über 50 Mio Euro Umsatz als auch im internationalen Vergleich ist die Quote aber immer noch gering. So liegt beispielsweise in unseren Nachbarländern die Eigenkapitalquote mittelständischer Unternehmen teilweise deutlich über 20 Prozent [Leidig, 72]. Und für inländische Großunternehmen betrug die Quote in 2005 fast 27 Prozent [DSGV, 19].

Zum Erhalt der internationalen Wettbewerbsfähigkeit mittelständischer Unternehmen in Deutschland ist es somit erforderlich, dass diesen in Zukunft weiteres Eigenkapital zugeführt wird. Damit treten für den Mittelstand auf der Finanzierungsseite verstärkt solche Finanzierungsformen in den Vordergrund, die mit zu einer Verbesserung der Eigenkapitalquote beitragen. Gemäß Studie der KfW [61] planen 45 Prozent der befragten Unternehmen eine Erhöhung ihrer Eigenkapitalquote. Dabei wollen 80 Prozent der Unternehmen ihre Eigenkapitalbasis durch das Mittel der Innenfinanzierung stärken. Immerhin rund 9 Prozent der Unternehmen wollen ihre Finanzierungsstruktur aber auch durch die Aufnahme von Mezzanine-Kapital verbessern.

**Praxistipp**
Vergessen Sie aber bei der Diskussion über die Eigenkapitalausstattung von Unternehmen nicht, dass betriebswirtschaftlich gesehen das Eigenkapital nichts anderes ist als ein rechnerischer Saldo zwischen den Aktiva und Passiva einer Bilanz. Von daher können durchaus auch Unternehmen mit einer guten Eigenkapitalquote in Liquiditätsschwierigkeiten geraten, was die jüngsten Schieflagen einiger deutlich mit Mezzanine-Kapital ausgestatteten Unternehmen, wie der Stofftierhersteller Nici, das Modeunternehmen Hucke, der Automobilzulieferer ISE, die Möbelgruppe Schieder oder der Schuhhersteller Rohde gezeigt haben [Bastian, 4].

## Mezzanine: Eigen- oder Fremdkapital?

Gemäß internationalen Rechnungslegungsstandards IFRS zählt ein Finanzinstrument insbesondere dann zum *Fremdkapital*, wenn es eine fixe Laufzeit oder fixe Vereinbarungen über Zahlungen von Dividenden beziehungsweise Zinsen vorsieht. Ferner ist entscheidend, ob das bilanzierende Unternehmen mit diesem Finanzinstrument eine Verpflichtung zur Rückgewähr eingegangen ist oder nicht. Allein die Einräumung eines Kündigungsrechtes führt demnach zu einer Erfassung als Fremdkapital.

*Eigenkapital* wird dagegen grundsätzlich unbefristet zur Verfügung gestellt. Neben seiner Finanzierungsfunktion übernimmt es dabei insbesondere auch eine Haftungsfunktion, da es im Insolvenzfall erst letztrangig nach allen anderen Gläubigern zur Auszahlung kommt. Von diesem bilanziellen, materiellen oder haftenden Eigenkapital ist das so genannte wirtschaftliche Eigenkapital abzugrenzen. Hierfür gibt es keine eindeutige Definition oder gesetzliche Regelung, so dass auch unterschiedliche Interpretationen möglich sind.

*Wirtschaftliches Eigenkapital* unterscheidet sich vom bilanziellen Eigenkapital insbesondere dadurch, dass es die „Ansatzvoraussetzungen" zwar teilweise aber eben nicht vollständig erfüllt. Unter wirtschaftlichen Gesichtspunkten, zum Beispiel auch in Zusammenhang mit dem Rating der Banken wird das zur Verfügung gestellte Kapital aber wie Eigenkapital angesehen [Brzeski, 8]. Voraussetzungen für eine zunehmende wirtschaftliche Eigenkapitalqualität sind somit:

- Nachrangigkeit des überlassenen Kapitals gegenüber allen Gläubigern
- Längerfristigkeit der Kapitalüberlassung (mindestens fünf Jahre)
- Keine ordentlichen, wirtschaftlichen Kündigungsrechte
- Teilnahme am Verlust bis zur vollen Höhe
- Erfolgsabhängigkeit der Vergütungen und Ausschüttungen
- Zinsstundung in der Krise

Die konkreten Anforderungen an die Ausprägungen der Kriterien können jedoch je nach Kreditinstitut durchaus inhaltlich variieren [KfW, 60].

Kommen in der Ausgestaltung nun noch die Faktoren

- Unbegrenzte Laufzeit
- Keine Rückzahlungsverpflichtungen sowie
- Keine Kündigungsrechte

hinzu, dann handelt es sich um *bilanzielles Eigenkapital*.

Jetzt wird auch die eigentliche Bedeutung des Begriffs „Mezzanine", abgeleitet aus dem italienischen Begriff für ein „Zwischengeschoss" deutlich: Mezzanine-Finanzierungen in Form von beispielsweise stillen

Beteiligungen oder Genussrechten stellen mit Blick auf die Bilanz in der Regel eine Zwischenstufe zwischen bilanziellem Eigenkapital, wie beispielsweise dem Stammkapital, und dem reinen Fremdkapital, wie zum Beispiel dem klassischen Bankkredit, dar. Mezzanine ist deshalb gerade auch für mittelständische Unternehmen interessant, weil es ihnen über die Aufnahme von wirtschaftlichem Eigenkapital ermöglicht, eine schwache Eigenkapitalquote zu verbessern, ohne dabei zu sehr in der unternehmerischen Freiheit eingeschränkt zu werden.

**Praxistipp**
Wenn für Sie als Unternehmer die Frage „Fremdkapital – wirtschaftliches Eigenkapital – haftendes Eigenkapital?" von Bedeutung ist, dann vergleichen Sie sehr genau die Angebote alternativer Mezzanine-Anbieter. Prüfen Sie, ob die für Sie wichtigen Kriterien auch tatsächlich erfüllt werden, oder ob das angebotene Produkt zwar den Namen „Mezzanine" trägt, es sich tatsächlich aber nur um einen „einfachen" Nachrangkredit handelt. Schuldscheindarlehen sind beispielsweise nachrangig, aber doch reines Fremdkapital. Ein Vorteil liegt aber zweifelsohne darin, dass die Mittel in der Regel ohne Sicherheiten zur Verfügung gestellt werden. Somit sind diese vor allem für Unternehmen interessant, die kein Eigenkapital suchen, aber auch keine Sicherheiten stellen möchten. Die Preisgestaltung orientiert sich dabei neben Laufzeit und Tilgungsform insbesondere risikoorientiert an der Bonität des Unternehmens.

Fragen Sie Ihren Steuerberater oder Wirtschaftsprüfer, ob und in welcher Form er das von Ihnen gewünschte Mezzanine-Kapital auch als Eigenkapital anerkennt. Und, ganz wichtig, fragen Sie Ihre weiteren Bankpartner. Denn deren ganz individuelle Bewertung Ihrer Mezzanine-Finanzierung im Rahmen der jeweiligen Bilanz- und Ratinganalyse kann, auch untereinander, ganz unterschiedlich sein. Dies kann dann auch erhebliche Auswirkungen auf Ihre ganz persönlichen Kreditverhandlungen mit Ihren Hausbanken haben (→ Teil III: Kommunikation mit Kapitalgebern). Fordern Sie deshalb vor der Entscheidung für ein bestimmtes Mezzanine-Produkt von Ihrer Bank eine Aussage ein, wie sie dieses Mezzanine-Kapital einschätzt. Denn in vielen Fällen haben Unternehmen in den letzten Jahren viel zu teuer vermeintliches Eigenkapital eingekauft, welches dann später von anderen Banken oder den eigenen Wirtschaftsprüfern doch als Fremdkapital eingestuft wurde.

## Standard-Mezzanine-Programme

Einen Schwerpunkt im Finanzierungsmarkt bilden standardisierte Mezzanine-Programme in Form von *Genussrechten* als der von den Anbietern inzwischen bevorzugten Kapitalform. Hierbei wird durch die Verbriefung von Rechten in Form von verzinslichen Wertpapieren oder durch fondsgestützte Lösungen Investorenkapital an einen Pool von Unternehmen geleitet. Über eine solche Verbriefungsstruktur wird insbesondere mittelständischen Unternehmen, denen die Größe für eine direkte Teilnahme am Kapitalmarkt fehlt, der Zugang zu dieser Finanzierungsquelle ermöglicht. Andererseits ergibt sich für Investoren durch das Pooling mehrerer Unternehmen eine entsprechende Verteilung ihres Risikos.

Standardprogramme sind in der Regel auch mit genormten Verträgen und genau vorgegebenen Rahmenbedingungen ausgestaltet. Dies ermöglicht es in der Regel, die Finanzierungsmittel einfacher und schneller zur Verfügung zu stellen. Individuellen Abweichungen werden aber so gut wie nie zugelassen. So ist zum Beispiel bei standardisierten Finanzierungen eine vorzeitige Rückzahlung der zur Verfügung gestellten Mittel innerhalb der Vertragslaufzeit in der Regel nicht möglich. Des Weiteren erfolgt eine Auszahlung nicht individuell sondern erst nach „Closing" des jeweiligen Finanzierungspools. Dies bedeutet, dass erst dann, wenn der Fonds voll investiert ist, also das gesamte Volumen im Markt platziert werden konnte, die Mittel auch an die zu finanzierenden Unternehmen ausgezahlt werden können.

Benötigt Ihr Unternehmen die Finanzierungsmittel nun aber bereits zu einem Zeitpunkt, der deutlich früher als der „Closing-Zeitpunkt" liegt, so ist eine entsprechende Zwischenfinanzierung erforderlich. Diese wird dann in der Regel aber nicht vom Mezzanine-Geber dargestellt, sondern muss von Ihnen über eine klassische Bank-Zwischenfinanzierung zusätzlich beantragt, genehmigt und ausgezahlt werden (➔ Kapitel 10 „Hilfe, jetzt brauchen wir Kredit!"). Gegenüber einer normalen Bankfinanzierung wird dieser Prozess aber dadurch vereinfacht, dass die Ablösung der Finanzierung in der Regel mit hoher Sicherheit und relativ kurzfristig durch die zugesagten Mezzanine-Gelder erfolgt.

# Individuelle Mezzanine-Platzierungen

Der kapitalsuchende Unternehmer sollte sich vor dem Hintergrund seiner speziellen unternehmerischen Situation immer darüber informieren, ob neben einem standardisierten Programm-Mezzanine auch eine individuelle Kapitalmarktlösung möglich ist. Dies kann sowohl eine einzelverhandelte Bankfinanzierung als auch eine bankenunabhängige Finanzierung über eine Kapitalbeteiligungs- oder eine Fondsgesellschaft sein.

Des Weiteren gibt es am freien Kapitalmarkt die Möglichkeit des Private Placements. Hier wird das erforderliche Kapital im Rahmen einer außerbörslichen Emission durch die breite Ansprache von anlagebereiten Investoren mittels spezialisierter Finanzdienstleister zur Verfügung gestellt. Der Unternehmer tritt hierbei nicht mehr als Nachfrager, sondern als Anbieter im Finanzierungsmarkt auf. Grundvoraussetzung für ein solches Private Placement ist insbesondere die Erstellung eines umfangreichen Emissionsprospektes, die Genehmigung des Verkaufsprospektes durch die Bundesanstalt für Finanzdienstleistungsaufsicht (BaFin) und ein entsprechendes Platzierungs-Marketing [Werner, 93].

Sind Sie als Unternehmer in der komfortablen Situation, dass Ihnen sowohl verschiedene Standard-Programme als auch individuelle Mezzanine-Lösungen im Finanzierungsmarkt angeboten werden, so bedarf es einer genauen Analyse Ihrer eigenen Finanzierungsstrategie und der damit verbundenen Präferenzen, um eine für Ihr Unternehmen optimale Entscheidung zu treffen.

## Praxistipp
Bei Ihrer Entscheidung, welche Mezzanine-Lösung für Ihr Unternehmen die richtige ist, helfen Ihnen nachfolgende fünf Präferenzkriterien. Versehen Sie die Kriterien dabei in einer Entscheidungsmatrix mit klaren Prioritäten. Definieren Sie, welche Kriterien für Sie unabdingbar und welche in gewissem Grade flexibel sind:

A    Möglichst geringer Zins- und Transaktionsaufwand
B    Hohe Flexibilität hinsichtlich vorzeitiger Rückzahlung der Finanzie-
     rungsmittel
C    Möglichst geringer Grad der Einflussnahme/Mitwirkungsrechte
     der Investoren
D    Bilanzielle Erfassung des Mezzanine-Kapitals als haftendes Eigen-
     kapital
E    Individueller Auszahlungstermin unabhängig von speziellen
     Fondsterminen

ja (100%) |————————————————————————| nein (0 %)
hohe Priorität                                            niedrige Priorität

Bis hier hin sieht in der Tat alles nach Schlaraffenland und unbegrenzten
Möglichkeiten aus. Denn Sie können zwischen den unterschiedlichsten
Ausgestaltungen mezzaniner Finanzierungen auswählen! Individuelles
Mezzanine-Kapital oder Programm-Mezzanine, wirtschaftliches Ei-
genkapital oder einfach nur Nachrangdarlehen. Vielfältige Angebote,
auch bankenunabhängig und immer maßgeschneidert für nahezu jede
Unternehmensgröße. Gibt es da wirklich keine Stolpersteine? Steht die
Finanzierungsampel auch für Ihr Unternehmen ganz klar auf „Mezza-
nine-grün" oder heißt es am Ende vielleicht doch „members only"?

Individuallösungen über eine spezialisierte Beteiligungsgesellschaft gehen fast immer mit intensiven Prüfungen (Due Diligence) und Verhandlungen sowie einem höheren Zinssatz einher. Individualität und maß-
geschneiderte Ausrichtung auf die Bedürfnisse des zu finanzierenden
Unternehmens haben somit ihren Preis. Die Möglichkeit, zwischen
verschiedenen, individuellen Alternativen auszuwählen, wird neben der
Größe des Unternehmens immer ganz entscheidend von der jeweiligen
Bonität des Unternehmens bestimmt, unabhängig davon, ob diese von
einer externen Ratingagentur, einem standardisierten Bank-Rating oder
über einen Emissionsprospekt festgestellt wird.

# Mezzanine und Rating

Bei der klassischen Bankfinanzierung erfolgt heute in jedem Fall ein umfangreiches Unternehmensrating durch die finanzierende Bank (→ Kapitel 15 „Hilfe, jetzt werden wir geratet"). Aber auch Financiers im Bereich der alternativen Finanzierungen machen die Vergabe ihrer Mittel zunehmend von der Erfüllung deutlich höherer Anforderungen abhängig. Überzeugende Informationen und umfassende Transparenz bezüglich der zu finanzierenden Unternehmen sind nun gefragt. Jeder Unternehmer, der Mezzanine-Kapital nachfragen möchte, ist deshalb gut beraten, wenn er sich auf die Kapitalbeschaffung professionell vorbereitet. Kreditangebote ohne Bonitätsprüfung, wie sie oftmals im Internet oder auch im Ausland angeboten werden, sind mit größter Vorsicht zu betrachten und in den meisten Fällen unseriös oder dubios.

Für institutionelle Investoren aus dem In- und Ausland ist die Erstellung eines umfangreichen Unternehmensratings durch eine unabhängige, externe Ratingagentur seit langem ein nicht mehr zu umgehendes Anlagekriterium. Wichtig dabei ist, dass die Investoren ein hohes Vertrauen in die Professionalität und Reputation der Ratingagentur besitzen. In der Praxis greifen deshalb viele Mezzanine-Anbieter auf bekannte nationale Agenturen, wie beispielsweise Euler Hermes oder solche mit internationaler Erfahrung, wie zum Beispiel Moody's oder Standard & Poor's zurück. Mit Blick auf die Platzierung der Mezzanine-Tranchen am Kapitalmarkt wird hinsichtlich der Ratingeinstufung in der Regel eine Investment-Grade Einstufung verlangt. Dies bedeutet beispielsweise bei Moody's mindestens Baa3 und bei Standard & Poor's mindestens BBB- (→ Kapitel 15 „Hilfe, jetzt werden wir geratet"). Inzwischen ist im Markt zu beobachten, dass einzelne Mezzanine-Anbieter auch schon bereit sind, im Non-Investment-Grade Bereich zu investieren, allerdings zu deutlich höheren Zinssätzen.

Gerade bei standardisierten Mezzanine-Finanzierungen muss das Rating in der Regel jährlich erneuert werden, was mit zusätzlichem Aufwand und weiteren Kosten verbunden ist. Oftmals sind bei Ratingverschlechterung auch bestimmte Sanktionen vereinbart. Dies können Zinsänderungen, aber auch bestimmte Informations- oder Mitwirkungsrechte sein, wie zum Beispiel die Einsetzung eines externen, so genannten Recovery Managers.

### Praxistipp

Informieren Sie sich sehr genau, welche Auswirkungen eine Ratingverschlechterung hat. Eine Abstufung im Rating ist schnell passiert, auch bei unverändert positiver Ertragslage. Planabweichungen, Umsatzrückgänge, veränderte Brancheneinschätzung oder auch ein Wechsel im Management können sehr schnell eine Herabstufung bewirken. Lesen Sie Ihren Mezzanine-Vertrag sehr genau und informieren Sie sich insbesondere vor Unterzeichnung, welche Rechte ein Recovery Manager hat. Und in Zweifelsfällen lassen Sie sich rechtzeitig beraten – bevor der Recovery Manager kommt!

## Was Mezzanine-Geber sonst noch alles wissen wollen

Die Grundfragen, die Mezzanine-Geber stellen, unterscheiden sich nicht von denen, die eine Bank beim klassischen Unternehmenskredit stellt (→ Kapitel 16 „Hilfe, was die Banker alles wissen wollen!")

- Wie erfolgreich war das Geschäftsmodell in der Vergangenheit?
- Sind die strategischen Prämissen angesichts der Marktentwicklung plausibel?
- Ist das Geschäftsmodell auch in Zukunft tragfähig?
- Welches Wachstumspotenzial hat das Unternehmen?
- Gibt es eine tragfähige Nachfolgeregelung?
- Sind alle potenziellen Risiken in der Planung berücksichtigt?
- Wie gut sind das interne Risikomanagement und das Controlling?
- Welche Qualifikation und Erfahrung hat das Management?

Ist das Mezzanine-Kapital ausgezahlt, verlangen Mezzanine-Geber in der Regel ein umfangreiches Reporting zur Beurteilung der wirtschaftlichen und finanziellen Lage der finanzierten Unternehmung. Dieses Reporting umfasst auf monatlicher oder Quartals-Basis in der Regel zumindest Aussagen zur Gewinn- und Verlustrechnung, Bilanz und Liquidität sowie einen Soll-Ist-Vergleich auf Basis der vorgelegten Unternehmensplanung.

Letztlich unterscheidet sich aber auch ein solches Reporting nicht wesentlich von dem Reporting, welches Banken heutzutage im klassischen Firmenkundenkreditgeschäft vorzulegen ist (→ Kapitel 18 „Die Entscheidung ist gefallen – wie geht es weiter?"). Im Gegenteil. Nachdem erste Firmenzusammenbrüche den wachsenden Markt für Mezzanine-Finanzierungen belastet haben, ist seitens der Investoren ein verschärftes Auswahlverfahren und Monitoring im Markt zu beobachten [Bastian, 4]. Immerhin addieren sich nach Handelsblatt-Recherchen [4] die von Insolvenzen betroffenen Mezzanine-Finanzierungen mittlerweile auf rund 150 Mio Euro. Zielsetzung eines strengen Monitoring ist somit die Feststellung, ob sich das Unternehmen planmäßig entwickelt oder in seiner Entwicklung negativ zum Businessplan abweicht. Ist letzteres der Fall, so kann der Mezzanine-Geber, sofern vertraglich vereinbart, Maßnahmen zur Risikobegrenzung ergreifen.

### Praxistipp

Mezzanine-Finanzierungen gehen fast immer mit umfangreichen Vertragsbedingungen einher. Prüfen Sie diese sorgfältig, damit Sie am Ende des Tages keine bösen Überraschungen erleben. Auch hier endet also das Schlaraffenland und die Arbeit beginnt.

„Fallstricke" in den oftmals komplexen Vertragswerken könnten zum Beispiel in den nachfolgenden Aspekten liegen:

- Informations- und Kontrollrechte
- Gewinnthesaurierungsklausel
- Abtretung von Gesellschaftsanteilen
- Sonderkündigungsrechte
- Festlegung von Ausschüttungsbegrenzungen
- Recht zur Einschaltung eines Recovery Managers
- Einrichtung eines Beirates und/oder Einräumung eines Sitzes im Beirat

Der einzelvertraglichen Individualität sind somit keine Grenzen gesetzt. Informieren Sie sich deshalb genau, prüfen Sie mögliche Konsequenzen und lassen Sie sich erforderlichenfalls professionell und unabhängig beraten! Profitieren Sie von den umfangreichen Erfahrungen, die andere bereits gemacht haben.

# Was kostet Mezzanine?

Bei mezzaninen Finanzierungen geht es neben den qualitativen Merkmalen des Anbieters auch darum, *sämtliche*, auch zunächst versteckte Kosten zu prüfen, die bei der Finanzierung anfallen und von Anbieter zu Anbieter signifikant schwanken können. Die häufigsten Kostenelemente sind:

- Laufende Zinszahlungen, auch Basisvergütung genannt
- Bearbeitungsgebühren
- Bereitstellungskosten, soweit kein vollständiger Abruf der Mittel erfolgt
- Zinsänderungskosten bei einer Auszahlung in Tranchen
- Gewinnabhängige Vergütungen während oder am Ende der Laufzeit, wie zum Beispiel eine Jahresabschlussvergütung
- Transaktionsgebühren (Disagio) bei Vertragsabschluss
- Kosten für ein erforderliches Rating im Vorfeld der Finanzierung bzw. bei jährlich wiederkehrender Aktualisierung
- Kosten für eventuell durchzuführende juristische oder steuerliche Kurzprüfungen der unternehmerischen Ist-Situation (Due Diligence)
- Anpassungskosten bei der Verletzung von Unternehmenskennzahlen (Covenants), wie zum Beispiel in Form der Eigenkapitalquote (→ Kapitel 18 „Die Entscheidung ist gefallen – wie geht es weiter?")

Die für Mezzanine-Kapital zu leistenden laufenden Zinszahlungen sind in den letzten Jahren kontinuierlich gefallen. Lag die Basisvergütung vor einigen Jahren noch deutlich über zehn Prozent, so betragen diese Zinssätze inzwischen oftmals nur noch sieben bis acht Prozent p.a. Eine direkte Abhängigkeit besteht dabei immer zwischen festgestelltem Unternehmensrating und dem Preis für das Mezzanine-Kapital. Je besser das Rating ist, umso niedriger fällt auch die Basisverzinsung aus und je schlechter das Rating ist, umso höher ist der aufzubringende Zinssatz.

Die erfolgsabhängige Vergütung kann durchaus bis zu zwei Prozent-Punkte p.a. auf die vereinbarten Zinsen betragen. Die Transaktionsgebühren (Disagio) liegen zumeist zwischen einmalig zwei und vier Prozent von der Kapitalsumme. Manchmal werden noch zusätzliche Kosten für eine Kurzprüfung der Ist-Situation (Due Diligence) oder einer Rechtsberatung in Rechnung gestellt. Die Kosten hierfür können bei bis zu 30.000 Euro und mehr liegen. Auch muss darauf geachtet werden, ob es sich um einmalige Ratingkosten oder jährlich wiederkehrende Ratingkosten handelt. Letzteres ist gerade bei einer Reihe von Mezzanine-Programmen durchaus der Fall. So können die Ratingkosten je nach Unternehmensgröße zwischen rund 2.000 Euro und mehreren 10.000 Euro pro Jahr betragen.

Alle tatsächlich anfallenden Kosten müssen somit sehr genau errechnet werden. Im Ergebnis wird man dann oftmals feststellen, dass Mezzanine-Kapital deutlich teurer ist als reines Fremdkapital, zum Beispiel in Form des klassischen Bankkredits. Dieser kann bei gleicher Bonität des Unternehmens durchaus mindestens zwei bis drei Prozentpunkte billiger sein. Bei zinssubventionierten KfW- oder sonstigen Fördermitteln fällt die Differenz oftmals sogar noch wesentlich höher aus. Dabei ist aber immer zu beachten, dass Mezzanine-Kapital ohne Sicherheiten gewährt wird und in der Regel zumindest als wirtschaftliches Eigenkapital anzusehen ist. Der Mezzanine-Geber übernimmt damit ein deutlich höheres Risiko. Dieses lässt er sich natürlich entsprechend bezahlen. Deshalb ist es sehr wichtig, dass sich der Unternehmer im Vorfeld Transparenz verschafft und entsprechend seiner Präferenzen behutsam bei der Wahl der Kapitalgeber vorgeht.

## Praxisbeispiel

*Ausgangssituation*
Im Rahmen eines Management Buy Outs (MBO) haben die Manager Peter Blume und Michael Haus die Möglichkeit, sich durch den Erwerb ihres mittelständischen Unternehmens selbstständig zu machen. Der Kaufpreis für das als GmbH geführte, alteingesessene Industrieunternehmen mit 15 Mio Euro Umsatz und einem Jahresüberschuss vor Steuern von 1,2 Mio Euro liegt bei 3,0 Mio Euro und soll mit 2,5 Mio Euro fremdfinanziert werden. Die Differenz wird von den beiden Managern als Eigenkapital eingebracht. Für das Unternehmen wird eine Ratingeinstufung auf Basis „BB" erwartet. Den beiden Herren liegen nun zwei ganz unterschiedliche Finanzierungsangebote vor:

*Finanzierungsvariante 1*
Die Finanzierung der erforderlichen Mittel von 2,5 Mio Euro erfolgt über einen Mezzanine-Fonds. Die Laufzeit für das an das neue Unter-

nehmen ausgereichte Kapital beträgt sieben Jahre. Sicherheiten brauchen keine gestellt zu werden. Die Basisvergütung beträgt 8,5 Prozent p.a., die Jahresabschlussvergütung 2,5 Prozent p.a. Für die rechtliche und steuerliche Prüfung der Ist-Situation fallen einmalig 35.000 Euro an. Die einmalige Bearbeitungsgebühr beträgt 2 Prozent des zur Verfügung gestellten Kredites, also 50.000 Euro. Die Kosten für das Erst-Rating betragen 25.000 Euro, daneben fallen künftig jährliche Ratingkosten von 5.000 Euro an.

Peter Blume und Michael Haus rechnen: Die Einmalkosten betragen 85.000 Euro. Daneben fallen über die nächsten sieben Jahre Ratingkosten von 55.000 Euro an. Zusammengenommen ergeben sich 140.000 Euro. Rechnet man dies auf sieben Jahre um, so betragen die Kosten 20.000 Euro p.a. Hinzu kommt die Basis- und Jahresabschlussvergütung von insgesamt 11 Prozent p.a., was 275.000 Euro p.a. entspricht. Umgerechnet betragen die Gesamtkosten somit 295.000 Euro pro Jahr. Dies entspräche einem Zinsaufwand von rund 12 Prozent p.a. Beide Herren sind sich sicher, dass die Belastungen aus dem künftigen Cashflow des Unternehmens gut aufzubringen wären.

*Finanzierungsvariante 2*
Die beiden Unternehmer erhalten über ihre Hausbank unter anderem zinsgünstige Existenzgründungs- und KfW-Fördermittel. Der Durchschnittszinssatz beträgt für das Gesamtvolumen in Höhe von 2,5 Mio Euro einschließlich Bearbeitungsgebühren 7,5 Prozent p.a. Dies bedeutet eine jährliche Zinslast von rund 188.000 Euro, die somit um mehr als 100.000 Euro geringer ausfällt als bei der Finanzierungsvariante 1. Beide Herren müssen aber im Rahmen der Bankfinanzierung persönliche Bürgschaften für das neue Unternehmen in Höhe von jeweils 500.000 Euro übernehmen und bei den Existenzgründungskrediten mit 750.000 Euro persönlich als Kreditnehmer haften.

*Die Entscheidung*
Peter Blume und Michael Haus haben die klare Präferenz, keine persönlichen Bürgschaften stellen zu wollen. Sie sind überzeugt, dass die deutlich höheren Belastungen aus der Finanzierungsvariante 1 zukünftig gut aufgebracht werden können. Von daher entscheiden sich beide, dass Angebot des Mezzanine-Fonds anzunehmen.

Viele Leser hätten vielleicht eher das zweite kostengünstigere Angebot angenommen. Das Beispiel zeigt aber, dass man vor jeder Finanzierungsentscheidung zum einen sehr sorgfältig und umfassend die verschiedenen Kostenarten berechnen und zum anderen auch die eigenen Präferenzen klar artikulieren muss.

## Auswahlkriterien für Mezzanine

Spätestens jetzt wird deutlich, wie komplex Entscheidungen und Auswahlverfahren bei Mezzanine-Finanzierungen sein können. Nun ist Kommunikation mit einem unabhängigen Experten gefragt, der alle Vorteile, Problemfelder und Entscheidungsparameter qualifiziert und transparent auf den Tisch legt. Die wichtigsten Auswahlkriterien habe ich für Sie im Folgenden nochmals zusammengefasst. Sie basieren auf den fünf wesentlichen Komponenten einer jeden Mezzanine-Finanzierung:

* *Komponente 1: Die Haftung*
  - Wie hoch ist die Mindestlaufzeit der zur Verfügung gestellten Mittel?
  - Besteht die Möglichkeit einer Kündigung bei Verschlechterung der wirtschaftlichen Verhältnisse?
  - Wenn ja, welche Kennzahlen (Covenants) werden diesbezüglich vereinbart? (→ Kapitel 18 „Die Entscheidung ist gefallen – wie geht es weiter?")
  - Kann eine Kündigung bei Zahlungsverzug ausgesprochen werden?
  - Werden in einer Krisensituation ausreichend lange Stundungsfristen, möglichst bis zur Endfälligkeit eingeräumt?
  - Besteht ein außerordentliches Kündigungsrecht bei Verletzung der Informationspflichten oder bei Wechsel der Gesellschafter?
  - Ist die Nachrangigkeit des zur Verfügung gestellten Kapitals auch für den Fall der Insolvenz erklärt?
  - Schließt die Nachrangigkeit auch eventuell rückständige Zinsen mit ein?
  - Kann das Mezzanine-Kapital zumindest als wirtschaftliches Eigenkapital angesehen werden oder ist es sogar haftendes Eigenkapital?

- *Komponente 2: Das Rating*
  - Wie erfolgt das Erst-Rating?
  - Welche Ratingeinstufung muss mindestens erfüllt sein?
  - Ist zusätzlich eine Kurzprüfung (Due Diligence) erforderlich?
  - Muss das Rating jährlich erneuert werden?
  - Sind Sanktionen bei Ratingverschlechterung vereinbart?
  - Wenn ja, ist dann die Einschaltung eines Recovery Managers vorgesehen?

- *Komponente 3: Der Preis*
  - Wie hoch ist die Basisvergütung?
  - Wie hoch ist die Abschlussgebühr?
  - Gibt es eine differenzierte, erfolgsabhängige Vergütungsstruktur?
  - Wie hoch ist die vereinbarte Gewinnbeteiligung?
  - Welche Bemessungsgrundlage wurde für die Gewinnbeteiligung gewählt?
  - Wie hoch ist der Aufwand für das Rating, insbesondere auch für den Fall eines jährlich zu aktualisieren Ratings?
  - Wie hoch ist der Aufwand für die erforderlichen Due Diligence-Prüfungen?
  - Welche sonstigen Kosten fallen an?

- *Komponente 4: Die Informationen*
  - Welchen Umfang hat die vereinbarte laufende Berichterstattung?
  - Wie umfangreich ist im Vorfeld der juristische und steuerliche Prüfungsprozess („legal and tax due diligence") durch den Mezzanine-Geber?
  - Wie hoch ist hierdurch die Belastung des Managements?
  - Welche Informationspflichten ergeben sich bei einer Ratingverschlechterung oder in einer wirtschaftlichen Krise?

- *Komponente 5: Die Auszahlung*
  - Wann und wie erfolgt die Auszahlung?
  - Wenn eine Zwischenfinanzierung erforderlich wird, kann diese problemlos dargestellt werden?
  - Gibt es Einschränkungen bei der Mittelverwendung?
  - Ist eine vorzeitige Rückzahlung jederzeit möglich?
  - Unter welchen Voraussetzungen ist ein Verkauf an Drittinvestoren möglich?

# Rückzahlung ja – aber wie?

Natürlich müssen auch Mezzanine-Mittel einmal zurückgezahlt werden, auch wenn der Zeitpunkt heute noch in weiter Ferne scheint. Das Kapital steht in der Regel sieben Jahre zur Verfügung, ohne dass eine vertragliche Verlängerungsoption besteht. Dies bedeutet, dass der gesamte Betrag am Ende der Laufzeit in einer Summe zurückgezahlt werden muss. Viele Unternehmer bedenken dabei nicht, dass selbst bei über die Jahre verbessertem Cashflow dieser in den meisten Fällen nicht ausreichen wird, um die unaufschiebbare Rückzahlung im letzten, beispielsweise siebten Jahr, aus dem dann erwirtschafteten einmaligen operativen Jahresergebnis leisten zu können.

Anders als bei einem normalen Barkredit einer Bank, der immer wieder prolongiert werden kann, erwarten die Investoren eines Mezzanine-Fonds, dass sie ihr Geld pünktlich zum verabredeten Zeitpunkt einschließlich eventuell ausstehender Zinsen und der vereinbarten Erfolgsvergütungen zurückerhalten. Einen Verhandlungsspielraum gibt es zu diesem Zeitpunkt in der Regel nicht mehr.

### Praxistipp

Wenn Sie Mezzanine-Kapital aufgenommen haben, müssen Sie sich immer über ihre Rückzahlungsverpflichtung im Klaren sein. Treffen Sie deshalb rechtzeitig Vorsorge, um spätere Schwierigkeiten zu vermeiden! Entwickeln Sie einen Finanzplan, aus dem klar hervorgeht, wie Ihr Unternehmen die Rückzahlung aufbringen will, beispielsweise in Form von jährlichen Rücklagen aus erwirtschafteten Gewinnen. Dies ist insbesondere dann erforderlich, wenn Ihr Mezzanine-Kapital mit einem PIK-Anteil (Payment-in-kind) ausgestattet ist, das heißt, auch die laufenden Zinszahlungen ganz oder teilweise in kapitalisierter Form erst am Ende der Laufzeit gezahlt werden müssen.

Eine Alternative ist, rechtzeitig mit Ihren Banken oder anderen Kapitalgebern über eine Anschlussfinanzierung zu sprechen. Dies muss aber unbedingt frühzeitig geschehen, also mindestens ein bis anderthalb Jahre vor Auslauf der Mezzanine-Tranche. Aber auch hier ist es wichtig, dass Sie einen in ein tragfähiges Zukunftskonzept eingebetteten Finanzplan vorlegen (→ Kapitel 16 „Hilfe, was die Banker alles wissen wollen!"). Vermeiden Sie es auf jeden Fall, dass Sie zum Ende der Laufzeit zeitlich und liquiditätsmäßig so unter Druck geraten, dass die Existenz Ihres Unternehmens gefährdet wird.

Sie sehen, auch im Schlaraffenland gilt: Jede Finanzierung muss erarbeitet werden, denn das Geld fließt nicht von allein auf das Konto und auch die Rückführung funktioniert nicht automatisch. Von allen Marktteilnehmern ist deshalb vor allem Transparenz und Kommunikation gefragt. Im nun folgenden Teil II „Kommunikation mit Kapitalgebern" werde ich Ihnen anhand der zwei Seiten einer Unternehmensbotschaft die Erfolgsfaktoren einer professionellen Kommunikation darlegen. Weiter zeige ich Ihnen auf, wie Sie es schaffen, die „neuen" Spielregeln im Finanzierungsmarkt sicher zu beherrschen, und wie Sie erfolgreich die richtigen Netzwerke nutzen.

# Teil II

# Kommunikation mit Kapitalgebern

# 6 Die zwei Seiten einer Unternehmensbotschaft

## Das Sender-Empfänger-Modell

In der klassischen Informationstheorie wird seit Anfang der 50er Jahre erfolgreich mit dem Sender-Empfänger-Modell gearbeitet. Mit diesem Modell, das ursprünglich für die Übertragung von technischen Signalen konstruiert worden war, lassen sich nun auch im vereinfachten Schema die Strukturen der zwischenmenschlichen Kommunikation beschreiben.

Grundsätzlich kann dieses Kommunikationsmodell auch für den Informationstransfer zwischen Unternehmen und Kapitalgebern angewendet werden. Kommunizieren beide miteinander, sind sie, je nach Situation, sowohl Sender als auch Empfänger bestimmter Nachrichten. Im Modell wird jede Information, die übertragen werden soll, zunächst vom Sender mit einem bestimmten Schlüssel codiert. Dann erfolgt die Übertragung der Signale über einen Informationskanal an den Empfänger. Damit dieser die Botschaft voll und ganz verstehen kann, muss er denselben Code verwenden. Ansonsten treten Störungen in der Kommunikation auf und der Empfänger erhält die falschen Signale.

## Das mittelständische Unternehmen als Sender

Sehen wir uns einmal folgendes Beispiel aus der Praxis an:

### Praxisbeispiel

*Ausgangssituation:*
Die Robert Kirchner GmbH ist ein mittelständischer Familienbetrieb im Bereich Sanitärgroßhandel mit 18 Mio Euro Umsatz und 57 Mitarbeitern. Das Unternehmen handelt mit klassischen Sanitärprodukten und Accessoires sowie im Wellness-Bereich mit Whirlpools und Dampfkabinen. Die Ware wird hauptsächlich über Lieferanten aus China bezogen. Hauptabnehmer sind Verbrauchermärkte und der Baufachhandel. Die regionale Hausbank steht bereits seit 15 Jahren mit Krediten und aktuell mit einem Kontokorrentkredit von 1,5 Mio Euro zur Verfügung. Der Firmenkundenbetreuer Herr Günther betreut die Geschäftsführerin

Frau Kirchner geschäftlich schon lange Jahre. Seit drei Monaten hat Herr Günther einen neuen Teamleiter. Dieser hat als Konzernkundenbetreuer bei seinem alten Arbeitgeber noch die Insolvenz eines der größten Sanitärbetriebe Deutschlands miterlebt und möchte von daher die Kirchner GmbH unbedingt auch einmal persönlich kennen lernen.

Für den weiteren Marktausbau plant die Kirchner GmbH die Einführung neuer Trendprodukte im Sauna- und Wellness-Bereich. Zur Vorfinanzierung des höheren Einkaufvolumens in China könnte man eine zusätzliche Betriebsmittellinie von 2,0 Mio Euro sehr gut gebrauchen. Damit hätte man auch ausreichend Spielraum, um bei Lieferanten jederzeit preislich günstige Artikel in größerer Stückzahl bestellen zu können.

*Die Botschaft*
Marita Kirchner, Tochter des Firmengründers, jetzige Alleininhaberin und Geschäftsführerin, schreibt einen ausführlichen Brief an Herrn Günther. Mit Blick auf die langjährige vertrauensvolle Zusammenarbeit und die Expansionspläne ihres Unternehmens bittet Sie ihn um Erhöhung der bisher zur Verfügung gestellten Kreditmittel um 2,0 Mio Euro. Zur Erläuterung fügt sie den gerade neu gedruckten technischen Verkaufsprospekt mit umfangreichen Produktspezifikationen, das in China in Auftrag gegebene detaillierte Bestellvolumen in Höhe von 1,3 Mio Euro, ihre vertriebsseitig viel Erfolg versprechende Korrespondenz mit zwei großen Verbrauchermärkten sowie die neueste betriebswirtschaftliche Auswertung bei. Letztere enthält aber nicht die aktuellen Bestandsveränderungen im Lager.

Kurze Zeit später ruft Herr Günther Frau Kirchner an und teilt ihr zunächst freundlich mit, dass er nach Rücksprache mit seinem Teamleiter noch viele Fragen habe und nicht verstehe, warum die neuen Finanzierungsmittel in dieser Höhe benötigt würden, da die Unterlagen noch nicht aussagefähig genug sind. Außerdem sei noch eine Reihe von formellen Erfordernissen, wie zum Beispiel die Aktualisierung des Ratings zu besprechen. Ein wenig vorwurfsvoll ergänzt er dann: „So einfach, wie Sie sich die Sache vorstellen, geht es nun wirklich nicht mehr". Abschließend äußert er den Wusch, dass sein Teamleiter sie gerne einmal persönlich kennen lernen möchte.

Frau Kirchner ist sehr überrascht und kann das Verhalten der Bank nicht verstehen.

Was ist hier passiert? Offensichtlich liegt eine gravierende Störung in der Kommunikation zwischen der Unternehmerin und dem Firmenkundenbetreuer vor.

## Störungen im Informationstransfer

Im Sender-Empfänger-Kommunikationsmodell liegen die Ursachen für Informationsstörungen entweder bei dem Sender, bei dem Empfänger oder auf dem Weg der Informationsübertragung. Gründe können somit sein:

- Der Sender verschickt unklare oder undeutliche Signale, die der Empfänger nicht richtig hören und verstehen kann
- Der Sender verschickt zwar klare Signale, diese enthalten aber einen Fehler, sind also sozusagen falsch codiert. Hierdurch können beim Empfänger Missverständnisse entstehen
- Der Informationstransfer wird gestört, beispielsweise durch äußere Einflüsse oder eine Übertragung über mehrere Personen hinweg. Jetzt können die Signale vom Empfänger nicht richtig oder nicht vollständig wahrgenommen werden
- Der Empfänger ist nicht auf der gleichen Wellenlänge wie der Sender, so dass er dessen Signale kaum oder gar nicht empfangen kann
- Der Empfänger spricht nicht die Sprache des Senders, er benutzt nicht den gleichen Signal-Code. Somit gelingt es ihm nicht, zum Beispiel Fachbegriffe zu decodieren. Er versteht sie nicht, weil es sich um eine andere Sprache handelt

Schauen wir uns daraufhin noch einmal unser Beispiel an:

*Frage:*       *Waren alle Signale, die die Unternehmerin gesendet hat,*
              *klar und deutlich?*

**Antwort:**   Nein. Frau Kirchner möchte gerne eine zusätzliche Betriebsmittellinie von 2,0 Mio Euro. Die im Brief beigefügten Unterlagen verweisen aber auf ein aktuelles Bestellvolumen von nur 1,3 Mio Euro. Die offensichtliche Differenz wird zunächst nicht erklärt. Hier verbleibt also eine Unklarheit.

*Frage:*     *Waren alle Signale fehlerfrei, das heißt richtig codiert?*

**Antwort:**   Nein. Die betriebswirtschaftliche Auswertung enthält nicht die wichtigen Bestandsveränderungen im Lager. Dadurch ist das ausgewiesene Monatsergebnis so nicht richtig. Es kann sowohl höher als auch niedriger sein. Dies kann zu unterschiedlichen Interpretationen und damit zu Missverständnissen führen.

*Frage:*     *War der Informationstransfer ungestört?*

**Antwort:**   Nein. Frau Kirchner wollte mit ihrem Firmenkundenbetreuer Herrn Günther kommunizieren. Tatsächlich schaltet sich in die Kommunikation aber dessen Teamleiter mit ein. Darauf war Frau Kirchner in ihrer Kommunikation nicht vorbereitet.

*Frage:*     *Ist der Empfänger auf der gleichen Wellenlänge wie der Sender?*

**Antwort:**   Nein. Frau Kirchner ist von ihrem Geschäft und dem Plan einer Expansion im Wellness-Bereich überzeugt. Der Empfänger, in diesem Fall der Teamleiter, ist in seiner Denkweise noch sehr stark geprägt von der miterlebten Insolvenz eines anderen Unternehmens. Er steht der ganzen Branche damit äußerst skeptisch gegenüber. Aufgrund seiner Vorurteile kann er die gesendeten Signale nur unvollkommen empfangen.

*Frage:*     *Spricht der Empfänger die Sprache des Senders?*

**Antwort:**   Nein. Natürlich versteht Herr Günther seine mittelständische Kundin, die er seit vielen Jahren geschäftlich betreut. Aber mit dem technischen Verkaufsprospekt ist auch er überfordert. Schließlich ist er kein Baumarktleiter. Und sein Teamleiter? Dieser hat bis vor kurzem bei seinem alten Arbeitgeber noch Konzernkunden mit Umsätzen deutlich über 500 Mio Euro betreut. Mit Themen des breiten Mittelstandes hat er sich bisher nur am Rande beschäftigt.

Es kann also nicht verwundern, dass in unserem Beispiel die Kommunikation zwischen Unternehmen und Bank zunächst wenig erfolgreich verläuft.

## Das mittelständische Unternehmen als Empfänger

Die Unternehmerin Frau Kirchner hat Signale in Form von Informationen gesendet, die beim Empfänger zu einer bestimmten Meinungsbildung geführt haben. Diese wiederum hat Handlungen ausgelöst, die nun in Form von Anforderungen und Wünschen als Signale an Frau Kirchner gesendet werden. Frau Kirchner, eben noch selbst der Sender, ist nun zum Empfänger geworden. Und was hört und versteht Frau Kirchner jetzt in ihrer neuen Position als Empfänger?

- *Unklare und undeutliche Signale*
  Frau Kirchner versteht nicht, warum es noch „viele Fragen" gibt und ihre Unterlagen „nicht aussagefähig genug" sind. Und Sie weiß auch nicht, was mit einer „Reihe von formellen Erfordernissen" gemeint ist.

- *Fehlerhafte Signale*
  Herr Günther erwähnt nicht, dass sein Teamleiter neu „im Amt" ist. Daher versteht Frau Kirchner auch nicht, dass er sie gerne persönlich kennen lernen will, wo sie doch bisher so gut mit Herrn Günther zurechtgekommen ist.

- *Durch äußere Einflüsse gestörte Signale*
  Frau Kirchner ist überrascht, dass es in Form des Teamleiters einen weiteren Kommunikationspartner gibt, der offensichtlich erheblichen Einfluss auf die zu treffende Kreditentscheidung und ihre Kommunikation mit Herrn Günther hat.

- *Nicht auf der gleichen Wellenlänge wie der Sender*
  Herr Günther äußert einen Vorwurf. „So einfach, wie Sie sich die Sache vorstellen, geht es nun wirklich nicht mehr". Aber Frau Kirchner war fest davon überzeugt, dass sie alles richtig gemacht hat.

- *Spricht nicht die Sprache der Senders*
  Frau Kirchner versteht nicht, warum und wie ihr Rating aktualisiert werden muss. Mit diesem Thema hat sie sich im Detail bisher noch nicht auseinandergesetzt.

Eines zeigt das Beispiel auch: Kommunikation ist immer mit Zeitaufwand und Arbeit, also der Bindung von Ressourcen verknüpft. Kommt es zu Informationsstörungen, werden diese Ressourcen unweigerlich vergeudet. Und dies kostet Geld. Wie schafft man es also, Informationen zu transferieren, ohne dass Entscheidendes verloren geht? Wie muss ein professioneller Informationstransfer erfolgen, um eine Angleichung verschiedener Wellenlängen und unterschiedlicher Sprachen zu erreichen?

Die Antworten hierauf werde ich Ihnen im nachfolgenden Kapitel 7 in Form der „Erfolgsfaktoren einer professionellen Kommunikation" vorstellen.

# 7 Erfolgsfaktoren einer professionellen Kommunikation

In Kapitel 1 hatte ich drei Ziele der Kommunikation beschrieben:

- Erwerb von Wissen und Erkenntnis, also Lernen
- Bildung oder Ausbau von Beziehungsnetzwerke und Partnerschaften
- Verständigung über die Verteilung von bestimmten Leistungen

Kommunikation heißt also etwas gemeinsam machen und sich über den Weg dorthin zu verständigen. Kommunikation ist somit immer auch Interaktion. Was sind nun aber die grundsätzlichen Erfolgsfaktoren für eine professionelle Kommunikation? Aus meinen Erfahrungen der Praxis lassen sich vier Erfolgsfaktoren ableiten:

- Hohe Kommunikationsfähigkeit
- Integriertes Kommunikationskonzept
- Überzeugendes Kommunikationsverhalten
- Kontinuierlicher Dialog

Wie sich diese Erfolgsfaktoren grundsätzlich auch in Finanzierungsfragen für mittelständische Unternehmen auswirken, werde ich im Folgenden an Hand einiger Praxisbeispiele schildern. Die hieraus für konkrete Finanzierungsverhandlungen abzuleitenden Handlungsempfehlungen und Strategien werde ich vertiefend in Kapitel 8 „Die Spielregeln im Finanzierungsmarkt" und in Teil III „Der Unternehmer im Finanzierungsgespräch" erläutern. Zunächst aber zu den vier grundsätzlichen Erfolgsfaktoren.

## Erfolgsfaktor 1: Hohe Kommunikationsfähigkeit

Der Erfolgsfaktor „Hohe Kommunikationsfähigkeit" beinhaltet die persönlichen Fähigkeiten

- Die Sprache der anderen verstehen
- Empathie
- Wertschätzung

## Die Sprache der anderen verstehen

Treffen Menschen aus unterschiedlichen Fachgebieten oder sogar Kulturkreisen aufeinander und wollen diese miteinander kommunizieren, so fragt man sich zunächst einmal: Verstehen und sprechen die Gesprächspartner die jeweilige Landes- oder Fachsprache des anderen? Erklären sich alle Sachverhalte aus sich selbst, ohne dass sie zum besseren Verständnis ergänzend nochmals erläutert oder kommentiert werden müssen?

Jeder von uns hat solche Situationen schon erlebt. Sei es im Urlaub in einer anderen Kulturwelt oder auch ganz alltäglich in unserer hoch technologisierten Welt, beispielsweise im Multimedia-Bereich. Nicht umsonst wurde für solche Fälle der umgangssprachliche Begriff des „Fachchinesisch" geprägt. Hatten Sie zuletzt nicht auch oftmals das Gefühl, dass Ihr Firmenkundenbetreuer Fachchinesisch spricht?

Sprechen beide Gesprächspartner eine unterschiedliche Sprache, so kann ein professioneller Informationstransfer entweder durch die klassische Mittlerfunktion eines Dolmetschers oder aber durch die Reduktion von Komplexitäten und die anschließende Übersetzung in eine einheitliche, das heißt beiden verständliche Sprache erfolgen. Nichts anderes passiert auch in unserem Alltag, wenn zum Beispiel ein deutscher Geschäftsmann auf einen indischen trifft und beide sich einigen, Englisch zu sprechen und dabei bemüht sind, komplizierte Fachbegriffe zu vermeiden. Oder denken Sie an die Gebrauchsanleitung zu Ihrem neuesten PC-System. Diese besteht in der Regel aus zwei Teilen. Die eine, hochtechnische Anleitung ist nur für absolute Technikenthusiasten verständlich. Die andere versucht, unter deutlicher Reduktion von Komplexität, auf eine jedermann verständliche Art und Weise die gebräuchlichsten Bestandteile der Technik zu erläutern.

## Empathie

Empathie ist die Fähigkeit, sich in die Denkwelt und Situation anderer einfühlen zu können. Die Sprache des anderen zu verstehen und zu sprechen ist die eine Seite. Wichtig für eine erfolgreiche Kommunikation ist aber auch, dass man sich von der eigenen Denkwelt löst und versteht, was sein Gesprächspartner für Erwartungen hat. Nur wer diese Erwartungen identifiziert und sich daran orientiert, kann seine Rolle als professioneller Dialogpartner erfolgreich wahrnehmen. Daraus resultiert die erforderliche Fähigkeit, sich möglichst gut in die Rolle seines Gesprächspartners hineinzuversetzen. Für den mittelständischen Unternehmer heißt dies in Finanzierungsfragen, dass er verstehen muss, was seine Kreditgeber bewegt und wo deren spezielle Interessen liegen. Zuhören, offener Informationsaustausch und die Bereitschaft vom anderen zu lernen, sind jetzt gefragt.

Kommunikation findet also neben der Sachebene immer auch auf der persönlichen Ebene statt. Erfolg oder Misserfolg hängen somit von den persönlichen Kompetenzen ab, die jemand im zwischenmenschlichen Bereich hat. Wichtig ist dabei, seinen Gesprächspartner dort abzuholen, wo er sich emotional mit seinen Motiven, Wünschen und Gedanken gerade befindet. Diese Fähigkeit, sich in die Situation des anderen zu versetzen, nennt man Empathie.

### Praxisbeispiel

Sie erinnern sich an das MBO-Praxisbeispiel in Kapitel 5 „Mezzanine, das Schlaraffenland der alternativen Finanzierung?". Die beiden Existenzgründer, Peter Blume und Michael Haus, hatten sich dort gegen die zinsgünstige Finanzierungsvariante entschieden, weil diese die Übernahme sehr hoher persönlicher Bürgschaften vorsah. Seinerzeit war eine weitere Verhandlung mit der Bank über diese Variante schnell gescheitert. Das Gespräch, das Herr Haus mit dem Firmenkundenbetreuer Tobias Graf führte, verlief, etwas verkürzt dargestellt, wie folgt:

*Situation 1*

Herr Haus:   „Ihr Angebot kommt für uns nicht in Frage. Die Bürgschaften sind viel zu hoch. Da gefährden wir ja unsere Existenz. Die Bank muss sich schon am Risiko beteiligen."

Herr Graf:   „Sie verstehen unsere Situation als Kreditgeber nicht. Wenn Sie nicht voll und ganz hinter Ihrer neuen Existenz stehen, dann können wir Ihnen auch keinen Kredit geben."

Eine festgefahrene Situation. Und damit ist das Gespräch auch sehr schnell beendet. Auf die negativen Äußerungen von Herrn Haus hat Herr Graf entsprechend negativ reagiert und er denkt jetzt, dass dieser von seinem Geschäft, nämlich dem Kreditgeschäft, überhaupt keine

Ahnung hat. Wundert Sie das? Hätte man das Gespräch auch anders
führen können? Könnte man versuchen, Herrn Graf dort abzuholen,
wo er sich mit seinen fachlichen Problemstellungen gerade befindet?
Sollte man versuchen, ihn „mit ins Boot zu holen" und daran denken,
dass vielleicht auch er „Stress" hat?

*Situation 2*
Herr Haus:   „Ihr Angebot ist auf der Zinsseite äußerst günstig. Das wis-
             sen wir zu schätzen. Wir sind uns auch darüber bewusst,
             dass Sie bei dieser Art der Finanzierung nicht umhin kön-
             nen, von uns persönliche Bürgschaften zu verlangen. Aber
             die von Ihnen geforderte Bürgschaftshöhe macht uns doch
             zu schaffen …"

Herr Graf:   „Ja ich sehe Ihr Thema. Nach unserem letzten Gespräch
             habe ich mir schon gedacht, dass dies für Sie ein Problem
             sein könnte. Lassen Sie mich noch einmal erläutern, war-
             um wir Ihre Bürgschaften benötigen… Aber vielleicht gibt
             es noch einen anderen Weg… Ich an Ihrer Stelle würde
             nun folgendes tun …"

Man sieht, im Gegensatz zur Situation 1, kommt nun tatsächlich Kommunikation zustande. Durch die wertschätzende, den Gesprächspartner verstehende Einstellung ist Herr Graf nun bereit, sich zu öffnen
und „Ja" zur weiteren Kommunikation zu sagen. Und dies schafft auf
jeden Fall die Chance für neue Wege und neue Lösungen, obwohl es
zunächst danach aussah, als ob Welten zwischen den Gesprächspartnern liegen würden.

## Wertschätzung

Grundlegend für jede erfolgreiche Kommunikation ist die Wertschätzung, die man gegenüber seinem Gesprächspartner aufbringt. Ist diese
nur gering oder fehlt sie sogar ganz, ist die Chance, dass etwas Gemeinsames zustande kommt, nur noch sehr gering. In Einzelfällen mag
es zwar gelingen, seinen Gesprächspartner durch eine speziell auf ihn
ausgerichtete Nutzenargumentation zu überzeugen, man kann aber
sicher sein, dass – ist diese erst einmal verbraucht – eine weitere Kommunikation kaum noch stattfinden wird.

**Praxistipp**

Vermeiden Sie es unbedingt, bei Gesprächspartnern, die Ihnen mit ihrer beruflichen Stellung oder ihrer gesellschaftlichen Position unterlegen sind, Ihre persönliche „Biografie" in den Vordergrund zu stellen. Denken Sie daran, auch Ihr Gesprächspartner ist ein Mensch mit Gefühlen. Ich habe es in meinen vielen Jahren bei der Bank mehr als einmal erlebt, dass Gesprächspartner versucht haben, mich mit Hinweisen wie „Ich kenne Ihren Vorstand", „Ich bin morgen mit Ihrem Ressortleiter zum Golf verabredet" oder „Ich treffe den Herrn Ministerpräsidenten, den Landrat ... auf der Veranstaltung nächste Woche" einschüchtern wollten. Erliegen Sie bitte nicht der Versuchung, über solche Formulierungen, ob gewollt oder nicht, „Macht" auszuüben. Ich garantiere Ihnen, es ist das Ende einer zielführenden Kommunikation.

Im folgenden Kapitel 8 „Die Spielregeln im Finanzierungsmarkt" werde ich die gesamte Thematik noch vertiefen und Ihnen an einfachen Beispielen aufzeigen, welche Anforderungen an die persönliche Finanzierungskommunikation gestellt werden, damit ein erfolgreiches Handeln im Finanzierungsmarkt möglich ist.

## Erfolgsfaktor 2: Integriertes Kommunikationskonzept

Der Erfolgsfaktor „Integriertes Kommunikationskonzept" besteht aus den beiden Komponenten

- Strategische Geschlossenheit
- Zielgruppenorientierung

### *Strategische Geschlossenheit*

Ein professionelles Kommunikationskonzept muss, um glaubhaft zu sein, immer in das eigentliche unternehmerische Konzept eingebettet sein. Beide sind somit nicht voneinander trennbar. Der Unternehmer sollte sich also insbesondere fragen, ob das, was er im Rahmen von Finanzierungsthemen mit Kapitalgebern kommuniziert, mit seinem sonstigen Handeln und seiner sonstigen Kommunikation gegenüber anderen Beteiligten, wie zum Beispiel den Gesellschaftern, Kunden oder Lieferanten übereinstimmt.

**Praxisbeispiel 1**

Josef Huber ist Geschäftsführer und Mitgesellschafter der Huber Möbelbau GmbH mit einem Jahresumsatz von 38 Mio Euro. Ein in diesem Jahr neu entwickeltes Büromöbel-Programm wurde vom Markt
sehr gut aufgenommen und soll die Umsatzverluste des Vorjahres
wieder ausgleichen. Aufgrund hoher Restrukturierungs- und Entwick-
lungskosten ist die Ertragslage der Huber Möbelbau aber noch durch
erhebliche Verluste geprägt, so dass die Kredit gebenden Banken die
Unternehmenssituation als schwierig einstufen. Zwar wollen Sie das
vom Unternehmen vorgelegte strategische Konzept grundsätzlich weiter begleiten, sie drängen aber auf eine Rückführung der zumeist voll
in Anspruch genommenen Kontokorrentlinie von 2,0 Mio Euro auf 1,5
Mio Euro.

Josef Huber möchte mit seinen Lieferanten eine neue Skontoverein-
barung treffen. Diese beträgt bisher 3 Prozent. Aufgrund der guten
Marktpositionierung seiner neuen Büromöbel gelingt es ihm nun, bei
der Mehrzahl der Lieferanten eine Erhöhung des Skontobetrages auf
5 Prozent zu erreichen. Allerdings hat Josef Huber dieses Thema vorher
im Rahmen seines Strategiekonzeptes nicht mit seinen Hausbanken
besprochen. Da diese die Gesamtsituation weitaus kritischer als Herr
Huber sehen, bitten Sie diesen, sich die nötige Liquidität auch durch
verlängerte Zahlungsziele bei den Lieferanten zu sichern. Damit sind
Skontozahlungen praktisch nicht mehr möglich und Josef Huber muss
bei seinen Lieferanten den „Rückzug" antreten.

Diesen „Rückzug" hätte er sich leicht ersparen können, wenn er mit
seinen Hausbanken ein alle Punkte, also auch seine beabsichtigten
Skontoverhandlungen umfassendes Unternehmens- und Finanzierungskonzept besprochen hätte.

**Praxisbeispiel 2**

Werner Kiefer ist Geschäftsführer bei der Stahlbau-Technik GmbH.
Das vornehmlich im Brückenbau tätige mittelständische Unternehmen
mit einem Jahresumsatz von 28 Mio Euro plant die Akquisition eines
kleineren Wettbewerbers. Der Kaufpreis von 3,0 Mio Euro soll mit
jeweils 1,5 Mio Euro fremd- bzw. aus dem operativen Cashflow finanziert werden.

Hinsichtlich der Fremdfinanzierung spricht Herr Kiefer seine Hausbank an. Aufgrund des guten Ratings der Stahlbau-Technik GmbH erzielt man schnell grundsätzliche Einigkeit über ein mögliches Finanzierungsmodell. Unverzüglich unterrichtet Werner Kiefer seine beiden Gesellschafter, die Brüder Joachim und Udo Stamm. In der weiteren Diskussion stellt sich aber heraus, dass Udo Stamm die Akquisition gerne voll fremd finanzieren und den operativen Cashflow lieber als Reserve nutzen möchte, um für den aggressiven Preiswettbewerb osteuropäischer Konkurrenten gerüstet zu sein. Sein Bruder Joachim neigt eher dazu, die Verschuldung des Unternehmens möglichst niedrig zu halten. Er ist überzeugt, dass eine verstärkte Eigenkapitalbasis die richtige Antwort auf die Aktivitäten der Konkurrenz ist.

Werner Kiefer muss weitere Gespräche mit seiner Hausbank zurückstellen. Zunächst wird er in den nächsten Tagen und Wochen damit beschäftigt sein, gemeinsam mit seinen Gesellschaftern ein einvernehmliches und schlüssiges Gesamtkonzept zu entwickeln, um dieses dann bei seinen Financiers auch überzeugend präsentieren zu können.

## Zielgruppenorientierung

Daneben ist die inhaltliche Ausrichtung eines Konzeptes sowie die Art und Weise seiner Präsentation immer von der Zielgruppe abhängig, die man erreichen will. Dies gilt auch für Konzepte im Bereich der Finanzierungskommunikation. Von vielen mittelständischen Unternehmen wird in schwierigen Finanzierungssituationen immer wieder unterschätzt, wie entscheidend eine zielgruppengerechte Kommunikation ist. Der Unternehmer muss sich im Vorfeld also sehr genau über seine Zielgruppe und deren Anforderungen sowie Erwartungen informieren.

### Praxistipp
Wenn es darum geht, die Anforderungen und Erwartungen Ihrer Zielgruppe zu definieren, dann fragen Sie:

- An welchen speziellen Informationen ist meine Bank interessiert?
- Wie müssen diese Informationen formuliert und aufbereitet sein?
- Welche zielgruppengerechte Datenanalyse wird benötigt?
- Welcher Detaillierungsgrad ist erforderlich?
- Welche Reduktion komplexer Firmen-Datensysteme ist gewünscht?

Ich möchte an einem Praxisbeispiel deutlich machen, was es heißt zu analysieren: „Wen interessiert was?"

**Praxisbeispiel**
Herbert Bender ist geschäftsführender Mitgesellschafter eines noch jungen High-Tech-Unternehmens im Bereich der Nanotechnologie. Das Unternehmen hat im letzten Jahr seinen Umsatz auf nun fast 2,7 Mio Euro verdreifacht und plant auch für die kommenden Jahre eine starke Expansion. Bereits in der Vergangenheit musste sich Herr Bender bei den unterschiedlichsten Finanzierungsanlässen mit verschiedenen Financiers auseinandersetzen und deren jeweils ganz spezielle Anforderungen erfüllen. Dies sei vereinfacht an drei Situationen geschildert:

*Situation 1*
Herr Bender will für ein innovatives Nanotechnologie-Projekt nicht rückzahlbare Zuschüsse aus der Mittelstandsförderung beantragen. Für ein erstes Gespräch mit der zuständigen Förderberatung hat er folgende Unterlagen vorbereitet:

- Beschreibung des Projektes
- Stand der jetzigen Technik und Darstellung der Innovation
- Investitionssumme
- Durchführungszeitraum des Projektes
- Beteiligte Mitarbeiter und Darstellung der wichtigsten Arbeitsschritte
- Mögliche Kooperationspartner für das Projekt

*Situation 2*
Herr Bender möchte bei einer regionalen Förderbank im Rahmen eines speziellen Finanzierungsprogramms für Unternehmen der Nanotechnologie ein Nachrangdarlehen in Höhe von 500.000 Euro beantragen. Auf seine Nachfrage beim zuständigen Ansprechpartner der Förderbank hat dieser ihm mitgeteilt, dass er folgende erste Informationen zum Unternehmen erwarte:

- Eckdaten zum Finanzierungsbedarf, insbesondere ein Liquiditätsplan für die kommenden zwei Geschäftsjahre
- Basisinformationen zum wirtschaftlichen Hintergrund des Unternehmens, insbesondere zur Ertrags- und Vermögenssituation
- Eckdaten zur Technik und zum Innovationsgrad des Vorhabens

- Unternehmensplanung für die nächsten fünf Jahre, insbesondere unter Berücksichtigung der Markt- und Wettbewerbssituation

*Situation 3*
Herr Bender möchte, dass seine Hausbank den bestehenden Kontokorrentkredit in Höhe von 250.000 Euro auf gleicher Basis für ein Jahr verlängert. Rechtzeitig vor Ablauf des alten Kreditvertrages spricht er seinen Firmenkundenbetreuer an und vereinbart einen Gesprächstermin. Dabei versäumt er nicht zu fragen, welche Unterlagen die Bank, die sein Unternehmen schon seit drei Jahren begleitet, für die anstehende Entscheidung über die Prolongation seines Kredites benötigt. Kurze Zeit später reicht Herbert Bender folgende Unterlagen ein:

- Jahresabschluss des abgelaufenen Geschäftsjahres
- Aktuelle betriebswirtschaftliche Auswertung
- Unternehmensplanung für das laufende und das nächste Geschäftsjahr
- Aufstellung über Auftragseingang und Auftragsbestand
- Aufstellung über den Bestand an offenen Forderungen
- Vertriebsaktivitäten zur Gewinnung neuer Kunden
- Aktualisierte Vermögensunterlagen bezüglich der für den Kontokorrentkredit bürgenden Gesellschafter
- Informationen zur Marktstellung der neuen Technologie

Man sieht, dass in allen drei Fällen die Anforderungen recht unterschiedlich ausfallen, weil auch die Zielrichtungen der Financiers sehr verschieden sind. Gewisse Basisinformationen, wie zum Beispiel über die technologische Entwicklung des Unternehmens, sind für alle drei Kapitalgeber wichtig, alle anderen Unterlagen muss Herr Bender nach vorheriger Analyse zielgruppenspezifisch zusammenstellen.

In Kapitel 16 „Hilfe, was die Banker alles wissen wollen!" werde ich diese Thematik noch einmal ausführlicher aufgreifen und im Detail zeigen, welche Anforderungen Sie wann erfüllen sollten.

# Erfolgsfaktor 3: Überzeugendes Kommunikationsverhalten

Der Erfolgsfaktor „Überzeugendes Kommunikationsverhalten" beinhaltet die drei wesentlichen Komponenten

* Gesprächsvorbereitung
* Gesprächsdurchführung
* Präsentation von Informationen

Alle drei Punkte sind gerade in der Tagesroutine von entscheidender Bedeutung. Die Besonderheiten, die Sie in Finanzierungsgesprächen beachten müssen, werde ich in Teil III „Der Unternehmer im Finanzierungsgespräch" weiter detailliert behandeln. Aber gerade im Vorfeld von anstehenden Gesprächen kommen die Themen „Gesprächsvorbereitung" und „Präsentation von Informationen" in Finanzierungsfragen immer wieder viel zu kurz.

## *Gesprächsvorbereitung*

Je besser ein Unternehmer vorbereitet ist, umso besser ist sein Unternehmen für die vielen anstehenden Gespräche mit Financiers gerüstet. Wer schlecht vorbereitet zum Gespräch kommt, der erhält sofort einen gravierenden Minuspunkt von seinen Gesprächspartnern. Einem solchen Unternehmer nimmt man kaum noch ab, dass er es besser kann. Findet dennoch ein zweites Gespräch statt, ist dieses dann zumeist schon von einem „Vorurteil" geprägt. Dies macht es dann umso schwerer, erfolgreich zu sein. Denn vielfach entsteht beim Gesprächspartner auf der anderen Seite der Eindruck, dass ihm nur wertvolle Zeit gestohlen wird. Die hierdurch erzeugte negative Haltung des Financiers löst beim Unternehmer oftmals zunächst eine Abwehrreaktion hervor: „Das ist unfair", „Er hat mich nicht verstanden", „Sie wollten mir von Anfang an keinen Kredit geben" oder „Warum wollen sie auch noch weitere Unterlagen haben?" Schnell wird die Schuld für das Scheitern der Kommunikation beim Gesprächspartner gesucht. Manchmal kann es aber einfach hilfreich sein, zu fragen: „War ich wirklich gut vorbereitet?" oder „Warum habe ich mich nicht besser vorbereitet?"

Die wichtigsten Eckpfeiler für die fachliche Vorbereitung eines Finanzierungsgespräches werde ich Ihnen in Teil III „Der Unternehmer im Finanzierungsgespräch" noch sehr genau aufzeigen.

**Praxistipp**
Versuchen Sie im Vorfeld Ihres nächsten Finanzierungsgesprächs mit Ihrer Hausbank Folgendes herauszufinden:

- Welche Personen werden an dem Gespräch teilnehmen?
- Auf welcher hierarchischen Stufe stehen die Gesprächsteilnehmer?
- Wie weit geht die Entscheidungskompetenz dieser Personen?
- Welche Ziele verfolgen sie mit dem Gespräch?
- Wie sehen und bewerten sie mein spezielles unternehmerisches Thema?
- Welche Einstellung haben sie zu meiner Branche?
- Was wissen sie bereits über mein Unternehmen?
- Was will ich selbst in dem Gespräch erreichen, welche Ziele habe ich?
- Wo bin ich kompromissbereit, bei welchen Punkten habe ich aber keinen Verhandlungsspielraum mehr?

Je gezielter die Voranalyse ausfällt, umso mehr kann man Fehler und spätere Sackgassen im Finanzierungsgespräch vermeiden. Wie Sie richtig mit den unterschiedlichsten Personen und Entscheidungsträgern bei Ihrer Bank umgehen, werde ich Ihnen in Kapitel 13 „Mit wem in der Bank sollen wir sprechen?" aufzeigen.

## Gesprächsdurchführung

Sie haben sich nun gut vorbereitet und auch die eigenen Ziele und Ihren Verhandlungsspielraum für das Finanzierungsgespräch genau definiert. Nun ist es wichtig, dass Sie Ihre Ziele auch während des Gesprächs nicht aus den Augen verlieren. Versuchen Sie sich immer wieder zu vergewissern, dass Sie sich tatsächlich auch Ihren Zielen nähern. Andernfalls müssen Sie Ihrem Gesprächspartner klar signalisieren, dass sich das Gespräch aus Ihrer Sicht in eine falsche Richtung bewegt. Achten Sie aber auch immer darauf, mit welcher inneren Einstellung Sie Ihrem

Gesprächspartner gegenübertreten. Seien Sie gewiss, dass er an Ihrer Körpersprache und Ihrer Wortwahl merkt, wenn Sie ihn als Gegner und nicht als Partner betrachten.

Vermeiden Sie es, lange Monologe zu halten. Lassen Sie auch Ihren Gesprächspartner möglichst schnell zu Wort kommen. Hören Sie dann genau zu: Versuchen Sie, seine Einstellungen und Motivationen herauszufinden. Jetzt haben Sie die Möglichkeit, selbst entsprechend darauf zu reagieren. „Reden ist Silber, Schweigen ist Gold!" Das stimmt nur allzu oft! Sagen Sie nur dann etwas, wenn Sie auch wirklich etwas zu sagen haben. Oder immer dann, wenn Sie etwas nicht verstanden haben. Jetzt ist es wichtig nachzufragen, um spätere Missverständnisse zu vermeiden. Denn dumm sind nicht die Fragen, die man stellt, sondern die Fragen, die man nicht stellt.

### Praxisbeispiel

Peter Vollmer ist geschäftsführender Mitgesellschafter des seit über hundert Jahren bestehenden hessischen Traditionsunternehmens „Vollmer Bierbrauerei". Heute findet ein erstes Gespräch bei der Mittelstandsbank statt, die schon seit längerem versucht, als zusätzliche Bankverbindung bei Vollmer Fuß zu fassen. Peter Vollmer hat sich fest vorgenommen, seinem Gesprächspartner, dem Firmenkundenbetreuer Klaas Reimann, eine Top-Kreditkondition für das Entree bei seinem Unternehmen zu entlocken. Klaas Reimann würde Vollmer-Bier gerne als neuen Kunden gewinnen, nicht aber um jeden Preis. Zunächst gilt es für ihn, möglichst viel über die Situation seines potenziellen Neukunden herauszufinden. Für das Gespräch hat er immerhin zwei Stunden Zeit eingeplant, allerdings hat er anschließend einen Termin mit einem seiner wichtigsten Kunden, den er nicht warten lassen darf.

Das Gespräch verläuft in einer sehr angenehmen Atmosphäre und Peter Vollmer verfällt über die Schilderung der wechselvollen Unternehmenshistorie schnell in einen längeren Monolog. Als Klaas Reimann ihn dann noch interessiert nach den Rahmenbedingungen der Brauereibranche befragt, gerät Peter Vollmer gänzlich ins Schwärmen. Noch ein paar geschickte Fragen zur wirtschaftlichen Situation der Vollmer Bierbrauerei und Klaas Reimann hat erfahren, was er wissen wollte. „Lassen Sie uns das Gespräch nächste Woche doch bei Ihnen in der Brauerei fortsetzen", bittet Klaas Reimann nach gut zwei Stunden, „dann kann ich Ihnen auch unser neues Produkt, die am Kapitalmarkt verbrieften Schuldscheindarlehen vorstellen".

Als Peter Vollmer die Bank verlässt, wird ihm bewusst, dass er sein eigenes Gesprächsziel völlig aus den Augen verloren hatte. Und sollten ihn „am Kapitalmarkt verbriefte Schuldscheindarlehen" nun wirklich interessieren? Vielleicht wäre es gut gewesen, hier einmal nachzufragen, dachte er. Aber das wollte er im nächsten Gespräch nachholen und er war sich sicher, dass er dann dem Gespräch einen ganz anderen Verlauf geben würde.

In Kapitel 14 „Professionell verhandeln" gebe ich Ihnen noch einige ganz spezielle Tipps, wie Sie zum Beispiel Gemeinsamkeiten betonen, eine festgefahrene Situation gut meistern oder geschickt mit Einwänden umgehen können.

## Präsentation von Informationen

Häufig ist festzustellen, dass Unternehmen gerade bei der Präsentation von Informationen entsprechende Erfahrung fehlt. Dies gilt vor allem für mittelständische Unternehmen, die in der Regel nicht börsennotiert oder aufgrund ihrer Größe bzw. Rechtsform nicht den bekannten Publizitätspflichten unterworfen sind. Hier bedarf die Selbstdarstellung häufig einer deutlichen Verbesserung. Viele Mittelständler haben zwar ihr Geschäft gut im Griff, doch gibt es erhebliche Defizite in der Außendarstellung. Dabei gilt es, bei Finanzierungsfragen im ersten Schritt eine die Banken überzeugende Präsentation vorzulegen [Droste, 24; Hierold, 47; Thiele, 92]. Kommunikation muss also auch gemanagt werden. Dies hört sich oftmals sehr einfach an, der Teufel steckt aber auch hier im Detail. Bis eine überzeugende Präsentation fertig ist, muss einiges im Unternehmen in Bewegung gesetzt werden. Neben handwerklichem Können sind jetzt vor allem Erfahrung und Zielgruppenorientierung gefragt. Denn auch gute Ideen, die schlecht verpackt sind, kommen bei den Banken nicht gut an. Fehlt es an Qualität, besteht kaum Hoffnung, eine Finanzierung angeboten zu bekommen.

## Praxistipp

Wenn Sie eine Unternehmenspräsentation erstellt haben, testen Sie deren Wirkung vorab bei einem neutralen Dritten! Oder holen Sie sich erforderlichenfalls Rat bei einem Fachmann, der schon viele solcher Präsentationen erstellt hat und der vor allem die Erwartungen und die Sprache Ihrer Zielgruppe kennt!

Die fünf häufigsten handwerklichen Fehler, die mittelständische Unternehmen begehen, wenn sie Präsentationen bei ihrer Bank einreichen, sind:

- *Verwendung eines zu technischen Fachvokabulars ("Fachchinesisch"):*
  Wählen Sie eine verständliche Darstellung mit einfachen Sätzen und wenigen Fachwörtern.

  Bedenken Sie: Der Banker will Ihr Produkt nicht selber anwenden. Aber er muss es mit seinen Worten erklären können, zum Beispiel einem vielleicht technisch nur wenig kundigen Vorgesetzten

- *Zu lange Präsentation:*
  Hat die Präsentation mehr als 20-30 Text-Seiten, so wird sie schnell ermüdend und nicht mehr alle Inhalte können vom Leser gleichermaßen erfasst werden. Dies gilt insbesondere für wichtige Informationen am Ende einer Präsentation. Beschränken Sie sich also auf das Wesentliche!

  Bedenken Sie: Auch die Zeit des Bankers, der Ihre Präsentation verarbeiten soll, ist begrenzt. Lesen Sie selbst einmal Ihre Präsentation Wort für Wort und testen Sie, wie lange Sie brauchen. Wenn Sie mehr als eine Stunde benötigen, und dabei ist noch keine Zeit zum Nachdenken eingerechnet, sollten Sie unbedingt Kürzungen vornehmen.

- *Fehlende Zusammenfassung am Anfang der Präsentation:*
  Diese so genannte „Management Summary" pointiert gleich zu
  Beginn die wichtigsten Argumente und Zielgrößen. Dieser „erste
  Eindruck" ist in vielen Fällen sowohl für das weitere Lese- als auch
  Entscheidungsverhalten der Zielgruppe von größter Bedeutung
  Bedenken Sie: Fehlt eine solche Zusammenfassung oder gelingt es
  nicht, schnell und zielgerichtet ein überdurchschnittliches Interesse
  zu erzeugen, ist der Rest der Präsentation oftmals vergebliche
  Arbeit

- *Fehlende Kernbotschaften und Perspektiven:*
  Wichtig ist, dass die Kernaussagen in übersichtlicher, verständlicher
  sowie überzeugender und optisch ansprechender Art verankert werden. Wecken Sie Emotionen und zeigen Sie Perspektiven auf!

Bedenken Sie: Der Empfänger einer Präsentation erhält in seinem
Arbeitsalltag in der Regel eine Vielzahl von Präsentationen. Verkaufen Sie deshalb Ihre wichtigsten Botschaften durch eine klare Struktur und einfache Sprache.

- *Fehlende Querhinweise:*
  Präsentationen bestehen oftmals aus umfangreichen Anlagen mit
  vielen Zahlen. Damit diese nicht als seelenlose Zahlenfriedhöfe für
  sich allein stehen, ist es unbedingt erforderlich, dass dem Leser im
  Hauptteil der Präsentation genaue Querhinweise gegeben werden,
  an welcher Stelle er im Anhang zahlenmäßig ein bestimmtes Argument oder eine beschriebene Unternehmensentwicklung nachvollziehen kann

Bedenken Sie: Leser einer Präsentation wollen geführt werden.
Alles muss sich wie von selbst und absolut logisch erklären. Über-
fordern Sie Ihren Leser nicht mit anspruchsvollen Rechen- oder
Detektivaufgaben. Dazu ist er nämlich nicht bereit! Spätestens
wenn Ihr Gegenüber sagt: „Das verstehe ich aber alles nicht" und
die Betonung auf „alles" liegt, haben Sie etwas Gravierendes falsch
gemacht.

Hierzu noch ein kleines Praxisbeispiel, wie ich es öfters erlebt habe:

**Praxisbeispiel**

Banker:    Herr Meier, ich vermisse in Ihrer ausführlichen Präsentation, wofür Sie den Kredit über 600.000 Euro im Detail benötigen.

H. Meier:   Aber das haben wir doch genau dargestellt. Sie brauchen nur den auf Seite 45 dargestellten Finanzbedarf für unsere Produktionssparte A mit dem auf Seite 52 errechneten Bedarf für die Sparte B und dem entsprechenden Betrag für die Sparte C auf Seite 66 zu addieren. Und für jede Sparte haben wir dann auf den Seiten 78-80 nochmals Detailaufstellungen. Da haben wir uns wirklich sehr viel Arbeit gemacht.

Banker:    Ich hätte mir gewünscht, Sie hätten dies gleich übersichtlich zusammengefasst dargestellt. Ich wäre Ihnen dankbar, wenn Sie dies noch tun könnten und uns die neue Aufstellung einreichen würden.

H. Meier:   (still) Verstehe ich nicht. Kann er nicht selber rechnen ...?

Man kann sich nun sicher gut vorstellen, dass die Kommunikation zwischen den beiden Gesprächspartnern auch im weiteren Verlauf ihres Miteinanders nicht optimal verlaufen wird.

## Erfolgsfaktor 4: Kontinuierlicher Dialog

Der Erfolgsfaktor „Kontinuierlicher Dialog" ist geprägt von der ständigen Erneuerung des Informationsaustauschs mit allen Finanzierungs-Zielgruppen. Hierdurch wird eine dauerhafte Vertrauensbeziehung zwischen Unternehmen und Financiers geschaffen. Das Wort „Kredit" lässt sich auf das lateinische Wort „credere" zurückführen, was soviel bedeutet wie „Glauben oder Vertrauen schenken". Das Beziehungsmanagement zwischen Unternehmen und Kreditgebern bezeichnet man somit auch als „Creditor Relations" [Deter, Tallner, 16]. Er umfasst alle Maßnahmen des professionellen und möglichst frühzeitigen Dialogs mit Kreditgebern mit dem Ziel, die Finanzierung langfristig zu sichern und die Kosten dafür zu minimieren. Ein solches „Creditor-Relationship" beinhaltet auch die Systematisierung aller Kapitalgeber-Gespräche. Hierzu gehört:

- Das Sprechen mit einer Stimme („one voice policy")
- Ein klar definierter Sprachgebrauch („wording")
- Eine zeitnahe, offene und transparente Informationspolitik

**Praxisbeispiel**

Michael Heinze ist Finanzprokurist der Metall GmbH, einem kleineren Maschinenbau-Unternehmen mit 15 Mio Euro Umsatz und 20 fest angestellten Mitarbeitern. In der vergangenen Woche hat er seinen Firmenkundenbetreuer, Jakob Schmal, darüber informiert, dass die Metall GmbH im zweiten Quartal des laufenden Geschäftsjahres sowohl beim Umsatz als auch beim Jahresergebnis die Unternehmensplanung deutlich verfehlen wird. Statt eines geplanten Halbjahres-Umsatz von 8,5 Mio Euro werden nur 6,8 Mio Euro erreicht werden. Hieraus resultiert eine Ergebnisabweichung von 720.000 Euro, so dass ein Halbjahres-Verlust von 230.000 Euro zum Ausweis kommt. Als Begründung für den Umsatz- und Ertragsrückgang nennt Herr Heinze den Verlust zweier Großkunden. Gleichzeitig habe man auf der Kostenseite noch nicht in ausreichendem Maße gegensteuern können.

Einige Tage später trifft Herr Schmal den Alleingesellschafter der Metall GmbH, Tobias Mager, auf einer Veranstaltung des regionalen Wirtschaftsclubs und spricht ihn besorgt auf die negative Entwicklung bei der Metall GmbH an. Herr Mager berichtet stolz von der sehr guten Auftragslage und seinem initiierten Kostensenkungsprogramm im Verwaltungsbereich. Es bestehe kein Grund zur Sorge und er sei sicher, dass die Planzahlen für das Gesamtjahr erreicht würden. Außerdem habe man im Vertrieb verstärkte Maßnahmen zur Neukundengewinnung eingeleitet.

Jakob Schmal ist verunsichert. Innerhalb von nur zwei Wochen hört er ganz unterschiedliche Botschaften über die wirtschaftliche Entwicklung der Metall GmbH. Dies stört ihn umso mehr, als die Verlängerung der bestehenden Firmenkreditlinien von insgesamt 2,1 Mio Euro im nächsten Monat anstehen und er bislang vom Unternehmen noch keine aktuellen Unterlagen erhalten hat. Den Finanzprokuristen Michael Heinze schätzt er als grundsolide ein, Tobias Mager dagegen hatte in der Vergangenheit schon wiederholt die Zukunftsperspektiven seines Unternehmens überschätzt. Herr Schmal nimmt sich vor, die anstehenden Kreditgespräche mit Vorsicht und zurückhaltender als früher zu führen.

Unternehmen, die mit ihren Financiers nicht in einen kontinuierlichen und offenen Dialog treten oder unterschiedliche Sichtweisen nach außen kommunizieren, laufen Gefahr, das Vertrauen ihrer Kreditgeber zu verspielen. Alle wichtigen Fakten müssen im Unternehmen frühzeitig aufbereitet und zeitnah an die finanzierenden Institute weitergeleitet werden. Gerade auch Abweichungen von einer kommunizierten Unternehmensplanung sollten schlüssig, überzeugend und verständlich dargelegt werden.

Die aus den vier Erfolgsfaktoren der Kommunikation abzuleitenden Stellhebel für einen professionellen und „regelkonformen" Dialog mit Kapitalgebern sowie die hieraus abzuleitenden Handlungsempfehlungen für Finanzierungsverhandlungen werde ich Ihnen im folgenden Kapitel 8 „Die Spielregeln im Finanzierungsmarkt" aufzeigen.

# 8 Die Spielregeln im Finanzierungsmarkt

Für das Beziehungsmanagement zwischen mittelständischen Unternehmen und ihren Financiers gilt eine Vielzahl von Spielregeln:

- Gesetzliche Vorschriften, wie zum Beispiel der §18 des Kreditwesengesetzes (KWG), der die Verpflichtung zur Offenlegung der Einkommens- und Vermögensverhältnisse von Kreditnehmern regelt (➔ Kapitel 16 „Hilfe, was die Banker alles wissen wollen!") 
- Richtlinien und formale Erfordernisse
- Ungeschriebene Gesetze
- Die „etwas anderen" Spielregeln

## Richtlinien und formale Erfordernisse

Bei den Richtlinien und formalen Erfordernissen handelt es sich vor allem um die Rahmenbedingungen im Kreditvergabeprozess einer Bank oder eines Financiers. Eine der wichtigsten gesetzlichen Regelungen ist die von der Bundesanstalt für Finanzdienstleistungsaufsicht (BaFin) erlassene Verlautbarung über die Mindestanforderungen an das Risikomanagement der Kreditinstitute (MaRisk). Diese beinhaltet insbesondere Vorschriften zum organisatorischen Aufbau und Ablauf einer Bank im Kreditgeschäft. Hieraus resultiert auch die strenge Trennung von Markt (Kundenbetreuung) und Marktfolge (Kreditentscheidung) mit den entsprechenden prozessualen Anforderungen an die Kreditbearbeitung und -entscheidung (➔ Kapitel 13 „Mit wem in der Bank sollen wir sprechen?")

Eine weitere wichtige Anforderung hieraus ist die Festlegung einer eigenen Kreditrisikostrategie seitens der Geschäftsleitung einer Bank. Anhand dieser wird beschrieben, in welchem Umfang die Bank bei welchen Kunden und mit welchem Risiko Kredite vergeben will. Kriterien können Branchensegmente, Größenklassen, geografische Verteilungen oder der Lebenszyklus eines Unternehmens, wie beispielsweise Existenzgründung, Wachstums- oder Restrukturierungsphase sein. Unternehmen, die nicht in die von der Geschäftsleitung beschlossene

Kreditrisikostrategie passen, sind im Regelfall von der Kreditvergabe
ausgeschlossen.

Einzelaspekte wie spezielle Vergabekriterien, Rating, Sicherheitenstellung, Kondition oder Kreditvertrag sind dann immer in formalen Ge-
schäftsordnungen oder Kreditrichtlinien geregelt. Diese existieren bei
allen Banken bereits seit vielen Jahren. Sie verändern sich aber kontinuierlich, weil sie sehr zeitnah an die Erfordernisse im Markt und die
Strategie der Bank angepasst werden. Und da diese Richtlinien nicht
offiziell, sondern nur intern dokumentiert sind, ist es für den Einzelnen
in der Regel nur mit Insider-Kenntnissen und entsprechender Erfahrung möglich, diese auch nachzuvollziehen. Aber die Kenntnis solcher
Spielregeln ist für ein erfolgreiches Agieren im Finanzierungsmarkt
von entscheidender Bedeutung. Kennt man die Regeln nicht, kann man
sehr schnell in eine Sackgasse geraten, die zum Scheitern eines Finan-
zierungswunsches führt.

**Praxistipp**
Wenn Sie bisher noch kein Banken-Insider sind, dann machen Sie sich
jetzt zum Insider!

- Vernetzen Sie sich mit einem erfahrenen Insider und profitieren Sie
  von seinem Wissen.
- Fragen Sie Ihren Firmenkundenbetreuer nach der Risikostrategie
  der Bank! Gibt es zum Beispiel Branchen oder spezielle Vorhaben,
  die man nicht finanzieren möchte?
- Fragen Sie nach den Kreditrichtlinien und deren konkreter Rele-
  vanz oder Bedeutung für Ihren speziellen Finanzierungswunsch.

Die Kreditrichtlinien einer Bank sind in der Regel in einem umfassenden, nur intern zugänglichen Handbuch dokumentiert. Typische
formale Richtlinien sind zum Beispiel

- Regelungen zur Kreditantragsbearbeitung und zur Kreditentscheidung (→ Kapitel 13 „Mit wem in der Bank sollen wir sprechen?")
- Grundsätze zur Beurteilung und Auswertung von Kundeninforma-
  tionen (→ Kapitel 16 „Hilfe, was die Banker alles wissen wollen!")

- Grundsätze für die Unterlegung eines Kredites durch Sicherheiten
  (→ Kap. 17 „Hilfe, jetzt sollen wir auch noch Sicherheiten stellen")
- Durchführung der laufenden Überwachung von genehmigten
  Krediten (→ Kapitel 18 „Die Entscheidung ist gefallen – wie geht es
  weiter?")
- Behandlung erhöht risikobehafteter Kreditengagements
  (→ Kapitel 19 „Kommunikation in der Krise")

Zu den formalen Erfordernissen, die ein kredit- oder kapitalsuchen-
des Unternehmen kennen muss, gehören auch sämtliche Formen von
einschränkenden Vergaberichtlinien. Diese finden Sie vor allem bei
öffentlichen Förderinstituten, Spezialfinanzierungsinstituten, wie zum
Beispiel Leasing- und Factoring-Gesellschaften oder bei Beteiligungs-
gesellschaften. Zumeist sind diese Erfordernisse offiziell dokumentiert
und über die entsprechenden Veröffentlichungen der jeweiligen Institute
auch nachvollziehbar. Der interessierte Unternehmer erfährt sie aber
auch immer durch entsprechendes Nachfragen.

Zu nennen sind beispielsweise Vorschriften oder Rahmenbedingungen,
wie

- *Zeitpunkt im Lebenszyklus eines Unternehmens*
  Handelt es sich um eine Existenzgründung oder eine Wachstumsfinanzierung? Ist in der Frühphase des Unternehmens Venture
  Capital gefragt? Soll die Nachfolge durch einen Management Buy
  Out geregelt werden? Je nachdem, um welche Finanzierungsphase
  im Lebenszyklus eines Unternehmens es geht, kommen zumeist nur
  ganz bestimmte Financiers oder Finanzierungsinstrumente in Frage.
  Umgekehrt wird von Financiers oftmals die Finanzierung in einer
  bestimmten Unternehmensphase von vorneherein ausgeschlossen.

- *Eigenmittelparität*
  Einem Unternehmen soll über neue Gesellschafter zusätzliches
  Kapital zur Verfügung gestellt werden. Oftmals beschränken nun
  die neuen Gesellschafter aber ihre Beteiligung auf die Höhe des
  bereits im Unternehmen vorhandenen Eigenkapitals. Diese
  Rahmenbedingung findet sich häufig im Zuge der Bereitstellung
  von Beteiligungskapital aus öffentlichen Mitteln.

- *Mindestumsatz oder -volumen*
  Bei Programmkrediten, wie z.b. Mezzanine oder Schuldscheindarlehen, wird zumeist hinsichtlich des Geschäftsumsatzes eine
  bestimmte Unternehmensgröße vorausgesetzt. Bei einer Reihe von
  alternativen Finanzierungsinstrumenten, wie beispielsweise
  Factoring, wird außerdem in der Regel ein Mindestfinanzierungs-
  volumen erwartet.

- *KMU-Kriterium*
  Öffentliche Fördermittel oder Zuschüsse können oftmals nur gewährt werden, wenn das beantragende Unternehmen eine bestimmte Größenordnung nicht übersteigt, also zum Beispiel noch der
  KMU-Definition der Europäischen Kommission unterliegt. Dies
  sind kleine und mittlere Unternehmen mit weniger als 250 Mitarbeitern und maximal 50 Mio Euro Jahresumsatz oder einer Bilanzsumme von maximal 43 Mio Euro [EU, 33]

- *De-minimis-Verordnung*
  Beihilfen oder Subventionen innerhalb der Europäischen Union an
  ein Unternehmen bedürfen oftmals der Genehmigung durch die
  Europäische Kommission. Ausgenommen sind geringfügige
  („de minimis") Beträge. Der seit dem 1. Januar 2007 modifizierte
  Schwellenwert liegt für einen Zeitraum von drei Jahren für ein Unternehmen inzwischen bei 200.000 Euro (bei Unternehmen des
  Straßentransportsektors lediglich 100.000 Euro; siehe auch Merkblätter www.kfw-mittelstandsbank.de)

## Ungeschriebene Gesetze

Weitaus schwieriger wird es nun auf der informellen Ebene. Dort gelten
ungeschriebene Regeln, die in keinem Richtlinienwerk festgehalten sind
und die oftmals auch von Financier zu Financier verschieden sind. Wenn
man erfolgreich im Finanzierungsmarkt agieren will, muss man aber ein
Gespür für diese Regeln entwickeln. Hierfür ist eine umfangreiche Erfahrung im Umgang mit den verschiedensten Banken und ihrem Auftritt
im Finanzierungsmarkt erforderlich. Da diese Spielregeln nicht festge-
schrieben sind, bestehen oftmals auch unterschiedliche Interpretationen,
was durchaus zu weiteren Konflikten führen kann.

**Praxisbeispiel 1**
Banken verlangen bei Krediten an eine GmbH oftmals zumindest eine Teil-Bürgschaft der Gesellschafter. Damit sollen diese dokumentieren, dass sie auch selbst voll und ganz hinter ihrem Unternehmen stehen, ähnlich der Konstellation bei einer inhabergeführten Einzelfirma. Die Aufforderung nach Übernahme einer persönlichen Bürgschaft wird von den Betroffenen aber zumeist als nicht nachvollziehbar und unverständlich zurückgewiesen. Hier kann es immer wieder zu Konflikten kommen. Dies insbesondere dann, wenn die Bank noch andere Sicherheiten in Händen hält oder die wirtschaftlichen Verhältnisse des Unternehmens nachhaltig ertragsstark sind. Nun ist partnerschaftliches Verhandeln gefragt.

**Praxisbeispiel 2**
Banken stellen nur sehr ungern Mittel zur Verfügung, die ausschließlich der Ablösung einer anderen Bank dienen sollen. Jetzt muss man schon gute Gründe nennen, warum das bisherige Kreditverhältnis nicht mehr fortgeführt werden soll oder kann. Einfacher wird die Sachlage dann, wenn zumindest ein Teilbetrag der neuen Mittel dem operativen Geschäft zu Gute kommt und damit dazu beiträgt, dass das Unternehmen weiter wächst.

**Praxisbeispiel 3**
Banker scheuen Komplexitäten. Sie lieben es einfach und klar strukturiert. Je komplexer und damit oft auch undurchsichtiger das Umfeld einer Kreditvergabe ist, umso wahrscheinlicher ist auch eine zurückhaltende, man könnte auch sagen vorsichtige Einstellung zur Kreditvergabe. Komplexitäten bergen immer die Gefahr in sich, dass man irgendetwas übersieht oder nicht durchschaut. Und durch dieses, zumeist unbegründete Gefühl ist aber eine Kreditablehnung in vielen Fällen schon vorprogrammiert. Dies kann insbesondere dann der Fall sein, wenn kleinere mittelständische Unternehmen eine heterogene und vielschichtige Struktur der Gesellschafter sowie eine komplexe Unternehmensorganisation, zum Beispiel über eine Vielzahl, für unterschiedliche Geschäftsbereiche gegründete   Tochtergesellschaften aufweisen.

Reduzieren Sie Komplexität, wann und wo immer Sie können! Schaffen Sie Transparenz und klare Strukturen, die sich ohne viele Worte von selbst erklären. Denken Sie daran, Kapitalgeber brauchen Sicherheit – und Sicherheit geben Sie immer auch durch Einfachheit und ein hohes Maß an Normalität. So wie es Kapitalgeber eben bei einem Unternehmen Ihrer Größe und in Ihrer Branche gewohnt sind.

## Die „etwas anderen" Spielregeln

Aus meinen langjährigen Erfahrungen lassen sich neben den klassischen Kreditvergabe-Richtlinien und einer Reihe von ungeschriebenen Gesetzen folgende drei „etwas andere" Regeln ableiten, die ein mittelständischer Unternehmer beherzigen muss, um in der heutigen Zeit ein erfolgreiches Beziehungsmanagement („creditor relationship") zu seinen Banken herstellen zu können:

- Regel 1: Der Unternehmer muss als *Persönlichkeit* überzeugend sein
- Regel 2: Ein zusätzlicher *Nutzen* muss für Kapitalgeber ersichtlich sein
- Regel 3: Das *Netzwerk* des Unternehmens muss weit gespannt sein

Nur wer alle diese drei „etwas anderen" Regeln beachtet, wird in Finanzierungsfragen dauerhaft erfolgreich sein. Und nur wer bereit ist, sich auf diesen Gebieten kontinuierlich zu verbessern und Neues zu lernen, wird die entscheidenden Wettbewerbsvorteile für sich im Finanzierungsmarkt erzielen. Wer einmal erkannt hat, dass das Produkt „Finanzierung" im Finanzierungsmarkt richtig verkauft werden muss, der erhält auch ein sehr klares Bild von den Mechanismen in diesem Markt.

## *Regel 1:*
## *Der Unternehmer muss als Persönlichkeit überzeugend sein*

Mittelständische Unternehmen definieren sich vielfach über ihre Marktpositionierung und die hervorragende Qualität ihrer Produkte. Während bei größeren und Konzern-Unternehmen gerade auch die Manager-Persönlichkeiten im Vordergrund stehen, arbeiten diese im Mittelstand eher noch im Verborgenen und verzichten oftmals auf eine aktive Kommunikation und Marktpflege. Aber gerade der Chef eines Unternehmens, sei es nun in der Funktion als Geschäftsführer, Gesellschafter oder Inhaber prägt das Unternehmen mit seiner Erscheinung und seinem Verhalten in der Außenwirkung und damit auch in der Wirkung gegenüber Kapitalgebern. Diesen gegenüber ist es wichtig, Vertrauen in Produkte und Personen zu schaffen. Es reicht also nicht aus, nur die Produkte für sich selbst sprechen zu lassen. Auch die Persönlichkeit des Unternehmers muss neben seinen fachlichen Qualitäten durch ein Höchstmaß an persönlicher Kompetenz überzeugen. Hier sind beispielsweise zu nennen:

- Eigene innere Konfliktbereitschaft, d. h. die Fähigkeit, Ursachen für Probleme nicht immer nur bei den anderen, sondern auch im eigenen unternehmerischen Umfeld zu suchen und sich dabei nicht „in die Tasche" zu lügen
- Soziale Kompetenz, d. h. die Fähigkeit, das eigene Verhalten von einer eigenen auf eine gemeinschaftliche Handlungsorientierung auszurichten und damit auch das Verhalten und die Einstellung anderer positiv zu beeinflussen

**Praxistipp 1**
Holen Sie Ihr Thema, Ihr Problem, Ihren Kreditwunsch aus der sachlichen „Anonymität" heraus. Verknüpfen Sie Ihr Finanzierungsthema ganz klar und eindeutig mit Ihrer Person des erfahrenen und gestandenen mittelständischen Unternehmers. Personalisieren Sie. Machen Sie deutlich, dass Sie für Kapitalgeber ein verlässlicher Partner sind!

**Praxistipp 2**
Überzeugen Sie sowohl mit Ihrer kaufmännischen als auch technischen Kompetenz. Stellen Sie Ihre besonderen unternehmerischen Eigenschaften unter Beweis: Zielstrebigkeit, Flexibilität und Realitätsbewusstsein. Zeigen Sie, dass Sie Ihr Unternehmen kennen und im Griff haben. Dies bedeutet: Sie wissen über die wichtigsten Daten Bescheid und Sie haben diese auch in vorzeigbarer Form verfügbar. Erläutern Sie umfassend Ihr Wettbewerbsumfeld und die Marktentwicklungen. Belegen Sie die Zukunftsfähigkeit mit fundierten, schlagkräftigen Planzahlen und Gestaltungsmöglichkeiten, bleiben Sie aber immer Realist und verfallen Sie in kein Wunschdenken. Erkennen Sie Ihre unternehmerischen, finanziellen und persönlichen Grenzen!

**Praxistipp 3**

Binden Sie auch Ihre zweite Führungsebene in Ihre Finanzierungsverhandlungen mit ein. Kapitalgeber haben in der Regel ein großes Interesse, die Führungsmannschaft des zu finanzierenden Unternehmens
kennen zu lernen. Je überzeugender diese als unternehmerisch den-
kende Persönlichkeiten auftreten, desto größer ist auch das Vertrauen
der Financiers in die Zukunftsperspektiven Ihres Unternehmens.

## Regel 2:
## Ein zusätzlicher Nutzen muss für Kapitalgeber
## ersichtlich sein

Bevor Sie auf einen potenziellen Finanzierungspartner zugehen, sollten
Sie darüber nachdenken, auf welche Weise er von der Zusammenarbeit
mit Ihnen profitiert. Aber hier reichen die Zinsmarge sowie die nachhaltige Sicherstellung der Zins- und Tilgungsleistungen alleine als Äquiva-
lent schon lange nicht mehr aus. Gefragt sind die so genannten „cross-
selling"-Effekte. Dies können bei Banken zum Beispiel Zusatzgeschäfte
aus dem Zahlungsverkehr oder dem Auslandsgeschäft sein. Nehmen sie
also das Heft des Handelns in die Hand und verhandeln sie mit einer für
ihren Gesprächspartner überzeugenden Nutzenargumentation.

Überzeugen Sie dabei durch eine nutzerorientierte Argumentationen.
„Der Nutzen für Sie ist ..." „Dadurch gewinnen Sie ..." Oder fragen
Sie den potenziellen Financier doch einfach. „Welches Interesse haben
Sie an unserer Verbindung?" „Was ist Ihre Erwartungshaltung?" „An
welchen Zusatzgeschäften oder anderen Dienstleistungen sind Sie besonders interessiert?" „Welche weiteren Wünsche bestehen Ihrerseits?"
Fragen Sie aber auch bei sich selbst: „Was kann ich tun, damit es dem
anderen nutzt?" Jetzt geht es um Partnerschaft und nicht um ein „Über-
vorteilen". Entwickeln Sie eigene Ideen, was Ihrem Gesprächspartner
vielleicht nutzen könnte.

### Praxisbeispiel

Peter Hummel ist Firmenkundenbetreuer bei einer mittelgroßen Bank.
Heute hat er einen weiteren Gesprächstermin bei Christoph Sieber,
Geschäftsführer der Sieber Elektronik GmbH mit 8,5 Mio Euro Umsatz
und 35 Mitarbeitern. Die bereits seit längerem verhandelte Erhöhung
des Kontokorrentkredites von 100.000 auf 150.000 Euro soll heute

final besprochen werden. Christoph Sieber macht deutlich, dass er mit dem von Peter Hummel angebotenen Zinssatz von 8,25 Prozent p.a. noch nicht einverstanden ist. Er möchte zumindest eine „7" vor dem Komma stehen haben.

Nach einigen Diskussionen, die zunächst zu keinem zufriedenstellenden Ergebnis führen, erinnert sich Herr Sieber daran, dass zum Verbund seiner Hausbank auch die Sorglos-Versicherung gehört. Er hat eine Idee: Die Sieber GmbH plant die Einführung einer betrieblichen Altersversorgung. Diese könnte doch über die Sorglos-Versicherung dargestellt werden. Und über diesen geschäftlichen Zusatznutzen sollte es seiner Hausbank doch möglich sein, ihm beim Zinssatz noch einen Schritt entgegenzukommen. Jetzt haben beide gewonnen!

Versuchen Sie im Vorfeld Ihrer Kapitalgebergespräche herauszufinden, womit Sie einen geschäftlichen Zusatznutzen anbieten können. Setzen Sie diesen dann ganz gezielt ein. Mit Blick auf Ihre Hausbanken könnten zusätzliche Nutzenüberlegungen beispielsweise aus folgenden geschäftlichen Aktivitäten resultieren:

- Zahlungsverkehr, z. B. über Cash-Management-Vereinbarungen
- Auslandsgeschäft, z. B. über die Stellung von Akkreditiven
- Devisengeschäft, z. B. über Devisenkurssicherungen
- Versicherungsgeschäft, z. B. über Lebensversicherungen
- Private Geschäfte, z. B. über Vermögensanlagen der Gesellschafter
- Bauspargeschäft, z. B. über private Immobilienfinanzierungen

## Regel 3:
## Das Netzwerk des Unternehmens muss weit gespannt sein

Im Finanzierungsmarkt kann sich ein Unternehmen Vertrauenswürdigkeit auch durch den Aufbau von Netzwerken erarbeiten. Bauen Sie Ihre Netzwerke rechtzeitig auf. Analysieren Sie dabei sorgfältig die im Markt bereits bestehenden Kommunikations- und Netzwerkbeziehungen:

- Wer ist mit wem vernetzt?
- Welche informellen Kontakte kann man nutzen?

- Wer redet mit wem?
- Wer weiß was?
- Wer kann in welcher Situation wie weiterhelfen?
- Bei wem laufen die unterschiedlichsten Informationen zusammen?
- Wer ist ein isolierter Beteiligter mit nur wenig Einfluss?

Dies alles kann helfen, unterschiedliche Interessen und Akteure zu identifizieren und für das eigene Ziel zu nutzen, wie auch das folgende Beispiel zeigt:

### Praxisbeispiel
Josef Muth, 63 Jahre alt, ist Alleingesellschafter und Geschäftsführer der traditionsreichen Muth GmbH, eines mittelständischen Betriebes mit 85 Mitarbeitern im Bereich der Herstellung von Stickmaschinen. Nachdem im vergangenen Geschäftsjahr noch ein Umsatz von 22 Mio Euro und ein Jahresüberschuss von 1,3 Mio Euro erzielt werden konnte, ist die Entwicklung im laufenden Geschäftsjahr aufgrund des rückläufigen Investitionsvolumens in den asiatischen Abnehmerländern deutlich schwächer. Folglich kommt in den ersten drei Quartalen nur ein Umsatz von insgesamt 15,8 Mio Euro und ein Verlust von 65.000 Euro zum Ausweis. Die Hausbank steht der Muth GmbH mit 750.000 Euro Barkredit zur Verfügung. Dieser steht in drei Wochen zur Prolongation an.

Peter Vogel, 35 Jahre alt, ist seit sechs Monaten Firmenkundenbetreuer bei der Hausbank der Muth GmbH. Zuvor war er über zehn Jahre bei der B Bank tätig und hat noch sehr gute Kontakte zu seinen alten Kol legen. Im Kreditgespräch teilt Peter Vogel seinem Kunden Josef Muth mit, dass der bestehende Barkredit aufgrund der verschlechterten wirtschaftlichen Situation auf 500.000 Euro zurückgeführt werden muss. Das Gespräch, das in einer angespannten Atmosphäre stattfindet, wird von Seiten Herrn Muths schnell beendet, weil er glaubt, dass der fast dreißig Jahre jüngere Firmenkundenbetreuer die wirtschaftliche Situation der Muth GmbH völlig falsch einschätzt. Von daher wird dieser auch wenig Verständnis dafür haben, dass für die Weiterentwicklung der elektronischen Steuerung der Stickmaschinen ein Investitionsvolumen von 350.000 Euro finanziert werden muss. Damit würde die Wettbewerbssituation der Muth GmbH wieder deutlich gestärkt.

Herr Muth nimmt daraufhin Kontakt zur B-Bank auf und vereinbart ein Gespräch mit dem dortigen Leiter der Mittelstandsbetreuung, Thomas Schneider, 58 Jahre alt. Ziel des Gespräches soll die Ablösung der bisherigen Kredite bei seiner Hausbank und die Darstellung der Investitionsfinanzierung sein. Gleichzeitig telefoniert Herr Muth mit seinem langjährigen Freund Michael Regner, Staatssekretär im Finanzministerium des Landes. Er spricht mit ihm über die Möglichkeiten einer Landesbürgschaft, ohne ihm Details über die wirtschaftliche Lage der Muth GmbH mitzuteilen. Michael Regner sagt ihm zu, sich für ihn einzusetzen. Mit Blick auf die Sicherung der Arbeitsplätze sei eine Landesbürgschaft grundsätzlich gut denkbar.

Im Gespräch zwischen Josef Muth und Thomas Schneider von der B-Bank schildert Herr Muth seine Aktivitäten zum Thema Landesbürgschaft und gibt seine Einschätzung wieder, dass hierfür „grünes Licht" bestehe. Herr Schneider, ein erfahrener Banker, der schon seit vielen Jahren bei der B-Bank eine Reihe von Bürgschaftsanträgen beim Land begleitet hat, hört seinem Gesprächspartner sehr interessiert zu und verspricht die Möglichkeiten einer Kreditablösung sowie der anstehenden Investitionsfinanzierung zu prüfen.

*Netzwerkbeziehungen*
- Der junge Firmenkundenbetreuer Peter Vogel von der Hausbank der Muth GmbH und Thomas Schneider von der B-Bank kennen sich seit Jahren und stehen immer noch miteinander in Kontakt. Natürlich tauschen sie sich informell auch über das Vorhaben der Muth GmbH aus und beschließen, möglichst gemeinsam zu versuchen, die Kreditwünsche der Muth GmbH darzustellen.
- Thomas Schneider kennt aus vielen Antragsverfahren Dorothee Maier, Fachgebietsleiterin bei der Landes-Investitionsbank. Frau Maier ist eine der vorentscheidenden Schnittstellen im Genehmigungsprozess für eine Landesbürgschaft. Deshalb wird Thomas Schneider auch einen ersten informellen Kontakt zu ihr aufnehmen, um abzuklären, welche Chancen ein Antrag hätte. Denn hat er Frau Maier auf seiner Seite, ist ein erster wichtiger Schritt getan.
- Thomas Schneider hat des Weiteren guten Kontakt zu Dr. Martin Berg, der ein ausgesprochener Asienexperte ist und im Laufe seiner über dreißigjährigen Berufspraxis als Geschäftsführer ver-

schiedenster Textilmaschinenhersteller tätig war. Heute berät Dr. Berg mittelständische Unternehmen bei ihren Aktivitäten in den asiatischen Märkten. Thomas Schneider beschließt, einen Kontakt zwischen Josef Muth und Dr. Berg herzustellen, weil er überzeugt ist, dass dieser in der nicht ganz einfachen Situation der Muth GmbH sicher weiterhelfen kann.

- Als Dorothee Maier hört, dass Dr. Martin Berg die Muth GmbH unterstützen soll, ist sie auf Anhieb begeistert. Sie kennt Dr. Berg aus einem gerade erfolgreich abgeschlossenen Landesbürgschafts-verfahren und schätzt seine Expertise sehr.
- Dr. Berg steht in intensivem Kontakt zu einem chinesischen Inves-tor, der eine Kooperation- oder Beteiligungsmöglichkeit bei einem mittelständischen deutschen Maschinenbauunternehmen sucht. Vielleicht wäre dies ja auch einen Möglichkeit für die Muth GmbH.

Hier wird deutlich, dass durch die vielfältigen Netzwerkkontakte eine Reihe von positiven Ansätzen für die zukünftige Finanzierung der Muth GmbH gefunden werden können. Die Kunst besteht also immer darin, verschiedene Marktteilnehmer über deren Netzwerke miteinander zu verknüpfen und somit für sich selbst nutzbar zu machen. Die Vernet-zung erfolgt dabei immer durch so genannte Netzwerkknoten. Dies sind als Multiplikatoren agierende Personen, die Zugang oder Kontakt zu den verschiedensten Netzwerken haben. Dies können beispielsweise sein:

- Managernetzwerke für das Coaching von operativen und finanziel-len Prozessen
- Investorennetzwerke für Beteiligungskapital
- Kundennetzwerke zur Umsatzsteigerung
- Expertennetzwerke zur Lösung von Spezialproblemen

Gutes Networking und ein Blick für vernetzte Strukturen ist also ein wichtiger Baustein dafür, dass man die Finanzierungsmittel erhält, die für das weitere Wachstum der eigenen Unternehmung von Nöten sind. Ein schlüssiges Konzept der Vernetzung und Vermittlung von Infor-mationen aus den unterschiedlichen Bereichen kann somit durchaus zu einer Erfolgsgarantie werden. Oftmals kann dabei die Einschaltung eines erfahrenen Networking-Lotsen sehr hilfreich sein.

Jetzt haben Sie die wichtigsten Grundregeln für ein erfolgreiches Agieren im Finanzierungsmarkt kennen gelernt. In Teil III „Der Unternehmer im Finanzierungsgespräch" werde ich Ihnen eine Reihe von Handlungsempfehlungen geben, mit deren Hilfe Sie den Kreditvergabeprozess erfolgreich bewältigen können. Angefangen bei der Antragstellung über das Genehmigungsverfahren bis hin zu den Anforderungen, die im Anschluss an die Auszahlung des Kredites noch auf Sie zukommen werden.

Zuvor gehe ich im folgenden Kapitel 9 „Erfolgreiches Networking im Förderdschungel" aber noch vertiefend auf das wichtige Thema „Fördernetzwerke" und deren vielfältige Nutzungsmöglichkeiten ein. Sie werden sehen, dass auch hier das richtige Beziehungsmanagement ein wichtiger Baustein für den Erhalt öffentlicher Fördermittel ist.

# 9 Erfolgreiches Networking im Förderdschungel

## Fördervielfalt im Förderdschungel

Obwohl inzwischen in Deutschland eine sehr umfassende öffentliche Förderinfrastruktur besteht, hat erst rund ein Drittel aller mittelständischen Unternehmen schon einmal Fördermittel beantragt [impulse, 54]. Zwei Drittel der Unternehmen haben sich noch nicht weiter mit dem Thema beschäftigt. Dabei bieten Fördermittel vor allem kleineren Unternehmen eine breite Möglichkeit, anstehende Investitionen zu finanzieren. Dennoch ist das Urteil mittelständischer Unternehmen über die Förderpolitik tendenziell eher noch zurückhaltend. Auf die Frage: „Wie bewerten Sie die Standortpolitik in Ihrem Bundesland hinsichtlich der Förderpolitik" antworteten die in einer Studie von Ernst & Young [28] befragten Unternehmen mit der Durchschnittsnote 2,88 (2,5 = mittel; 3,0 bis 3,5 = gut).

Das Angebot an Förderprogrammen und die Vielfalt der bereitgestellten Fördertöpfe ist für manchen Unternehmer allerdings unverändert ein undurchdringlicher Dschungel. Inzwischen gibt es sicherlich weit mehr als 500 verschiedene Fördertöpfe. Zum einen agieren bundesweit Institute wie die Kreditanstalt für Wiederaufbau (KfW-Bankengruppe) oder die Landwirtschaftliche Rentenanstalt. Zum anderen bestehen in allen 16 Bundesländern noch förderorientierte Investitions-, Struktur- und Aufbaubanken. Fördermittel können dabei sowohl von der EU, dem Bund als auch dem jeweiligen Bundesland gewährt werden. Dies erfolgt dann im Rahmen von speziellen Regional- oder Strukturförderprogrammen.

## Förderprogramme- und produkte

Hinsichtlich der Förderprogramme, die Unternehmen insbesondere in Phasen der Gründungs-, Wachstums- oder bei Nachfolgefinanzierungen gewährt werden, unterscheidet man grundsätzlich zwischen Investitions- und Innovationsförderung [Deloitte, 15].

Bei der Investitionsförderung sind die Anschaffungs- und Herstellungs-
kosten von Gütern des Anlagevermögens Gegenstand der Förderung.
Bei der Innovationsförderung stehen primär die in Verbindung mit For-
schungs- und Entwicklungsprojekten anfallenden Personal- und Sach-
kosten im Vordergrund.

Es gibt die unterschiedlichsten Förderarten, wie vor allem:

- Nicht rückzahlbare Zuschüsse
- Bedingt rückzahlbare Zuschüsse
- Steuererleichterungen
- Zinsverbilligte Darlehen
- Kredite und Liquiditätshilfen
- Landes- und Bundesbürgschaften
- Öffentliches Beteiligungs- und Risikokapital

**Praxistipp 1**
Prüfen Sie intensiv, welche der vielen Förderprogramme auch für Ihr
Unternehmen nutzbar sind. Damit Sie sich im Dschungel der Förder-
mittel zu Recht finden, sollten Sie zunächst immer fragen:

- Was wird gefördert?
- Wer wird gefördert?
- Wie hoch ist die Förderquote?
- Wo wird gefördert?

**Praxistipp 2**
Beachten Sie, dass

- die Antragsstellung für Fördermittel oftmals komplex, zeitintensiv
  und mit einem hohen administrativen Aufwand verbunden ist,
- in der Regel das Hausbankprinzip gilt,
- man immer zeitliche Verzögerungen mit einrechnen muss,
- sich oftmals Einschränkungen durch Pflichten und Auflagen
  ergeben,
- die Projektergebnisse zumindest teilweise einer interessierten Öf-
  fentlichkeit transparent und zugänglich gemacht werden müssen,
- die Finanzierung von bereits bestehenden Engagements oder
  Investitionsvorhaben in der Regel nicht möglich ist und

● bei vielen Förderprogrammen die Möglichkeit von Sondertilgungen oder tilgungsfreien Anfangsjahren bestehen.

Gerade die Angst vor der Bürokratie und der Dauer des Genehmigungs-
verfahrens sowie der Komplexität der Programme veranlasst viele mittelständische Unternehmer immer wieder, ihre oftmals unter zeitlichen
Prämissen stehenden Investitionsprojekte ohne mögliche Fördergelder
zu starten. Damit verlieren diese Projekte aber in der Regel später auch
ihre Förderfähigkeit [Ernst & Young, 28].

Schalten Sie einen Spezialisten ein, der über den Durchblick im Förderdschungel verfügt und der die Ansprechpartner und Entscheidungsträger durch eigene Networking-Aktivitäten persönlich kennt. Ein solcher
Förderexperte wird Ihnen als „Lotse" oder als „Förder-Scout" Wege
und Möglichkeiten aufzeigen, die Ihnen selbst sonst verborgen bleiben
würden. Tatsache ist, dass Unternehmen, die sich kompetent beraten
lassen und dadurch auch bestehende Fördermöglichkeiten voll ausnutzen, einen klaren Wachstumsvorteil gegenüber ihren Mitbewerbern
haben [impulse, 53].

### Praxisbeispiel

Dr.-Ing. Claus Richter, 45 Jahre, ist seit acht Jahren selbstständiger
Innovationsberater. Nach dem Studium der Chemietechnik und Pro-
motion in Energie- und Verfahrenstechnik war er mehrere Jahre als
Projektleiter im Bereich Umwelttechnik eines großen mittelständischen
Unternehmens tätig.

Auf einer Netzwerkveranstaltung eines privaten Bankhauses zum Thema „Innovative Finanzierungen für innovative Unternehmen" in Frankfurt lernt er Frau Anette Birkner kennen, Geschäftsführerin und Mit-
gesellschafterin der NanoCom GmbH, einem stark wachsenden, aber
mit 1,8 Mio Euro noch kleinerem High-Tech-Unternehmen. Schnell
kommen beide über die verschiedenen Projekte der NanoCom in ein
längeres Gespräch. Frau Birkner ist überrascht zu hören, welche vielfältigen Möglichkeiten es gerade im Bereich der nicht rückzahlbaren
Zuschüsse für ihr Unternehmen gibt.

Frau Birkner vereinbart einen Termin mit Dr. Richter im Unternehmen.
Gemeinsam mit den zuständigen Mitarbeitern ihres Unternehmens

analysieren und bewerten sie zunächst anhand der technischen und betriebswirtschaftlichen Daten die Projektideen der NanoCom. Auf dieser Basis kann Dr. Richter eine fundierte Empfehlung zur Durchführung der Projektideen und zu möglichen Förderprogrammen aussprechen.

In der Folge erarbeitet Dr. Richter für die NanoCom die vollständigen Antragsunterlagen zur Erlangung der Fördermittel und begleitet das gesamte Verfahren bis zur Durchsetzung des Antrages. Die Projektbetreuung umfasst dabei die Übernahme aller formalen Tätigkeiten wie Termin- und Kostenkontrolle, Berichtswesen, Mittelabrufe und die Beratung zur Bildung von Industriekooperationen.

Die mehrjährige Erfahrung von Dr. Richter und seine Sicherheit bei der Antragsabwicklung haben Frau Birkner überzeugt. Den über Dr. Richter neu hergestellten Kontakt zu einem renommierten Forschungs- und Entwicklungsinstitut wird sie intensiv nutzen. Die erfolgreiche Umsetzung des Projektantrages und die Bereitstellung der Fördermittel werden ihr beim weiteren Unternehmenswachstum sehr helfen. Sie wird Herrn Dr. Richter weiterempfehlen.

## Bürgschaftsbanken

Die Bürgschaftsbanken präsentieren sich als Finanzmittler an der Schnittstelle zwischen der Kredit gebenden Hausbank, dem Unternehmen sowie staatlichen Behörden, beispielsweise dem Finanzministerium. Träger der Bürgschaftsbanken sind in der Regel Sparkassen, Geschäftsbanken, Kammern, Wirtschaftsverbände oder Versicherungen.

Die zwanzig Bürgschaftsinstitute in Deutschland können bei aussichtsreichen Investitionsvorhaben oder Betriebsmittelfinanzierungen bis zu 80 Prozent der Kreditsumme in Form einer Ausfallbürgschaft absichern. Für Kreditinstitute sind diese Bürgschaften vollwertige Sicherheiten (→ Kapitel 17 „Hilfe, jetzt sollen wir auch noch Sicherheiten stellen!"). Die Übernahme von Bürgschaften für Sanierungskredite und Unternehmen in Schwierigkeiten im Sinne der EU-Verordnung (siehe auch Merkblätter KfW unter www.kfw-mittelstandsbank.de) ist in der Regel aber ausgeschlossen. Auch Ablösungen von Krediten anderer Kreditinstitute werden normalerweise nicht verbürgt.

Da bei der Beantragung von beispielsweise Landesbürgschaften immer auch gute Geschäftsideen verkauft werden müssen, gilt es für den Unternehmer auch hier überzeugend aufzutreten und zum Beispiel einen schlüssigen Business-Plan vorzulegen (→ Kapitel 16 „Hilfe, was die Banker alles wissen wollen!").

### Praxistipp
Eine Landesbürgschaft durchläuft bis zur Auszahlung verschiedene Phasen:

- Zunächst Antragstellung und positives Votum durch die Hausbank zur Vorlage bei der Bürgschaftsbank
- Dann Vorbereitung und Stellungnahme durch den Kredit-Referenten der Bürgschaftsbank zur Vorlage beim Bürgschaftsausschuss
- In der Folge positive Empfehlung durch einen unabhängigen Bürgschaftsausschuss zur Bewilligung und Vorlage beim zuständigen Finanzminister. Der Bürgschaftsausschuss setzt sich in der Regel aus regionalen Politikern, Unternehmern und Bankern sowie Vertretern des Wirtschafts- und Finanzministeriums zusammen
- Danach endgültige Genehmigung oder Ablehnung durch den zuständigen Finanzminister
- Im Anschluss Ausstellung der Bürgschaftsurkunde mit den Bürgschaftsbedingungen
- Wenn alle Bürgschaftsbedingungen vom Unternehmen erfüllt wurden, Auszahlung des Kredites durch die Hausbank

Ein Bewilligungsverfahren kann insgesamt durchaus drei Monate und länger dauern. Deshalb: Rechnen Sie diese zeitliche Vorgabe sicherheitshalber immer in Ihrer eigenen Liquiditätsplanung mit ein!

In 2006 wurden in Deutschland immerhin fast 7.000 Bürgschaften vergeben. Dadurch konnte ein Gesamtkreditvolumen von 1,6 Mrd. Euro dargestellt werden.

## Haftungsfreistellungen

Neben den Landesbürgschaften gibt es eine Reihe von Möglichkeiten, Banken durch so genannte Haftungsfreistellungen zu einem großen Teil von Ausfallrisiken zu befreien. Dadurch kann oftmals die Grundlage für zusätzliche Finanzierungen geschaffen werden. Zu nennen sind beispielsweise:

● Haftungsfreistellungen innerhalb der Förderprogramme „Gründungs- und Wachstumsfinanzierung"
● Risikoteilungen, bei denen sich die Förderbank auf Antrag der Hausbank bis zu 50 Prozent am Gesamtkreditvolumen beteiligt
● Zinsverbilligte Darlehen, die über die KfW-Förderbank ausgereicht werden, beispielsweise im Rahmen des ERP-Umwelt- und Energiesparprogramms oder des KFW-Umweltprogramms
● Nachrangdarlehen der Landesförderbanken („subordinated loans"), bei denen die durchleitende Hausbank von der Förderbank vollständig von der Haftung freigestellt wird und bei denen durch das Unternehmen keine Sicherheiten zu stellen sind

## Hausbankprinzip

Die Beantragung einer Landesbürgschaft oder eines Förderkredites, ob mit oder ohne Haftungsfreistellung, kann nur durch die Hausbank direkt erfolgen. Diese muss den Antrag mit einer positiven Stellungnahme zur Bonität des Kredit nehmenden Unternehmens sowie zur Gesamtfinanzierung versehen. Grundsätzlich kann jedes Kreditinstitut die Hausbankfunktion übernehmen, da die Bürgschaftsbanken sich in dieser Situation immer wettbewerbsneutral verhalten.

### Praxistipp

In der Praxis sollte man als Unternehmer aber bei der Auswahl der Hausbank dem Know-how und der Erfahrung des jeweiligen Kreditinstituts sowie den vorhandenen persönlichen Kontakten eine entscheidende Rolle zukommen lassen (→ Kapitel 12 „Mit welcher Bank sollen wir sprechen?"). Denn die Hausbank prüft das Geschäftsvorhaben oder die Investition, führt die Finanzierungsverhandlungen und entscheidet, ob sie das Vorhaben befürworten und begleiten kann.

Haftungsfreistellung bedeutet aber nicht auch Haftungsfreistellung für das Unternehmen. In der Regel wird auch hier, wie bei einer Fremdfinanzierung, die Stellung zusätzlicher, banküblicher Sicherheiten durch das Unternehmen erwartet (→ Kapitel 17 „Hilfe, jetzt sollen wir auch noch Sicherheiten stellen!"). Eine Ausnahme bilden nur die geförderten Nachrangdarlehen, die in der Regel ohne Sicherheiten gewährt werden. Hierbei ist jedoch zu beachten, dass natürliche Personen als Endkreditnehmer immer auch persönlich für die Rückzahlung des Darlehens haften.

Für die Hausbank ist letztlich immer von Interesse, welches verbleibende Kreditrisiko sie übernehmen muss und wie sich ihre Erträge aus der geförderten Finanzierung darstellen. Es ist im Markt zu beobachten, dass sich viele Finanzierungspartner oftmals nicht besonders für die Einbindung öffentlicher Mittel interessieren. Zwar ist bei öffentlichen Förderprogrammen der Zinssatz subventioniert, die Zinsmarge ist für die finanzierende Bank aber oftmals unattraktiv niedrig. Damit kommt es für die Hausbank immer auch darauf an, welche zusätzlichen Geschäfte sie aus der Gesamtkundenverbindung erzielen kann.

**Praxistipp 1**
Sie haben nun über Ihre Hausbank einen Förderkredit zum Beispiel bei der KfW beantragt. Wie aber kommen Sie nun an die Kreditmittel? In der Regel läuft dieser Prozess in acht Schritten ab:

Schritt 1: Das Kreditgespräch bei der Hausbank
Schritt 2: Sie reichen alle erforderlichen Unterlagen bei Ihrer Hausbank ein
Schritt 3: Die Hausbank informiert die KfW und übersendet dieser bereits erste Informationen
Schritt 4: Nach positiver Entscheidung sendet die Hausbank den Kreditantrag an die KfW
Schritt 5: Nach positiver Prüfung sagt die KfW der Hausbank den Kredit zu
Schritt 6: Unterzeichnung des Kreditvertrages
Schritt 7: Abruf der Kreditmittel bei der KfW durch die Hausbank
Schritt 8: Auszahlung der Mittel

**Praxistipp 2**
Fragen Sie Ihre Hausbank nach den Möglichkeiten öffentlicher Fördermittel. Haben Sie das Gefühl, dass diese Thematik bei Ihrer Bank auf
wenig Gegenliebe stößt, informieren Sie sich bei einer anderen Bank.
Nutzen Sie die Marktvielfalt zu Ihren Gunsten (→ Kapitel 12 „Mit welcher Bank sollen wir sprechen?"). Schalten Sie einen Marktexperten ein,
der Ihnen hilft, die für Sie passende Bank mit geeigneten und fachkun-
digen Gesprächspartnern zu finden. Denn eine zuverlässige Hausbank
ist der Schlüssel zu vielen öffentlichen Fördermitteln.

## Risikogerechtes Zinssystem

Öffentliche Förderdarlehen bieten den Unternehmen die Möglichkeit,
Darlehen auch langfristig – teilweise bis zu 20 Jahre – zu sehr günstigen
Konditionen zu erhalten. Seit über zwei Jahren gilt aber auch hier ein
Zinssystem, dass sich ähnlich wie beim Ratingverfahren der Banken am
Kreditrisiko orientiert. (→ Kapitel 15 „Hilfe, jetzt werden wir geratet").
Die Vorteile liegen ganz eindeutig darin, dass Unternehmen mit mäßiger
Bonität wieder besseren Zugang zu Fördermöglichkeiten erhalten, hier-
für allerdings einen höheren Zinssatz zahlen müssen. Dieser ist für das
Unternehmen über die eigene Bonitätseinstufung sowie die zur Verfü-
gung gestellten Sicherheiten beeinflussbar: Je besser die Bonität und je
werthaltiger die gestellten Sicherheiten sind, desto niedriger ist auch der
zu bezahlende Zinssatz.

**Praxisbeispiel**
Die Festlegung eines risikoadäquaten Zinssatzes verläuft in vier Schritten:

Schritt 1:   Bestimmung der Bonitätsklasse durch die Einschätzung der
             Hausbank. Es gibt insgesamt sechs Bonitätsklassen zwi-
             schen „sehr gut" und „ausreichend, aber mit erheblichen
             Mängeln" (→ Kapitel 15 „Hilfe, jetzt werden wir geratet")

Schritt 2:   Bestimmung der Besicherungsklasse. Es gibt vier Klassen
             je nach dem Grad der werthaltigen Besicherung zwischen
             „80 Prozent und mehr" oder „unter 30 Prozent". Grundlage
             sind dabei die Maßstäbe der Hausbank. (→ Kapitel 17 „Hilfe,
             jetzt sollen wir auch noch Sicherheiten stellen!")

Schritt 3:  Ermittlung der Preisklasse aus der Kombination zwischen
Bonitäts- und Besicherungsklasse. Insgesamt gibt es sieben Preisklassen (Einzelheiten siehe unter www.kfw-mit-
telstandsbank.de). Dies bedeutet aber auch, dass bei bestimmten Bonitätsklassen bestimmte Sicherheitsklassen
vorausgesetzt werden [impulse, 53].

So geht Bonitätsklasse 6 nur mit Sicherheitsklasse 1; Bonitätsklasse 4 (ausreichend) nur mit mindestens Sicherheitsklasse 3 (über 30 Prozent werthaltige Besicherung) und Bonitätsklasse 5 nur mit mindestens Sicherheitsklasse 2 (über
50 Prozent werthaltige Besicherung). Umgekehrt kann eine
nicht so gute Bonitätsklasse teilweise durch eine gute Besicherungsklasse kompensiert werden.

Zwischen der höchsten und der niedrigsten Preisklasse kann
dabei durchaus ein Unterschied von über drei Prozentpunk-
ten liegen.

Schritt 4:  Individuelle Zinsverhandlung mit der Hausbank innerhalb
der jeweiligen Preisklasse (→ Kapitel 14 „Professionell verhandeln"). In der Regel ist dieser Zinssatz dann auch deutlich billiger als im Falle des klassischen Kontokorrentkredites
der Bank. Und von dieser Zinsvergünstigung profitieren vor
allem die bonitätsmäßig gut eingestuften Unternehmen.

## Beteiligungskapital

Öffentlich gefördertes Beteiligungskapital kann beispielsweise über die
KfW-Mittelstandsbank im Rahmen des ERP-Startfonds für innovative
Technologieunternehmen oder das KfW-Genussrechtsprogramm ausgereicht werden. Die Darstellung einer Beteiligung ist aber auch über
eine spezielle Mittelständische Beteiligungsgesellschaft des Landes oder
einen auch regional begrenzten Beteiligungsfonds möglich. Dabei wird
das Beteiligungskapital vornehmlich etablierten, innovativ tätigen Unternehmen des breiten Mittelstandes zur Verfügung gestellt.

Die Unternehmen werden hierdurch insbesondere in Wachstumsphasen
und bei der Entwicklung neuer Konzepte oder Ideen unterstützt. Oft-

mals kommt in dieser Situation eine Fremdfinanzierung zum Beispiel infolge fehlender banküblicher Sicherheiten nicht in Frage. Möglich sind dabei durchaus auch kleinere Beteiligungssummen in der Größenordnung zwischen 0,5 Mio Euro und 5 Mio Euro.

In der Regel wird bei einer Beteiligung die Rolle des typischen stillen Gesellschafters gewählt, der

- nicht öffentlich in Erscheinung tritt,
- nicht in das Tagesgeschäft eingreift,
- sich keine Sicherheiten stellen lässt,
- nicht am Wertzuwachs des Unternehmens teilnimmt und
- branchenübergreifend bis zu 15 Jahren investiert.

Da die stille Einlage von den Banken als Eigenkapital bewertet wird, erhöht sich auch die Kreditwürdigkeit des Unternehmens. Des Weiteren soll aber auch vom Netzwerkverbund der Beteiligungsgesellschaft mit ihren leistungsfähigen Partnern profitiert werden. Zu nennen sind insbesondere

- die jeweilige Landes-Investitionsbank mit ihrem umfangreichen Beratungsspektrum, zum Beispiel in Standortfragen oder bei der Vermittlung von Kooperationen,
- andere Banken, wie die Landes-Bürgschaftsbank, die KfW oder private und öffentliche Banken,
- die Technologie-Transferstellen der Hochschulen oder spezieller Technologie-Dienstleister und
- die regionalen Wirtschaftsverbände und Organisationen des jeweiligen Bundeslandes.

### Praxistipp
Nutzen Sie die Netzwerkaktivitäten anderer Marktteilnehmer für Ihre Vorhaben!

- Suchen Sie sich einen erfahrenen externen Lotsen für den Förderdschungel!
- Wählen Sie sich eine kompetente Bank aus, deren Gesprächspartner über sehr gute Kontakte zu den öffentlichen Förderstellen und eine entsprechende Erfahrung in der Mittelbeantragung verfügen.

- Stellen Sie selber gute persönliche Kontakte zu den Entscheidungsträgern der Förderstellen her. Besuchen Sie deren regelmäßig stattfindende öffentliche Veranstaltungen.
- Betreiben Sie Networking! [Lutz, 74]. Denn „Netzwerke sind mehr wert als Geld" [Müller, 78]. Die Praxis zeigt, dass sich beispielsweise auf dem Gebiet der Forschungsförderung gerade der breite Mittelstand schwer tut. Experten raten immer wieder, dass sich Unternehmen extern beraten lassen sollen, gerade wenn sie auch zum ersten Mal Fördermittel beantragen. Denn „wer sich den Weg durch den Dschungel schlägt, gewinnt mehr als eine Finanzspritze [Müller, 78].
- Einen guten Überblick finden Sie beispielsweise auch in der Ausgabe 05/2007 des Unternehmermagazin impulse in dem Artikel „Fördermittel" [www.impulse.de]. Verwiesen sei auch auf passende Internetseiten, wie
  - www.kfw-mittelstandsbank.de,
  - www.foerderinfo.bmbf.de,
  - www.foerderdatenbank.de,
  - www.foerderportal.bund.de und
  - www.foerderland.de .

# Teil III

# Der Unternehmer im Finanzierungsgespräch

Nachdem Sie nun einige Grundlagen zum Thema Finanzierung und
Kommunikation kennen gelernt haben, wollen Sie diese natürlich auch
in der Praxis umsetzen. Wie Sie das konkret tun können, erfahren Sie in
den nächsten Kapiteln. Sie müssen aber auch bereit sein, sich zu öffnen
und bestehende Vorbehalte beiseite zu schieben.

„Wir sollen unsere Finanzen kommunizieren? Warum? Wir sollen uns
öffnen, damit unsere Wettbewerber alles über uns erfahren? Bedrohen
wir so nicht unsere Existenz?" sind im Finanzierungsalltag oftmals zu
hörende Aussprüche. Die zu beobachtende Folge ist, dass viele mittelständische Unternehmer sich immer noch nicht eingehend genug mit
dem Thema Finanzierungskommunikation beschäftigen. Bis dann eines
Tages die Situation da ist, in der man selbst eine Finanzierung benötigt
und schwierige Gespräche mit der Bank anstehen. Jetzt ist guter Rat
teuer – oder: Lesen Sie doch einfach weiter ...

# 10  Hilfe, jetzt brauchen wir Kredit!

### Haben Sie ein Finanzierungskonzept?

Deutsche Unternehmen haben im Jahr 2006 so viele Kredite aufgenommen wie seit Jahren nicht mehr. Die Bankschulden betrugen Ende 2006
rund 750 Mrd. Euro. Dies waren fast 4 Prozent mehr als noch vor einem
Jahr, schrieb das Handelsblatt am 18. Januar 2007 in einem mit „Kredit
treibt Investitionen" überschriebenen Artikel.

Sind auch Sie fit für Ihren Kredit? Die Erfahrung zeigt, dass sich nur
wenige Unternehmer im Vorfeld systematisch Gedanken über die Vielfalt ihres Finanzierungsthemas machen. Mehr als die Hälfte sieht die
Bank in erster Linie als Liquiditätslieferanten und nicht als Finanzierungspartner [Wieselhuber, 95]. Viele denken über die aktuelle Finanzierungssituation ihres Unternehmens erst nach, wenn die Hausbank
erste Warnzeichen gibt oder die Kreditlinien zurückfährt. In der heutigen Zeit ist aber frühzeitiges Handeln und eine klare Abkehr der
Einstellung: „Wir brauchen Geld, also besorgen wir es uns", gefordert.
Jetzt muss Finanzierung im Sinne von: „Wo wollen wir hin und wie
lässt sich dies finanzieren?", ein elementarer Bestandteil der eigenen
Unternehmensstrategie werden (➜ Kapitel 7 „Erfolgsfaktoren einer
professionellen Kommunikation").

**Praxisbeispiel**

Ein mittelständisches Unternehmen mit Konzernzugehörigkeit und Technologieführerschaft in einem Nischenmarkt sollte an einen Finanzinvestor verkauft werden. Darauf entschloss sich die dreiköpfige Führungsmannschaft, das Unternehmen selbst im Rahmen eines Management Buy Outs (MBO) zu kaufen. Gesagt, getan. Aber auf einmal stand man vor großen Aufgaben. Das wurde der Geschäftsleitung spätestens dann bewusst, als sie das erste Gespräch mit einer örtlichen Bank geführt hatte und das Finanzierungsthema sehr schnell an der Frage der zu stellenden Sicherheiten gescheitert war. Kein Wunder? Zwar kannte das Management das eigene Unternehmen in allen seinen Facetten, aber auf der Finanzierungsseite hatte man innerhalb des Konzerns immer bequem auf eine ausreichende Kreditlinie zurückgreifen können. Banker? Die kannte man nur aus grauen Vorzeiten oder vom Hörensagen … Systematisches Finanzierungskonzept? Darüber hatte sich so richtig noch niemand Gedanken gemacht.

Für das Finanzierungsgespräch mit der Bank ist es von entscheidender Bedeutung, dass der Unternehmer bereits im Vorfeld strukturierte Überlegungen zu seiner Finanzierungssituation erarbeitet.

## Definieren Sie den Finanzierungsanlass

Zunächst muss der Finanzierungsanlass klar definiert sein: Warum werden überhaupt Finanzierungsmittel gebraucht? In welcher Entwicklungsphase befindet sich mein Unternehmen?

- Geht es in der *Gründungsphase* zum Beispiel um die Entwicklung von neuen Produkten oder den Kauf einer Lizenz?
- Ist der Finanzierungsanlass in der *Frühphase* vielleicht die Markteinführung eines neuen Produktes oder der Aufbau von entsprechenden Produktionskapazitäten?
- Ist in der *Wachstumsphase* der Ausbau der Vertriebsaktivitäten vorgesehen?
- Geht es in einer *Akquisitionsphase* vielleicht um den Kauf eines anderen Unternehmens?
- Ist in der *Nachfolgephase* möglicherweise der Erwerb des Unternehmens durch das Management geplant?

Im Anschluss hieran müssen die eigenen Finanzierungsziele sehr genau diskutiert und beschrieben werden.

## Bestimmen Sie Ihre Finanzierungsziele

Nur wenige Unternehmer machen sich systematisch Gedanken über ihre Finanzierungsziele [INTES, 57]. Die wichtigsten allgemeinen Kriterien, nach denen Unternehmen ihre Finanzierungsinstrumente auswählen sind neben der Verbesserung betriebswirtschaftlicher Kennzahlen insbesondere die Höhe der Finanzierungskosten sowie die Möglichkeiten einer schnelle Abwicklung und der Steueroptimierung [DZ, 26].

Deshalb ganz ehrlich: Sind Sie sich im Detail völlig klar über Ihre Finanzierungsziele? Konkrete Ziele lassen sich aus den Rahmenbedingungen einer Finanzierung sowie den eigenen Unternehmenszielen („Was wollen wir erreichen, wie bis wann und mit welchen Mitteln?") insbesondere zu folgenden Themen ableiten:

- Finanzierungshöhe: Wie viele Mittel benötigen wir? Ist der Einsatz von eigenen Mitteln gewollt und möglich?
- Finanzierungsstruktur: Welches Verhältnis von Fremd- zu Eigenkapital wünschen wir uns? Welcher Anteil der Finanzierung soll langfristig sein?
- Verschuldung: Wie hoch soll in den nächsten Jahren maximal unser Verschuldungsgrad sein?
- Mitwirkungsrechte Dritter: Inwieweit sind wir bereit, Kapitalgebern operativen Einfluss zu geben?
- Kosten: Welche Präferenzen haben wir zum Beispiel hinsichtlich Höhe und Struktur des Zinssatzes?
- Laufzeit: Welche Tilgungsmodalitäten wären für uns passend?
- Sicherheiten: Welche Sicherheiten könnten von uns gestellt werden?
- Verfügbarkeit: Wann und wie sollte die Auszahlung der Mittel erfolgen?
- Zweckbindung: Ist eine direkte Kontrolle der Mittelverwendung vorgesehen?
- Transparenz: Welche Informationen können oder sollen verfügbar gemacht werden?

Jedes Einzelziel muss systematisch betrachtet und klar ausdiskutiert werden. Nehmen wir das Beispiel „Tilgung" und mögliche Zielvorstellungen:

* Sind tilgungsfreie Jahre gewollt?
* Wird eine lineare oder annuitätische Tilgung gewünscht?
* Wie hoch soll der maximale Tilgungsbetrag pro Jahr sein?
* Sollen Sondertilgungen oder eine vorzeitige Rückführung möglich sein?
* Wird eine endfällige Tilgung gewünscht („bullet repayment")?

Die Ziele können also kaskadenartig heruntergebrochen werden. Die Beschäftigung mit den relevanten Fragen eröffnet vielfach neue Horizonte. Dadurch werden unternehmerische Überlegungen ermöglicht, die bis dahin oftmals nicht so klar und deutlich auf dem Tisch lagen. Sie zeigen aber auch sehr rasch auf, wo mögliche Interessenkonflikte mit Kapitalgebern liegen könnten.

## Achten Sie auf Interessenkonflikte

Unternehmer werden zum Beispiel niedrige Zinsen, geringe Mitwirkungsrechte, eine hohe Auszahlungssicherheit sowie eine geringe Sicherheitenstellung präferieren. Häufig werden alle Ziele gleichermaßen als wichtig angesehen, eine klare Priorisierung fehlt [INTES, 57]. Zu bedenken ist aber, dass ein Financier oftmals entgegengesetzte Ziele hat, wie beispielsweise möglichst hohe Zinsen und eine werthaltige Besicherung. Will man als Unternehmer alle Ziele erreichen, kann es zunächst zum Konflikt kommen. Hieraus erwächst schnell Unzufriedenheit und Unmut, weil es unmöglich erscheint, einen gemeinsamen Weg zu finden. Jetzt ist partnerschaftliches Verhandeln gefragt. In vielen Fällen stellt sich in Kreditgesprächen die größte Unzufriedenheit beim Umfang der zu stellenden Sicherheiten ein. Dies gerade auch dann, wenn das Thema „Sicherheiten" bereits zu Beginn einer Verhandlung sehr intensiv angesprochen und eingefordert wird. Gemessen an Schulnoten ist der Grad der Zufriedenheit mit der Erfüllung des Finanzierungszieles „Höhe und Umfang der zu stellenden Sicherheiten" bei hierzu befragten Unternehmen allenfalls befriedigend (INTES, 57].

**Praxistipp**

Klammern Sie ein Thema, bei dem schon zu Beginn des Finanzierungsgesprächs ein Interessenkonflikt besteht, zunächst aus und sprechen
Sie über andere Punkte, bei denen eine Einigung rasch möglich erscheint (→ Kapitel 14 „Professionell verhandeln")

## Wandel der Finanzierungsstruktur

Bei bestehenden Finanzierungen stellt man immer wieder fest, dass die
Strukturen historisch gewachsen sind. Der Finanzbedarf wurde fast immer von Fall zu Fall gedeckt. Ein durchgängiges Konzept zur Gesamtfinanzierung für die nächsten Jahre bestand in der Regel nicht. Über
einen optimalen Mix bei einzelnen Banken war kaum diskutiert worden.
Sicherheiten hatte man auf Einzelanforderung vergeben. Und in Zeiten
niedriger Kontokorrentzinsen waren langfristige Finanzierungserfor-
dernisse entgegen allgemein anerkannten Finanzierungsgrundsätzen
zumeist kurzfristig gedeckt worden. Kenntnisse über Gestaltungsspiel-
räume bestanden somit oftmals nur in geringem Umfang.

**Praxistipp**

Vieles hat sich bei den Banken hinsichtlich der Strukturierung von Krediten im Verlauf der letzten Jahre geändert. Dies zu wissen hilft bereits
in der Vorbereitung auf Finanzierungsgesprächen. Beispielsweise sollte
man beachten, dass:

- Avalkredite oftmals keine Anrechnung mehr auf Kontokorrent-
  linien finden,
- nicht ausgenutzte Vorratslinien nur noch sehr ungern geduldet
  werden,
- zeitlich sehr kurz begrenzte Saisonkredite ohne klares Rückfüh-
  rungskonzept nur noch selten gewährt werden,
- Kreditlaufzeiten im Kontokorrentbereich in der Regel nur noch „bis
  auf weiteres" und nicht über ein Jahr hinaus erfolgen (→ Kapitel
  18 „Die Entscheidung ist gefallen – wie geht es weiter?"),
- neue Finanzierungsinstrumente zunehmend an Bedeutung gewinnen (→ Kapitel 11 „Handlungsalternativen im Finanzierungsmarkt").

## So sollten Sie bei Ihrer Finanzierungsanfrage vorgehen

Wenn die grundsätzliche Analyse zur Finanzierungskonzeption erfolgt ist, steht die konkrete Finanzierungsanfrage bei einem Kapitalgeber an. Folgende Fragen sollten Sie sich bereits im Vorfeld stellen:

- Welcher Kapitalgeber passt zu meinem Finanzierungskonzept?
- Welcher Kapitalgeber bietet welche Finanzierungsinstrumente an?
- Mit welchen dieser Finanzierungsinstrumente können meine zuvor klar priorisierten Finanzierungsziele am besten erfüllt werden?
- Was erwartet der Kapitalgeber von mir? Welche Anforderungen stellt er an die Rentabilität meiner gesamten Kundenverbindung („cross selling")?

Jede Finanzierungsanfrage bedeutet auch, sich selbst, sein Unternehmen, die zukünftige Strategie und das zugrunde liegende eigene Finanzierungskonzept zu verkaufen. Und Verkaufen heißt jetzt, dass Sie

- ein überzeugendes Zukunftskonzept erstellen und präsentieren müssen,
- die objektiven Bedürfnisse und subjektive Beweggründe („Bauchfaktoren") des Financiers herausfinden sollten,
- in Lösungen und nicht in Problemen denken müssen. Denn nur so gelingt Ihnen ein partnerschaftliches Miteinander. Und nur so können Ihre eigenen Nutzenüberlegungen und die Ihres Financiers angemessen erfüllt werden.

### Praxisbeispiel

Petra Schneider, Finanzprokuristin der Falk Aufzugs GmbH mit 75 Mio Euro Jahresumsatz, sucht eine Finanzierung für den Ausbau der Vertriebsaktivitäten in Osteuropa. Die Größenordnung soll bei 800.000 Euro liegen. Als Besicherung könnten die künftig zu erwartenden Forderungen gegenüber den osteuropäischen Kunden aus dem Wohnungsbau dienen. Frau Schneider startet erste telefonische Finanzierungsanfragen bei

- ihrer regionalen Hausbank,
- einem überregionalen Mezzanine-Fonds, über den Sie gerade einen Pressebericht gelesen hat,
- einer großen Factoringgesellschaft und

- einer überregionalen Geschäftsbank, die besonders mit dem Thema „Mittelstand" wirbt.

Von großem Interesse sind für Sie die preislichen Konditionen der verschiedenen Financiers. Die Ergebnisse der Gespräche sind für Frau Schneider zunächst enttäuschend, weil

- sich ihre regionale Hausbank mit dem Thema „Osteuropa" schwer tut,
- der Mezzanine-Fonds nur Unternehmen ab einer Umsatzgröße von 100 Mio Euro finanziert,
- die Factoringgesellschaft Auslandsforderungen aus der Baubranche ausschließt und
- die überregionale Geschäftsbank zwar großes Interesse signalisiert, zunächst aber gerne weitere Informationen zur wirtschaftlichen Situation der Falk Aufzugs GmbH hätte.

*Meine Empfehlung*
Frau Schneider wäre Ihre Enttäuschung erspart geblieben, wenn sie ihre Anfragen professionell vorbereitet und nicht nur das Thema „Kondition" in den Vordergrund gestellt hätte. Sicherlich wäre es gut gewesen, wenn sie sich bereits im Vorfeld darüber informiert hätte, welche Financiers besonders an dem Thema „Osteuropa" interessiert sind und diesbezüglich über entsprechende Erfahrungen und Finanzierungsinstrumente verfügen. Auch die Präsentation eines Konzeptes über die neuen Vertriebsaktivitäten zusammen mit einer integrierten Finanz- und Liquiditätsplanung wäre sicher von großem Vorteil gewesen.

**Praxistipp**
Entwickeln Sie ein Finanzierungskonzept aus einem Guss. Dieses sollte zumindest die nächsten zwölf Monate umfassen. Vermeiden Sie es auf jeden Fall, Ihre Bank mit immer neuen, unerwarteten Erhöhungswünschen zu konfrontieren. Bedenken Sie, dass auch bei kleineren Veränderungen in der Regel Ihr Kreditengagement den gesamten Entscheidungsweg nochmals durchlaufen muss. Außerdem kann bei nachgeschobenen Finanzierungswünschen sehr schnell der Eindruck entstehen, dass Sie Ihre Finanzierungsthemen nicht richtig im Griff haben.

Welche Grundlagen ein überzeugendes Zukunftskonzept erfüllen muss, werde ich Ihnen in Kapitel 18 „Hilfe, was die Banker alles wissen wollen!" im Detail aufzeigen. Sehen wir uns im nächsten Kapitel 11 aber zunächst einmal die „Handlungsalternativen im Finanzierungsmarkt" an.

# 11 Handlungsalternativen im Finanzierungsmarkt

## Wachstumsmarkt Mittelstand

In Deutschland ist wieder eine kräftige Belebung der Kreditvergabe festzustellen. Bereits seit Mitte 2006 entkräftet die Deutsche Bundesbank in ihren Monatsberichten die These, Deutschland habe sich zuletzt wegen der restriktiven Regeln der Banken in einer Kreditklemme befunden. Zwar seien die Banken etwas vorsichtiger gewesen, die Probleme hätten aber konjunkturbedingt vor allem auf der Nachfrageseite bestanden [Bundesbank, 18].

Für die Banken ist das mittelständische Firmenkundengeschäft heute wieder mehr denn je ein Wachstumsmarkt der Zukunft. „Wir setzen auf den Mittelstand", hört man es aus allen Vorstandsetagen. Kaum noch eine Bank, die sich nicht als „Bank für den Mittelstand" bezeichnet. Das mittelständische Kreditgeschäft, früherer einmal Kerngeschäft der Banken, wurde spätestens seit dem Jahr 2005 wieder neu entdeckt [zeb, 100]. Und alle Firmenkundenbetreuer bemühen sich nun mit den neuesten Finanzierungsangeboten noch viel stärker als früher um ihre Kunden. „Banken kämpfen um den Mittelstand" und „Kredit hat wieder Zugkraft", titelte das Handelsblatt im Februar und April 2007. Der Kredit, der lange als risikoreich und unrentabel gemieden wurde, ist also wieder das Ankerprodukt für die Geschäftsbeziehung. Aber Vorsicht, neben dem Kredit wollen die Banken auch immer eine Reihe von Zusatzprodukten verkaufen, beispielsweise im Versicherungsgeschäft oder bei der privaten Vermögensberatung. Das nennt man dann „cross-selling".

### Praxistipp
Der Begriff „Mittelstand" hat sich im Marketing der Finanzierungsbranche zu einem äußerst positiv besetzten „Slogan" entwickelt. Achten Sie deshalb sehr genau darauf, welches Institut den Begriff „Mittelstand" wie versteht. Sehr häufig kann die Kennzahl „Umsatzgröße" als erste Indikation dafür dienen, ob auch Ihr Unternehmen Zielkunde des jeweiligen Kapitalgebers ist. Fragen Sie deshalb einfach nach!

Die Gruppe „Mittelstand" ist viel zu heterogen, als dass man sie aufgrund einzelner Merkmale als homogene Gruppe charakterisieren könnte [Meyer, 77] Meine Erfahrung zeigt, dass manche Institute ihre mittelständischen Wunschkunden erst ab einer Umsatzgrenze von 100 Mio oder sogar 500 Mio Euro definieren. Aber auch bei breiter aufgestellten Finanzierungspartnern gibt es immer wieder Untergrenzen. In der Praxis haben sich diese typischerweise in einem Rahmen von 2,5 Mio bis 10 Mio Euro herausgebildet.

Bedeutet dies nun, dass mittelständische Unternehmen mit einem Umsatz von zum Beispiel „nur" 1,5 Mio Euro nicht mehr von einer Bank im Segment Mittelstand betreut werden? Nein, das bedeutet es nicht. Aber häufig ist nun innerhalb der Bank ein anderer Bereich zuständig. Wie diese Strukturen aufgebaut sind, was Sie dabei beachten müssen und welche Handlungsstrategien erfolgreich sind, werde ich Ihnen in Kapitel 13 „Mit wem in der Bank sollen wir sprechen?" aufzeigen.

## Bedroht eine Kreditklemme den Wachstumsmarkt?

Angesichts einer drohenden weltweiten Finanzkrise aufgrund der Probleme im amerikanischen Hypothekenmarkt („Subprime-Krise") mahnen ganz aktuell erste Wirtschaftsfachleute zur Vorsicht. So schreibt beispielsweise das Handelsblatt am 21. August 2007: „Unternehmen droht Kreditklemme. Krise an den Finanzmärkten verteuert Finanzierung – Creditreform befürchtet steigende Zahl von Insolvenzen". Die Vertrauensverluste in der Bankenwelt könnten schnell zu einer verstärkten Vorsicht im Risikomanagement der Banken und einer restriktiven Kreditvergabe führen. Dadurch würden auch die Finanzierungskosten für die Unternehmen wieder deutlich ansteigen. Betroffen wären hiervon zunächst insbesondere kleinere und mittlere sowie finanziell schwächere Unternehmen, die sich stark über Bankkredite finanzieren.

## Finanzierungsquellen im Mittelstand

Hauptfinanzierungsquelle für Investitionen im breiten Mittelstand ist neben der zumeist aus einbehaltenen Gewinnen dargestellten Innenfinanzierung immer noch der traditionelle Bankkredit, insbesondere in Form des kurzfristigen Kontokorrentkredits oder des langfristigen Investitionsdarlehens [BMWi, 6; DZ, 26; Hauser, 44; impulse, 54; KfW, 61]. Daneben sind als weitere wichtige Finanzierungsquellen zum einen der klassische Lieferantenkredit mit einem ausstehenden Volumen von bis zu 300 Mrd. Euro jährlich und zum anderen zunehmend Spezial-finanzierungen, wie insbesondere Leasing zu nennen. Es sei an dieser Stelle angemerkt, dass es die ursprünglich aus den USA kommende Leasing-Finanzierung in Deutschland bereits seit über 40 Jahren gibt. Neu ist aber sicherlich die Breite der Möglichkeiten, mit denen man in-zwischen eine Vielfalt von unternehmerischen Problemstellungen lösen kann. So betrug im Jahr 2006 das Volumen der Leasing-Investitionen gemäß dem Bundesverband Deutscher Leasing-Unternehmen immerhin rund 54 Mrd. Euro [www.leasing-verband.de]. Für viele Unternehmen hat Leasing damit inzwischen einen ähnlich hohen Stellenwert wie der klassische Bankkredit [DZ, 26].

## Bedarf an innovativen Finanzierungsinstrumenten

Alternative Finanzierungsinstrumente, wie beispielsweise mezzanine Produkte (→ Kapitel 5 „Mezzanine, das Schlaraffenland der alterna-tiven Finanzierungen?") spielten in den letzten beiden Jahren im breiten Mittelstand noch eine eher untergeordnete Rolle [Ernst & Young, 29; Hauser, 44; impulse, 54; KfW 61]. Eine aktuelle Studie der DZ Bank [26] kommt zu dem Ergebnis, dass nur acht Prozent der mittelstän-dischen Unternehmen einen Finanzierungsmix aus traditionellen und innovativen Produkten nutzen. Auf die Frage: „Warum nutzen Sie diese Instrumente nicht?", erfolgt überwiegend die Antwort: „Wir benötigen keine innovativen Produkte zur Finanzierung". Zu fragen ist allerdings, ob diese Antworten nicht auch durch ein hohes Maß an Skepsis auf-grund fehlender Produkt- und Marktkenntnisse zurückzuführen sind. So bemängelten beispielsweise in der DZ Bank Studie 47 Prozent der Befragten den hohen Informations- und Offenlegungsbedarf seitens der Investoren. Insbesondere die Finanzentscheider kleinerer Unternehmen empfinden dabei die Thematik insgesamt als zu schwierig.

Im Bereich „Private Equity" ist zunehmend festzustellen, dass Mittel-ständler diesem Thema zwar noch zögerlich, aber inzwischen durchaus offener gegenüberstehen. So schrieb beispielsweise das Handelsblatt am 18. Februar 2007: „Mittelstand öffnet sich für Beteiligungskapital". Die in Deutschland erfassten Private-Equity-Gesellschaften hielten zum Jahresende 2006 ein Beteiligungsvolumen von 23 Mrd. Euro an fast 6.000 kleinen und mittleren Unternehmen, auf die immerhin sieben Prozent des deutschen Bruttoinlandproduktes entfielen und die im Durchschnitt rund 30 Mio Euro Jahresumsatz erwirtschafteten [IFD, 55].

Die sich aus der Nutzung innovativer Finanzierungsinstrumente ergebenden Wachstumsimpulse für mittelständische Unternehmen sind auch empirisch belegt. Unternehmen, die eine Kombination aus klassischen und innovativen Finanzierungsinstrumenten einsetzten, erreichten im Durchschnitt ein Umsatzwachstum von fast drei Prozent pro Jahr. Dagegen verzeichneten die Unternehmen, die sich ausschließlich durch klassische Elemente, wie den Barkredit finanzierten, einen Umsatzrückgang von fast einem Prozent [Ernst & Young, 30]. Man könnte geneigt sein, dies als „Darwinismus im Finanzierungsmarkt" zu bezeichnen.

## Vielfältige Alternativen

Viele Anbieter, zahlreiche Produkte und unterschiedliche Finanzierungsmodelle haben natürlich auch einen sehr großen, nicht zu unterschätzenden Vorteil. Sie als mittelständischer Unternehmer haben viele Alternativen und können aus einem reichhaltigen Menü aussuchen! Dies vergrößert natürlich auch Ihren Verhandlungsspielraum, insbesondere dann, wenn Sie nicht nur auf einen möglichen Partner setzen.

Verhandeln Sie also aus einer Position der Stärke. Denn, wie überschrieb das Handelsblatt bereits am 13. Oktober 2006 einen Artikel: „Wer will schon um Kredite betteln – Unternehmer booten zunehmend die Banken aus". Ich möchte Ihnen nun mit meinem Praxisratgeber helfen, dass Sie Ihrer Bank auf Augenhöhe als gleichwertiger Partner gegenübertreten können. Nutzen Sie also die Marktvielfalt für Ihr Unternehmen optimal aus!

### Praxistipp
Prüfen Sie immer Alternativen. Sprechen Sie mit unterschiedlichen Banken. Nutzen Sie die Vielfalt im Markt zu Ihren Gunsten! Setzen Sie sich dabei mit dem Thema „Finanzierungspartner" stets rational

auseinander. Vermeiden Sie Emotionalitäten und das Festhalten an der „guten alten Zeit". Diese ist unwiderruflich vorbei! Der Bankkredit ist zwar der universell einsetzbare Klassiker, passt aber nicht immer zu jeder Unternehmenssituation. Denken Sie auch über alternative Finanzierungsformen nach. Aber Vorsicht! Lassen Sie sich nicht durch die hohe Liquidität im Markt verführen. Fragen Sie nur die Finanzierungsmittel nach, die Sie auch wirklich brauchen und vor allem sicher zurückzahlen können!

Es würde nun den Rahmen dieses Ratgebers sprengen, wenn ich Ihnen alle für einen Finanzierungsmix in Frage kommenden Instrumente im Einzelnen vorstellen und die zu beachtenden Besonderheiten erläutern würde. Aus der Vielfalt der vorhandenen Literatur zum Thema „Finanzierung" sei stellvertretend für ein vertiefendes Studium nur auf einige wenige verwiesen [Convent, 13; Goebel, 36; Grunow, 38; Werner, 94]. Im Folgenden werde ich aber am Beispiel der Finanzierungsinstrumente „Avalkredit" und „Factoring" noch auf einige mir wichtig erscheinende Aspekte eingehen und Ihnen hierzu praktische Tipps geben.

## Beispiel 1: Der Avalkredit

Ein Aval wird durch Übernahme einer Bürgschaft oder die Stellung einer Garantie gewährt. Avale, wie zum Beispiel Anzahlungs-, Gewährleistungs- oder Vertragserfüllungsbürgschaften sind Eventualverpflichtungen. Der Avalgeber, in der Regel eine Bank, stellt also keinen Geldbetrag zur Verfügung, sondern die eigene Kreditwürdigkeit. Von daher werden Avale auf der Bankenseite in der Regel auch immer in voller Höhe dem Kreditobligo eines Unternehmens zugerechnet.

Im Markt zu beobachten ist, dass sich inzwischen viele Banken scheuen, Avallinien ohne nennenswerte Sicherheiten zur Verfügung zu stellen. Gefordert werden, gerade auch bei Anzahlungsbürgschaften, oftmals bis zu 100 Prozent Unterlegung durch entsprechende Barmittel. Grund hierfür sind zumeist die Schwierigkeiten bei der Risikoeinschätzung. Dies trifft insbesondere auf den Bereich der Anzahlungsbürgschaften zu und weniger auf Vertragserfüllungs- oder Gewährleistungsbürgschaften. Hinsichtlich erhaltener Anzahlungen sieht der Banker oftmals die Gefahr, dass diese artfremd verwendet werden könnten und dann bei einer Inanspruchnahme aus der Bürgschaft eine ordnungsgemäße Rückzahlung nicht mehr möglich ist.

**Praxistipp**

Inzwischen haben sich noch mehr als früher viele Versicherungsgesellschaften mit ihren Kautionsversicherungsbereichen auf das Thema Avale spezialisiert und verfügen hier über große Erfahrungen. Nutzen Sie diese Potenziale für sich aus. Sprechen Sie die Experten aus dem Kautionsversicherungsbereich an. Die Erfahrung zeigt, dass in der Regel und je nach Bonität des Unternehmens die Höhe der erforderlichen Barunterlegung bei 10 bis 40 Prozent des zu verbürgenden Volumens liegt. Durch diese Lösung können Sie zum Beispiel folgende Vorteile erzielen:

- Sie brauchen bei Ihrer Hausbank die bestehende Kreditlinie nicht durch den Avalkredit belasten. Dadurch erhalten Sie sich einen größeren Handlungsspielraum.
- Die Höhe der Unterlegung ist oftmals niedriger als bei einer klassischen Kreditfinanzierung. Dadurch können Sie erhebliche Liquidität einsparen.
- Der Kautionsversicherer kann Sie in der Regel auch ganz erheblich bei der zeitintensiven Abwicklung der Bürgschaftsbearbeitung unterstützen. Dies ist insbesondere dann von Vorteil, wenn immer wieder größere Stückzahlen zu bearbeiten sind.

## Beispiel 2: Factoring

### *Factoring im Finanzierungsmarkt*

Factoring ist der regelmäßige Kauf von Geldforderungen aus abgeschlossenen Waren- und Dienstleistungsgeschäften mit gewerblichen und wiederkehrenden Abnehmern. Neben dem Kostenargument kämpft Factoring trotz wachsender Akzeptanz immer noch gegen das Image, hauptsächlich von kriselnden Unternehmen genutzt zu werden.

Noch vor einigen Jahren war Factoring durchaus ein Konkurrenzprodukt zum klassischen Betriebsmittelkredit der Banken, den diese gegen Abtretung der Forderungen („Globalzession") vielen Unternehmen zur Verfügung stellten. Inzwischen verweisen aber viele Banken von sich aus auf das zusätzliche Finanzierungsinstrument Factoring. Denn ähnlich wie im Beispiel 1 bei der Kautionsversicherung kann die Factoringgesellschaft aufgrund ihrer großen Erfahrung das Risiko aus einer Forderungsabtretung und deren Bevorschussung viel besser bewerten als eine klassische Bank [Finance, 35; Hermann, 46].

Somit nutzen in Deutschland heute mehr Unternehmen als je zuvor dieses Finanzierungsinstrument. In der Folge hat sich auch der Branchenumsatz in den letzten fünf Jahren mehr als verdoppelt: Gemäß dem deutschen Factoring-Verband trugen in 2006 knapp 3.900 Unternehmen zu einem Factoringumsatz von 72 Mio Euro bei, wobei insbesondere im Jahr 2006 mit fast 31 Prozent ein bemerkenswerter Anstieg zu verzeichnen war [www.factoring.de].

Aber lassen Sie sich nicht täuschen: Auch beim Factoring wird besonderer Wert auf eine vertrauensvolle Beziehung zwischen dem Anwender und dem Finanzierer gelegt, womit auch hier eine sorgfältige Bonitätsprüfung erforderlich ist. Häufige Voraussetzungen für Factoring hinsichtlich des zu finanzierenden Unternehmens sind daher, dass:

- das Unternehmen über Wachstumspotenziale mit gut im Markt eingeführten Produkten verfügt,
- das Unternehmen zumindest befriedigende Bilanzverhältnisse ausweist,
- sich das Unternehmen nicht in einer Krisenlage befindet und
- auch die Hausbank weiterhin mit ihren Betriebsmittellinien zur Verfügung steht.

Im Vergleich zum Ausland ist Factoring in unserem Finanzierungsmarkt immer noch unterrepräsentiert. Dennoch gibt es inzwischen über 100 verschiedene Factoring-Gesellschaften. Diese agieren vielfach auch als ganz spezielle Nischenanbieter neben den großen Anbietern im Markt. Bei dieser Vielfalt gilt es natürlich für Sie, den Überblick zu behalten.

**Praxistipp**
Informieren Sie sich sehr genau über die verschiedenen Angebote. Dies insbesondere auch hinsichtlich der unterschiedlichen Konditionen und Abrechnungsverfahren, wie zum Beispiel:

- Welcher Sicherheits-Einbehalt ist von der vertraglich festgelegten Forderungssumme vereinbart?
- Wie, wann und in welcher Höhe erfolgt die Auszahlung?
- Wie hoch ist die Factoringgebühr?
- Wie hoch ist die Verzinsung des Rechnungsbetrages vom Zeitpunkt des Ankaufs bis zum Zahlungseingang?
- Wann und wie fallen die Zinsen an? Nur für den Zeitraum der Inanspruchnahme oder bereits mit der Zusage?
- Gibt es vielleicht Pauschal- oder Mindestgebühren? Sind Preisgleitklauseln bei Forderungsausfällen vereinbart?
- Welchen Umfang hat der zugrunde liegende Vertrag?

Fragen Sie im Vorfeld auch, welche grundsätzlichen Anforderungen hinsichtlich der Forderungsstruktur und der Branche Ihres Unternehmens von der Factoringgesellschaft gestellt werden. Erkundigen Sie sich, in welchem Ausmaß das Risiko eines Forderungsausfalls von dem Factor übernommen wird und welchen Preis Sie dafür zahlen müssen.

Achten Sie im Vorfeld weiterer Gespräche immer auch sehr genau auf die Formulierungen Ihrer Gesprächspartner. Wenn es beispielsweise heißt: „Wir machen das Geschäft, der Vertrag kommt nächste Woche", dann sollten Sie zumindest die genauen vertraglichen Formulierungen abwarten, um hier keine ungeliebten Überraschungen zu erleben. Wird Ihnen dagegen gesagt: „Wir machen das Geschäft, aber die Bestände müssen noch geprüft werden", dann müssen Sie damit rechnen, dass sich hieraus noch Veränderungen hinsichtlich der „vereinbarten" Rahmenbedingungen ergeben können. Sicherste Variante für Sie ist, wenn Ihnen ein unterschriebener Vertrag ohne aufschiebende Bedingungen vorliegt, an den sich die Factoringgesellschaft auch mindestens vierzehn Tage gebunden hält.

**Praxistipp**

Factoring-Gesellschaften werben inzwischen mit den unterschiedlichsten Ausprägungen und Begrifflichkeiten, wie zum Beispiel „Komfort-
Factoring", „Selekt-Factoring" oder "Full-Service-Factoring". Wissen
Sie, was hinter diesen Begriffen steht? Fragen Sie genau nach und
stellen Sie Vergleiche zwischen den zahlreichen Produktvarianten und
Wahlmöglichkeiten an. Nutzen Sie auch die Erfahrung von unabhängigen Experten, um zu einer möglichst optimalen und für ihr Unternehmen idealen Ausgestaltung zu kommen. Fragen Sie, welche
konkrete Dienstleistungsfunktion im Bereich des Forderungsmanagements übernommen wird. Beziehen Sie bei Preisvergleichen immer das
angebotene Produktspektrum mit ein.

## *Factoring und Hausbank*

Wichtig ist, dass Sie Ihre Hausbank immer in das Thema Factoring
mit einbinden. Wichtig ist auch, dass Sie Hausbank und Factoringgesellschaft zeitnah mit den gleichen Unterlagen und Informationen
versorgen und gegenseitig über Entscheidungsprozesse bei dem jeweils
anderen Institut informieren.

In vielen Fällen sind die zu finanzierenden Forderungen aber bereits
an eine Bank abgetreten. Sie haften dann häufig als Sicherheit für ein
Kreditengagement, beispielsweise im Betriebsmittelbereich. In dieser
Situation müssen Sie im Vorfeld folgende Fragen an Ihre Hausbank
richten:

- Ist die Hausbank bereit, mit einer Factoringgesellschaft zusammen-
  zuarbeiten?
- Ist die Hausbank bereit, bestehende Forderungsabtretungen, die als
  Sicherheit dienen, freizugeben?
- Welche Auswirkungen hat Factoring auf die Kreditlinie bei der
  Hausbank?
- Kann über die aus Factoring generierten Finanzierungsmittel auch
  frei verfügt werden? Oder macht die Hausbank eigene Ansprüche
  geltend?
- Wenn die Factoringgesellschaft bei der Hausbank eine Bankaus-
  kunft einholt, wie wird diese formuliert sein?

## Praxisbeispiel

Die im Umweltbereich tätige Recycling GmbH mit 35 Mio Euro Jahresumsatz hat bei Ihrer Hausbank einen voll in Anspruch genommenen Betriebsmittelkredit in Höhe von 2,5 Mio Euro. Dieser ist neben Bürgschaften der drei Gesellschafter durch die Abtretung der Forderungen aus Lieferungen und Leistungen (Globalzession) besichert. Das durchschnittliche Forderungsvolumen beträgt rund 5 Mio Euro.

In Zusammenhang mit weiterem kurzfristigem Finanzierungsbedarf von rund 0,5 Mio Euro spricht die Geschäftsführerin, Monika Hamann, auch mit einer Factoringgesellschaft. Nach ersten Analysen der bestehenden Kundenforderungen bietet diese der Recycling GmbH eine Factoringlinie von 3,5 Mio Euro an. Voraussetzung ist allerdings die vollständige Abtretung aller Kundenforderungen. Außerdem soll auch die Hausbank weiter mit Kredit zur Verfügung stehen. Monika Hamann spricht daraufhin ihre Hausbank an. Diese ist zwar grundsätzlich bereit, die Globalzession freizugeben, besteht aber auf einer Teilrückführung ihrer Betriebsmittellinie.

Nun muss Frau Hamann rechnen: Ihr aktueller finanzieller Gesamtbedarf liegt bei 3 Mio Euro. Führt sie die Hausbank aus der neuen Factoringlinie um 1,5 Mio Euro zurück, verblieben eine Betriebsmittellinie von 1 Mio Euro und eine restliche Factoringlinie von 2 Mio Euro. „Dies würde reichen" sagt sich Monika Hamann und unterbreitet ihrer Hausbank einen entsprechenden Vorschlag.

Wichtig ist auch zu wissen, wer die Refinanzierung des Factorings darstellt. Erfolgt diese eventuell über eine klassische Geschäftsbank, vielleicht sogar Ihre eigene Hausbank? Dann kann es durchaus sein, dass Sie sich auch beim Factoring einem Ratingprozess unterwerfen müssen (→ Kapitel 15 „Hilfe, jetzt werden wir geratet!"). Das Rating braucht die refinanzierende Bank nämlich zur Beurteilung eines eventuell aus den Forderungen verbleibenden Ausfallrisikos. Dieses kann, je nach Vertragsgestaltung, durchaus bis zu 20 Prozent betragen und muss letztlich auf das sich über Factoring finanzierende Unternehmen abgestellt werden.

## Factoring und Eigenkapital

Besonderen Wert sollten Sie neben dem positiven Effekt auf die Liquidität Ihres Unternehmens immer auch auf die Frage der bilanziellen Auswirkungen legen. Denn nur beim echten Factoring, das heißt dem gegenüber Ihren Kunden offenen Forderungsverkauf und der Übernahme des Ausfallrisikos („Delkrederehaftung"), führt die Transaktion auch tatsächlich zu einer Verkürzung der Bilanz und damit zu einer verbesserten Eigenkapitalrelation. Doch Vorsicht: Substanziell, beispielsweise in Bezug auf die Ertragskraft des Unternehmens, hat sich nicht wirklich etwas verbessert. Deshalb ist es auch nicht sicher, dass jede Bank in ihrem individuellen Rating diese rechnerische Verbesserung der Eigenkapitalquote entsprechend honoriert (➜ Kapitel 14 „Hilfe, jetzt werden wir geratet!). Denken Sie auch immer daran, dass die Eigenkapitalquote eine rein statische Größe ist und zunächst nur wenig über die dynamische, Cashflow getriebene Entwicklung Ihres Unternehmens aussagt.

## ABS-Finanzierungen

ABS ist ein etwas komplexeres Kapitalmarktprodukt, das bisher nur von wenigen Unternehmen genutzt wird [Ernst & Young, 29]. Anders als beim normalen Factoring wird ein gebündelter Forderungspool über eine nur hierfür errichtete Zweckgesellschaft verbrieft und platziert. Aus dieser Struktur leitet sich auch der Begriff „ABS" ab: Es handelt sich um mit einem Vermögensgegenstand (Asset) unterlegte (Backed) Wertpapiere (Securities). Die Refinanzierung orientiert sich dann nicht mehr am Unternehmen selbst, sondern an der Forderungsqualität. Von daher ist auch kein eigenes Unternehmensrating erforderlich. Die Ratingagenturen bewerten lediglich den Pool der Forderungen, der so strukturiert wird, dass er in der Regel entsprechend erstklassige Bonitäten enthält. Dies hat dann natürlich auch günstige Auswirkungen auf die Finanzierungskosten. Aber nicht nur Unternehmen, sondern insbesondere auch Banken verbriefen in immer stärkerem Maße ihre Forderungen. Im Bankensektor hat dies aktuell in Zusammenhang mit der Verbriefung von US-Hypothekenkrediten geringerer Bonitäten weltweit zu ernsthaften Liquiditätsproblemen geführt („Subprime-Krise").

Trotz Standardisierung können einzelne Unternehmensforderungen, zum Beispiel aus Lieferungen und Leistungen, im deutschen Markt in der Regel erst ab einem Volumen von insgesamt 5 bis 10 Mio Euro verbrieft werden. Der Jahresumsatz des Unternehmens sollte somit zumindest deutlich über 50 Mio Euro betragen. Obwohl die Prozesse also schon deutlich standardisiert wurden, ist ABS damit noch kein klassisches Produkt für den breiten Mittelstand. Allerdings bieten inzwischen immer mehr Factoringgesellschaften auch dem breiten Mittelstand „ABS-nahe" Produkte an. Diese heißen dann zum Beispiel „ABS light", „Easy ABS" oder „ABS kompakt". Oftmals gibt es aber ganz wesentliche Unterschiede zum klassischen Factoring oder einer reinen ABS-Finanzierung. Deshalb meine Empfehlung: Schauen Sie nicht nur auf Etikett und Verpackung, sondern immer auch auf den tatsächlichen Inhalt.

Wie Sie gesehen haben, bietet der Finanzierungsmarkt eine breite Vielfalt von Produkten und Anbietern. Aber welcher Financier ist für Sie nun der richtige? Nach welchen Kriterien sollten Sie Ihre Hausbank auswählen? Tipps und Wege für eine gut überlegte Entscheidung werde ich Ihnen im folgenden Kapitel „Mit welcher Bank sollen wir sprechen?" aufzeigen.

# 12 Mit welcher Bank sollen wir sprechen?

## Die Rolle der Banken

Wenn Sie sich nun die Frage stellen: „Mit welcher Bank sollen wir sprechen?", dann müssen Sie sich zuallererst darüber im Klaren sein, welche Funktion eine Bank in der Vielfalt des Finanzierungsmarktes traditionell einnimmt: Banken stellen in der Regel ihre Darlehen und Kreditmittel als Fremdkapital und nicht in Form von Eigenkapital zur Verfügung.

Die Bank ist somit zwar am wirtschaftlichen Risiko, nicht aber am unternehmerischen Risiko des jeweiligen Unternehmens beteiligt. Umgekehrt bedeutet dies, dass die Bank auch nicht am unternehmerischen Erfolg teilnimmt, also keine erfolgsabhängige Vergütung erhält. Der Zinssatz stellt ganz klassisch den Marktpreis dafür dar, dass dem Unternehmen Fremdkapital gewährt wird. Dabei orientiert sich der Zinssatz neben den Refinanzierungsmöglichkeiten der Bank und den eigenen Margenvorstellungen insbesondere an dem wirtschaftlichen Risiko der Kreditvergabe. Dieses „risikoadjustierte Pricing" basiert inzwischen insbesondere auf der Einstufung des durchgeführten Ratingverfahrens (→ Kapitel 15 „Hilfe, jetzt werden wir geratet!).

### Praxisbeispiel

Joachim Meuser ist als Business Angel mit 24 Prozent an der Kern Biotechnologie GmbH beteiligt, die ein neues Medikament gegen Diabetes entwickelt. Inzwischen hat er bereits rund 0,8 Mio Euro privat in das Unternehmen investiert. Die von diesem zu leistenden Zinszahlungen hat er zunächst gestundet. Sollte die Entwicklung des Medikaments weiterhin erfolgreich verlaufen, verspricht sich Herr Meuser innerhalb der nächsten zwei bis drei Jahre durch Verkauf seiner Anteile an interessierte Investoren zumindest einen Erlös von rund 2 Mio Euro.

Gleichzeitig steht dem Unternehmen ein großes regionales Kreditinstitut mit einem Betriebsmittelkredit von 0,5 Mio Euro zur Verfügung. Hierfür stellt dieses einen dem Risiko der Branche angepassten Zinssatz von 11,5 Prozent in Rechnung, auf dessen pünktliche Bedienung genauestens geachtet wird. Die Bank möchte das Unternehmen gerne

längerfristig begleiten und erhofft sich dabei vor allem weitere Ge-
schäftsmöglichkeiten im Rahmen der unternehmerischen Expansion.
Da sie zwar am wirtschaftlichen Risiko, nicht aber am unternehmerischen Erfolg des Unternehmens beteiligt ist, hat sie sich ihren Kredit
durch Bürgschaften aller Gesellschafter absichern lassen (→ Kapitel 17
„Hilfe, jetzt sollen wir auch noch Sicherheiten stellen).

Banken können aber über ihnen angegliederte Fonds oder Beteiligungs-
gesellschaften auch Produkte initiieren, die Eigenkapitalcharakter haben, wie beispielsweise Mezzanine-Kapital (→ Kapitel 5 „Mezzanine,
das Schlaraffenland der alternativen Finanzierungen?). Des Weiteren
nehmen Banken in Zusammenhang mit öffentlichen Fördermitteln eine
wichtige Funktion als Hausbank ein (→ Kapitel 9 „Erfolgreiches Networking im Förderdschungel"). Der Wandel in den Finanzierungsmärkten hat bewirkt, dass sich die Banken nun auch im Mittelstandsgeschäft
zunehmend von einem produktorientierten Betreuungsansatz hin zu
einem lösungsorientierten Relationship-Ansatz entwickeln [Allianz, 2;
Deter, 16; Bundesverband Banken, 10].

### Praxistipp

Stellen Sie für sich zunächst klar, welche Dienstleistung im Finanzierungsmarkt sie benötigen. Fragen Sie dann, ob und wie eine klassische
Bank Ihnen weiterhelfen kann. Andernfalls müssen Sie auf Spezialfinanzierer zugehen oder sich beispielsweise bei „Private Equity"- oder
Finanzinvestoren umsehen. Erwarten und verlangen Sie aber von Ihrer
Bank keine Leistungen, die nicht zu deren definiertem Tätigkeitsfeld
gehört. Fragen Sie Ihren Firmenkundenbetreuer und fordern Sie klare
Aussagen zum Leistungsspektrum ein! Und was Ihren Bedarf an ganzheitlicher Finanzierungsberatung angeht, da dürfen Sie Ihre Bank ruhig
einmal fordern!

## Marktvielfalt im Wandel

Ein kurzer historischer Vergleich mag den gravierenden Wandel aufzeigen, der sich die letzten Jahre im Bankenmarkt vollzogen hat. Gemessen
an der Marktkapitalisierung standen in Europa Mitte der achtziger Jahre immerhin noch drei deutsche Banken unter den Top Ten, nämlich die

Deutsche Bank (Nr. 2), die Dresdner Bank (Nr. 6) und die Bayerische Hypotheken- und Wechselbank (Nr. 8). Mehr als zwanzig Jahre später steht die Deutsche Bank als größtes nationales Institut nur noch auf einem Mittelplatz und jenseits der Top Ten. Beherrscht wird das Bild nun von starken ausländischen Instituten, unter anderem einer HSBC Group, der schweizerischen UBS, einer Royal Bank of Scotland oder einer UniCredit Group nach Übernahme von HypoVereinsbank und Capitalia [Handelsblatt, 40].

Natürlich pflegen auch diese ausländischen Geldinstitute mit ihren deutschen Töchtern den Mittelstand und verschärfen damit den Wettbewerb auf dem deutschen Markt. Dabei profitieren sie insbesondere davon, dass viele deutsche Banken den Mittelstand in den letzten Jahren stark vernachlässigt haben. Es ist interessant zu beobachten, dass nunmehr auch die Auslandsbanken hinsichtlich ihrer Zielkunden sukzessive den Mindest-Jahresumsatz absenken, ab dem sie mittelständische Geschäftskunden betreuen wollen. Dabei sind sie natürlich ganz klar fokussiert auf Unternehmen, die über ein für sie wichtiges Auslandsgeschäft verfügen und damit klare Mehrproduktnutzer sind. Daneben haben die ausländischen Institute mit ihrer angelsächsisch geprägten Finanzierungskultur in den letzten Jahren gerade im Bereich der alternativen Finanzierungen dadurch Marktanteile gewonnen, dass sie eine Reihe von neuen Produkten gezielt im Markt etabliert haben.

### Praxistipp

Wenn Ihr Unternehmen über ein starkes Auslandsgeschäft verfügt, dann scheuen Sie sich nicht, auch einmal eine ausländische Bank oder eine Bank mit internationaler Aufstellung anzusprechen. Vielleicht verfügt diese gerade in Ihren Zielmärkten über umfangreiche Erfahrungen und Standorte. Und vielleicht steht dann auch Ihr Unternehmen bereits auf der Wunschliste des Firmenkundenbetreuers dieser Bank.

## Partner für den breiten Mittelstand

Unternehmen im breiten Mittelstand beschränken sich bisher in ihrer Geschäftsbeziehung in der Regel auf zwei bis drei Banken, wobei fast immer eine Bank noch als traditionelle Hausbank fungiert. Hauptbankverbindung sind zu rund 45 Prozent Institute aus dem Sparkassenbereich und zu rund 30 Prozent Institute aus dem Volks- und Raiffeisenbanken-Sektor. Auf die privaten Geschäftsbanken entfallen rund 20 Prozent [Hackethal, 39; impulse, 54; zeb, 100]. Ausländische Geschäftsbanken haben dagegen im breiten Mittelstand bisher keine entscheidende Rolle als Hausbank gespielt.

Vor dem Hintergrund der zunehmenden Marktvielfalt und den sich damit auch dem breiten Mittelstand bietenden Möglichkeiten muss das klassische Hausbankprinzip zumindest hinterfragt und auf seinen Nutzen hin überprüft werden. Die langjährige und einseitige Bindung an ein Institut gibt zwar vermeintlich Sicherheit und Kontinuität, kann hier und da aber auch Abhängigkeiten schaffen. Andererseits ist gerade die vertrauensvolle Zusammenarbeit mit einem verlässlichen Partner in der heutigen, sich zunehmend kommerzialisierenden Zeit ein nicht zu unterschätzendes, wertvolles Gut.

Jeder mittelständische Unternehmer sollte daher für sich prüfen, ob er am klassischen Hausbankprinzip festhält, auf mehrere Partner setzt oder eher zu einer Zwischenlösung neigt. Letzteres könnte zum Beispiel immer dann der Fall sein, wenn Themen einer Spezialfinanzierung über die Hausbank nicht darstellbar sind oder wenn man aus Gründen der Risikoteilung ganz bewusst einen weiteren Partner mit ins Boot holen möchte.

### Praxistipp

Mehrere Bankpartner vermindern sicherlich die Abhängigkeiten und erleichtern den Vergleich unterschiedlicher Angebote. Dies ermöglicht Ihnen natürlich fallweise auch immer, bei jeweils einer anderen Bank das für Sie beste Produktangebot zu suchen. Orientieren Sie sich aber bitte nicht ausschließlich am Preis der nachgefragten Produkte oder Dienstleistungen. Prüfen Sie immer das Preis-Leistungs-Verhältnis. Und achten Sie darauf, dass Sie mit Partnern zusammenarbeiten, auf die Sie sich auch in schwierigeren Situationen verlassen können. Deshalb empfehle ich Ihnen: Nutzen Sie durchaus mehrere Banken, aber wählen Sie immer eine Bank zu Ihrer Hausbank oder „bevorzugten Bank" („Haremsprinzip").

## Was die Hausbankbeziehung auszeichnet

Das Frankfurter E-Finance Lab, eine von Universitäten und Unternehmen getragene Finanzforschungseinrichtung hat anhand einer Befragung von 2.100 Unternehmen im breiten Mittelstand deren bisherige Beziehung zur Hausbank untersucht. Die Ergebnisse lassen sich im Wesentlichen wie folgt beschreiben [Hackethal, 39]:

- Nahezu zwei Drittel aller Unternehmen im breiten Mittelstand sind inhabergeführt. Bei 40 Prozent der Unternehmen wird der Geschäftsführer auch in privaten finanziellen Fragen von seiner Hausbank beraten.
- Auf der Firmenseite bestehen Geschäftsbeziehungen oftmals mit bis zu drei Banken, wobei eine dieser Banken als Hausbank fungiert. Im Durchschnitt wird zu dieser eine langjährige Geschäftsbeziehung unterhalten, oftmals sogar deutlich mehr als zehn Jahre oder über Generationen hinweg.
- In der Regel wird bei der Hausbank zumindest 50 Prozent des Kreditvolumens unterhalten.
- Zum Firmenkundenbetreuer der Hausbank besteht in 70 Prozent der Fälle ein besonderes Vertrauensverhältnis. Dadurch ist das Ansehen einer Bank oftmals stärker von der Offenheit und Zuverlässigkeit des Firmenkundenbetreuers als von der Zins- und Gebührengestaltung der Bank abhängig.
- Der Mehrwert der Hausbankbeziehung liegt für fast 46 Prozent der Unternehmen in der Beratung durch die Bank, zum Beispiel der Ratingberatung. Erwartungen der Kunden kollidieren jedoch häufig mit der Maximierung des kurzfristigen Verkaufserfolges auf der Bankenseite.
- Die Unternehmen wünschen sich eine neutrale, individuelle und kompetente Beratung, während der Firmenkundenbetreuer typischerweise durch ein produktorientiertes Anreizsystem oftmals den kurzfristigen Produkterfolg anstrebt.
- Unternehmen, die ihre Hausbank als flexiblen Partner bezeichnen, erwarten in einer finanziellen Krise immer auch direkte Hilfe durch ihre Hausbank. Dies können aber nur die Unternehmen erwarten, die eine vertrauensvolle Zusammenarbeit zu ihrer Hausbank pflegen (→ Kapitel 19 „Kommunikation in der Krise").

Laut einer Studie der Managementberatung zeb [100] liegen die Gründe
für eine Mehrfachbankverbindung im Mittelstand bei der Hälfte der
Fälle in der noch nicht optimierten Qualität des Betreuungsprozesses
sowie bei 35 Prozent der Fälle in der Preisgestaltung der Banken. Darüber hinaus ist die Mehrfachbankverbindung für viele Mittelständler ein
ganz bewusst eingesetztes Mittel, um über Preise verhandeln zu können
oder alternative Angebote zu testen.

Warnen möchte ich an dieser Stelle aber davor, den immer intensiveren
Wettbewerb der Banken um den Mittelstand dafür zu nutzen, um bei
einer Vielzahl von Banken Geschäftsverbindungen aufzubauen. Immerhin haben von den mittelständischen Unternehmen mit bis zu 100
Mio Umsatz rund 10 Prozent vier Bankverbindungen und weitere 10
Prozent fünf und mehr [zeb, 100]. Eine solche weitläufige Bankenstruktur, die oftmals dem Ziel dienen soll, Zinsen zu sparen und das
jeweils beste Angebot zu erhalten („Rosinenpicken") ist langfristig nicht
tragfähig. Denn mit solchen „Rosinenpickern" arbeitet niemand gerne
zusammen. Nur eine Geschäftsbeziehung, die auf echtem gegenseitigen
Vertrauen und einer fairen Leistungsbasis beruht, kann für einen mittelständischen Unternehmer im Zusammenspiel mit seinem persönlichen
Firmenkundenbetreuer auch die Sicherheit bieten, aus der Vielzahl möglicher Finanzierungsbausteine die passenden auszuwählen.

## Mit zehn Fragen zur richtigen Hausbank

Wie zufrieden sind Sie mit Ihrer Hausbank? Eine jährlich durchge-
führte Befragung von „Die Familienunternehmer – ASU" [3] zeigt auf,
dass die befragten Unternehmen den Banken zwar alles in allem eine
Verbesserung der Gesamtleistungen bescheinigen, die auf dem Schulno-
tensystem beruhenden Ergebnisse aber sicherlich noch steigerungsfähig
sind. So lagen die Kriterien „Mittelstandsorientierung", „Betreuungs-
qualität" und „wettbewerbsfähige Konditionen" alle knapp unter bzw.
bei einer zufrieden stellenden Schulnote „drei". Auch aus einer weiteren
Befragung von Mittelständlern durch die IHK Nord Westfalen und die
Beratungsgesellschaft zeb [100] kann zwar abgeleitet werden, dass insgesamt 80 Prozent der Unternehmen zufrieden oder sehr zufrieden mit
ihrer Hausbank sind, Optimierungswünsche aber insbesondere noch

beim Feedback zum Rating, bei der Dauer der Kreditentscheidung und dem Engagement in wirtschaftlich angespannten Situationen bestehen.

Woran erkennt der mittelständische Unternehmer nun eine moderne Hausbank? Ich nenne Ihnen aus meiner Erfahrung die zehn wichtigsten Kriterien zur Auswahl einer leistungsfähigen Bank. Nehmen Sie diese Checkliste und testen Sie Ihre Hausbank. Wählen Sie dabei auf einer Notenskala von 1 bis 5 wie folgt:

1   ja, stimmt vollkommen
2   ja, stimmt überwiegend
3   ja, stimmt im Durchschnitt
4   nein, stimmt nur selten
5   nein, stimmt nicht

Notieren Sie für jede Frage die Note und addieren Sie am Ende die Gesamtpunktzahl.

Frage 1:    Wirken kommunizierte Geschäftsstrategie der Bank, die tatsächliche Geschäftspolitik und das Verhalten der Mitarbeiter vor Ort stimmig, glaubwürdig und mittelstandsorientiert?

Frage 2:    Verfügt Ihre Hausbank über eine nachhaltige Kontinuität in ihrer Strategie? Ist sie somit für Sie ein langfristig verlässlicher Partner?

Frage 3:    Betreut die Bank auch kleinere Mittelständler mit bis zu 3,0 Mio Euro Umsatz, zum Beispiel in einem regionalen Gewerbecenter? Oder bei größeren Mittelständlern: Verfügt die Bank über eine hinreichend breite internationale Aufstellung?

Frage 4:    Kommuniziert die Bank offen über Themen wie Rating, Zins-Marge und Kreditverkauf („kommunikative Kompetenz")?

Frage 5:    Verfügt die Bank über kompetente und erfahrene Mitarbeiter, die zuhören können und auch auf Ihre speziellen Wünsche als mittelständischer Unternehmer eingehen? Bietet man Ihnen Nutzen und nicht nur Produkte an?

Frage 6:    Arbeiten auch die Risikomanager in der Marktfolge kundenorientiert? Zeichnen sie sich durch unternehmerisches Denken und Handeln aus?

Frage 7:     Werden Entscheidungen schnell und im verabredeten Zeit-
             rahmen getroffen? Gibt es kurze Entscheidungswege?

Frage 8:     Arbeitet Ihre Bank nach dem Motto: „Nur wenn der Unter-
             nehmer erfolgreich ist, sind auch wir als Bank erfolgreich"?
             Will Ihre Hausbank gemeinsam mit Ihnen Visionen realisie-
             ren?

Frage 9:     Ist Ihre Hausbank bereit, auch Ihr unternehmerisches Feed-
             back einzuholen und sich diesem zu stellen? Fragt sie zum
             Beispiel: „Wäre es nicht spannend für Sie, einmal mit je-
             mandem zu sprechen, der dieses Produkt schon erfolgreich
             angewendet hat?"

Frage 10:    Hat Ihre Hausbank eine enge Verzahnung zwischen Firmen-
             und Privatkundengeschäft?

Jetzt können Sie anhand der Gesamtpunktzahl verschiedene Banken mit
einander vergleichen. Je niedriger der Wert ist, umso besser schneidet
die entsprechende Bank ab. Oder lesen Sie einfach die folgende Auswertung.

*Auswertung:*

10 bis 15 Punkte:   Sie haben eine sehr gute Hausbank gefunden. Pfle-
                    gen Sie die Beziehung!

16 bis 25 Punkte:   Ihre Hausbank ist gut, aber fordern Sie sie noch
                    mehr! Sie kann noch  besser werden! Wenn nicht,
                    suchen Sie sich eine bessere!

26 bis 35 Punkte:   Ihre Hausbank hat deutliche Schwächen. Sie sollten
                    in abschbarer Zeit einen Wechsel vollziehen!

36 bis 50 Punkte:   Ihre Hausbank passt nicht zu Ihnen. Suchen Sie sich
                    schnellstmöglich eine neue Bank!

## So sollten Sie vorgehen

Nun kennen Sie die Auswahlkriterien. Jetzt gebe ich Ihnen noch acht
Tipps zu Ihrem weiteren Vorgehen. Bedenken Sie dabei immer, dass es
letztlich nicht nur auf das Dienstleistungsangebot der Bank ankommt,
sondern auch auf die dahinter stehenden Menschen und deren fachliche
und soziale Kompetenzen. Denn nur diese bilden die Grundlage für eine
langjährige, vertrauensvolle Zusammenarbeit:

- Entwickeln Sie eine eigene Finanzierungsstrategie
- Seien Sie selbstbewusst bei der Auswahl Ihrer Finanzierungspartner
- Stellen Sie viele Fragen!
- Vermeiden Sie Abhängigkeiten. Nutzen Sie die Vielfalt im Markt!
- Konzentrieren Sie sich auf maximal drei bis vier wesentliche Bank-verbindungen
- Betreiben Sie Ihr ganz persönliches „Relationship-Banking"
- Stellen Sie Ihre Bank aber dennoch immer wieder auf den Prüf-stand!
- Befragen Sie Ihr Netzwerk nach deren persönlichen Bankerfah-rungen

**Praxistipp**

Sie haben mit Ihrer Bank ein Finanzierungsgespräch geführt. Analysie-ren Sie danach in Ruhe das Auftreten Ihres Bankpartners. Prüfen Sie, ob Ihre Gesprächspartner sich durch fachliche und persönliche Kompetenz auszeichneten. Waren sie bereit, Ihnen zuzuhören und von Ihnen zu lernen? Waren Sie gut vorbereitet? Zu einem guten Gespräch gehören beispielsweise:

- Die Bank ist soweit wie möglich bereits über Ihr Unternehmen und Ihre Wettbewerbssituation informiert.
- Die Bank kennt die wesentlichen Rahmenbedingungen Ihrer Bran-che und verfügt über einen eigenen Branchen-Research, den sie Ihnen gerne überlässt.
- Die Bank erkennt rasch die spezifischen Bedürfnisse Ihres Unter-nehmens und bietet die gemeinsame Ausarbeitung eines ganzheit-lichen Finanzierungskonzeptes an.
- Die Bank bietet Ihnen als Service eine Analyse der bilanziellen und finanzwirtschaftliche Situation Ihres Unternehmens an. Diese bein-haltet dann auch einen Kennzahlenvergleich auf Branchenebene.
- Die Bank macht konkrete Vorschläge zur weiteren Vorgehensweise und den noch erforderlichen Informationen. Sie bespricht mit Ihnen einen genauen Zeitplan für die nächsten Wochen mit ent-sprechenden „Meilensteinen".

Wie hat es Wolfgang Hartmann, Mitglied des Vorstandes und Chief Risk Officer der Commerzbank AG bereits im November 2004 an-lässlich eines Vortrages in Frankfurt [42] so treffend formuliert: „Die

Hausbank der Zukunft – Angstgegner oder zuverlässiger Partner des Mittelstandes in der Krise?" Also ganz einfach, machen Sie doch Ihren Angstgegner zum zuverlässigen Partner! Dies erfordert aber auch, dass Sie sich selbst in diese Partnerschaft mit einbringen. Was dies für Sie bedeutet und was Sie tun können, werde ich Ihnen in Teil IV „Erforderliche Informationen und Sicherheiten" im Detail aufzeigen.

# 13 Mit wem in der Bank sollen wir sprechen?

## Der Kreditentscheidungsprozess

Das Produkt „Kredit" durchläuft innerhalb einer Bank, angefangen von der ersten Anfrage bis hin zur endgültigen Auszahlung eine Vielzahl von einzelnen Schritten. Mittelständische Unternehmer wissen oftmals nur sehr wenig über die dahinter liegenden Entscheidungsprozesse und die handelnden Personen. Es ist aber von großer Wichtigkeit, diese internen Abläufe genauer zu kennen und Einblick in die Entscheidungskriterien bei der Kreditvergabe zu erhalten. Denn nur so ist es möglich, zielgerichtet mit der Bank zu verhandeln, bestimmte Verhaltensweisen zu verstehen und eigene Verhandlungsstrategien darauf abzustellen.

Wissen Sie, wer in Ihrer Bank über Ihren Kreditwunsch entscheidet, wer also der so genannte Kompetenzträger ist? Wissen Sie, welche Zusagekompetenz Ihr Firmenkundenbetreuer hat? Ist Ihnen bewusst, welche konkreten Schritte Ihre Kreditanfrage im Kreditprozess der Bank durchläuft?

## Der Vertriebsbereich

Am Anfang eines Kreditprozesses steht immer der direkte Kontakt des Unternehmers zum Vertriebs- oder Marktbereich einer Bank. Dieser Bereich ist in der Regel unterteilt in verschiedene Geschäftssegmente, die sich an der Größenordnung der zu betreuenden Unternehmen und ihrer möglichen Nachfrage nach Bankprodukten orientieren. Innerhalb der Bereiche bestehen dann zumeist noch regionale Aufteilungen. Erster Ansprechpartner für den Unternehmer ist immer der zuständige Firmenkundenbetreuer. Dieser hat als Relationship-Manager die Gesamtverantwortung für die Kundenbeziehung. Er sollte

- Ihre individuellen Kundenbedürfnisse kennen,
- sich durch eine hohe Beratungsqualität in Finanzierungsfragen auszeichnen,
- „mit-unternehmerisch" denken und
- Interesse an einem langfristigen Beziehungsmanagement haben.

**Praxistipp**

Erkundigen Sie sich vor Ihren Gesprächen mit einer neuen Bank, wie diese im Vertrieb aufgestellt ist und von welchem Bereich Ihr Unternehmen zukünftig betreut würde. Welche Personen sind für Finanzierungsfragen die ersten Ansprechpartner? Für welche Region sind diese zuständig und wo haben sie ihr Büro? Hinterfragen Sie insbesondere Begrifflichkeiten wie „Mittelstandsbank", „Firmenkundenberater", „Betreuer Corporates" oder „Unternehmenskundenbetreuer" sehr genau. Diese Begriffe werden von den Banken ganz unterschiedlich definiert. Klären Sie deshalb genau ab, was darunter zu verstehen und wer der richtige Ansprechpartner für Sie ist.

Die Aufgabe des Firmenkundenbetreuers in Finanzierungsfragen ist vor allem

- gemeinsam mit dem Kunden eine geeignete Produktauswahl zu treffen,
- die für eine Finanzierungsentscheidung notwendigen Daten beim Kunden zu beschaffen,
- den Finanzierungswunsch des Kunden an Hand der Richtlinien der Bank antragsmäßig vorzubereiten und
- eine Stellungnahme (Erstvotum) zum Finanzierungswunsch des Kunden abzugeben.

Der Firmenkundenbetreuer verfügt in der Regel über keine eigene Kreditkompetenz, kann den gewünschten Kredit also selber direkt nicht zusagen. Die Entscheidung über die Kreditvergabe wird auf Basis des vom Firmenkundenbetreuer erstellten Kreditantrages in der so genannten Marktfolge getroffen.

## Die Marktfolge

Aufgrund der gesetzlichen Anforderungen an das Risikomanagement der Kreditinstitute (MaRisk, → Kapitel 8 „Die Spielregeln im Finanzierungsmarkt") gibt es in jeder Bank neben dem Markt- oder Vertriebsbereich noch eine davon organisatorisch und disziplinarisch völlig getrennte Marktfolge, die häufig auch als Kreditabteilung, Risikomanagement oder Unternehmensanalyse bezeichnet wird. Die Aufgabe dieser Risikomanager, Unternehmensanalysten oder Kreditreferenten ist insbesondere

- die unabhängige Prüfung der eingereichten Unterlagen und Dokumente,
- die Erstellung eines Ratings,
- die Abgabe einer Stellungnahme zum Finanzierungswunsch (Zweitvotum) und
- die Herbeiführung einer Entscheidung über die Finanzierungsanfrage.

Der Kreditreferent verfügt in der Regel über langjährige Erfahrungen in der Bilanzanalyse und fundierte betriebswirtschaftliche Kenntnisse, die oftmals noch durch spezielle Branchenkenntnisse abgerundet werden. Bei Spezialfragen ergänzt er sein Know-how durch Spezialisten aus den jeweiligen Fachabteilungen. Dies kann zum Beispiel ein hoch spezialisierter Branchenexperte aus dem zentralen Risikomanagement sein. Oder bei Spezialfinanzierungen wie beispielsweise einem Management Buy Out (MBO) auch ein Mitarbeiter aus der zentralen Fachabteilung „Strukturierte Finanzierung" oder „Financial Engineering", der über große Erfahrungen in Fragen der Finanzierung von Unternehmenstransaktionen verfügt.

Die langjährige Vertrauensbasis zum Firmenkundenbetreuer allein reicht also für eine positive Kreditentscheidung nicht mehr aus. Es kommt nun sowohl darauf an, den Firmenkundenbetreuer im ersten Gespräch zu überzeugen, als auch im weiteren Prozess die Personen, die letztendlich über die Kreditvergabe entscheiden und sich oftmals nur anhand der eingereichten Unterlagen ein eigenes Bild machen können. Alleine schon diese starke fachliche Fokussierung bedeutet für Sie: Je besser die Kreditunterlagen inhaltlich aufbereitet sind, umso größer ist die Chance, den nun folgenden Prozess der Kreditentscheidung erfolgreich zu durchlaufen.

### Praxistipp

Unterschätzen Sie aber dennoch nicht den Einfluss des Firmenkundenbetreuers auf die Entscheidung über Ihren Finanzierungswunsch. Denn er ist es, der Ihren Kreditantrag im Bereich der Marktfolge im wahrsten

Sinne des Wortes „verkaufen" muss. Und diese internen Verhandlungen sind manchmal nicht einfach. Es muss Ihnen deshalb gelingen,
Ihren Firmenkundenbetreuer mit Ihrer Persönlichkeit voll und ganz
zu überzeugen und somit bei diesem ein positives „Bauchgefühl" zu
erzeugen. Denken Sie daran, dass eine besondere Form des Entschei-
dens auch die Einschätzung der Vertrauenswürdigkeit einer Person ist.
Und diese Einschätzung erfolgt fast immer sehr schnell zu Beginn einer
Kommunikation. Vermeiden Sie also, dass Ihr Kreditwunsch innerhalb
der Bank nur „halbherzig" vorgetragen wird und somit Ihre Chancen
deutlich sinken.

## Die Kreditentscheidung

In den Entscheidungsprozess über Ihren Kredit sind also grundsätzlich
immer die Bereiche Markt und Marktfolge mit ihren unterschiedlichen
Aufgabenstellungen und Zielsetzungen eingeschaltet. Die jeweiligen
Schritte im Kreditprozess erfolgen dabei aber nicht zwingend hinter-
einander. Oftmals gibt es gleich zu Beginn ein kooperatives Zusammenspiel der in die Teilprozesse involvierten Mitarbeiter. So wird ein guter
Firmenkundenbetreuer bereits sehr frühzeitig den Analysten kontak-
tieren, um mit ihm die Möglichkeiten der Kreditvergabe zu besprechen.
Dieser kann anhand erster Unterlagen beispielsweise ein vorläufiges
Rating erstellen. Hierdurch gibt es schnell eine Indikation dafür, wie die
Bank das mit dem Unternehmen verbundene Kreditrisiko klassifiziert
und welche Handlungserfordernisse sich hieraus sowohl für das Unternehmen als auch die Bank ergeben.

### Praxistipp
Fragen Sie Ihren Firmenkundenbetreuer, ob und in welchem Umfang
er Ihren Kreditwunsch bereits mit der Marktfolge vorbesprochen hat.
Fragen Sie, welche kritischen Fragen gestellt wurden und welche Unterlagen oder Informationen der Analysebereich noch benötigt. Lassen
Sie sich hierüber eine schriftliche Aufstellung geben. Vereinbaren Sie
Zwischenschritte („milestones"), mit denen klar festgelegt wird, bis
wann Sie welche Anforderungen erfüllen müssen und wann Sie mit
welchen konkreten Aussagen und einer Entscheidung der Bank rechnen können (⟹ Gremien- und Konsortialvorbehalt).

## Kompetenzen und Hierarchien

Die Kreditentscheidung erfolgt je nach Höhe der Finanzierungssumme auf Basis der in einer Bank geltenden Kompetenzregelung. Die Kreditkompetenzen sind bei allen Banken unterschiedlich geregelt, orientieren sich aber zumeist an folgenden Kriterien, die oftmals auch miteinander verknüpft werden:

* Brutto-Höhe des Kredites
* Netto-Höhe des Kredites, das heißt des nach Abzug der Sicherheiten verbleibenden, rechnerisch nicht werthaltig abgedeckten Kreditteils (Blankoanteil)
* Laufzeit des Kredites, zum Beispiel kurz- oder langfristig
* Art der Finanzierung, beispielsweise Betriebsmittel- oder Spezialfinanzierung
* Ratingeinstufung des Unternehmens
* Erfahrung und Hierarchiestufe des Unternehmensanalysten

### Praxistipp

Bei jeder Kompetenzregelung wird immer das Gesamtengagement eines Kreditnehmers betrachtet, also die neu beantragten Kredite werden zu den bisherigen addiert. Zum Gesamtengagement zählen auch mit dem Kreditnehmer wirtschaftlich und haftungsmäßig verbundene weitere Kreditnehmer (Kreditnehmereinheit). Dies kann beispielsweise ein Kredit an eine Tochtergesellschaft sein oder aber die Bürgschaft für den Kredit eines Geschäftspartners. Fragen Sie Ihren Firmenkundenbetreuer, wie die Bank in Ihrem ganz speziellen Fall die Kreditnehmereinheit definiert und welche Konsequenzen sich hieraus für Sie ergeben.

Oftmals hat ein Kreditreferent eine betraglich sehr hohe Eigenkompetenz, manchmal kann er diese aber auch nur mit einem zweiten Analysten gemeinsam ausnutzen. Bei größeren Kreditengagements entscheidet sehr häufig ein zentrales Kreditgremium, das sich aber je nach Institut hinsichtlich der darin vertretenen Personen ganz unterschiedlich zusammensetzen kann.

Nicht immer ist also der für Ihren Kreditantrag zuständige Analyst gleichzeitig auch der finale Entscheidungsträger. Ab einer bestimmten Größenordnung kann es durchaus sein, dass dieser zwar Ihren Antrag entscheidungsreif vorbereitet und mit seinem Votum versieht, er aber aufgrund der bestehenden Kompetenzregelung einen nächsthöheren Kompetenzträger oder sogar ein Kreditgremium einschalten muss. Im so genannten Retail-Bereich (kleinere Unternehmen mit bis zu fünf Mio Euro Jahresumsatz und einer Mio Euro Kreditvolumen) lässt Basel II dagegen durchaus auch Einzelkompetenzen der Firmenkundenbetreuer zu, was einige Banken beispielsweise mit einer Kompetenzhöhe von 250.000 Euro bereits eingeführt haben. Dies ermöglicht gerade in diesem Segment schnelle und „unbürokratische" Kreditentscheidungen.

Bei Spezialfinanzierungen – beispielsweise einem Unternehmenskauf, einem MBO oder sonstigen Unternehmenstransaktionen – ist oftmals noch eine Mit-Entscheidungskompetenz der jeweiligen Fachabteilung vorgesehen (spezielles „Center of Competence", beispielsweise im Bereich „Financial Engineering"). Diese unterstützt dann in der Regel auch die Gespräche mit dem Unternehmen und bringt die Erfahrung und das Know-how aus einer Vielzahl ähnlich gelagerter Finanzierungen mit ein. Dabei verläuft aber die bankinterne Zusammenarbeit nicht immer reibungslos, was auch die Unternehmen spüren. Selbst die mit ihrer Hausbank grundsätzlich zufriedenen Kunden äußern sich in einer aktuellen Studie überwiegend negativ über ihre Erfahrungen mit der bankinternen Zusammenarbeit zwischen Kundenbetreuer und Produktspezialisten [zeb, 100].

### Praxistipp

Fragen Sie Ihren Betreuer nach den Kreditkompetenzen. Wer bereitet die Entscheidungen vor? Und wer entscheidet dann tatsächlich bis wann? Kann der zuständige Analyst die Kreditvorlage allein entscheiden? Oder muss er seine Stellungnahme dem nächsthöheren Kompetenzträger oder vielleicht sogar einem aus mehreren Personen bestehenden Kreditgremium vortragen? Wer beeinflusst diesen Prozess und wer ist mit wem „verdrahtet"? Je nachdem, wie die Antworten ausfallen, können Sie auch erste Rückschlüsse auf die Bearbeitungsdauer ziehen. Denn Gremienentscheidungen brauchen beispielsweise in der Regel länger als Einzelentscheidungen eines Kompetenzträgers. Und natürlich ist auch Ihre Möglichkeit der persönlichen Einflussnahme hiervon betroffen.

Auch Kredite, die von einem Analysten abgelehnt werden, müssen in der Regel dem nächsthöheren Kompetenzträger vorgelegt werden. Man spricht dann von der so genannten Eskalation. Damit soll verhindert werden, dass persönliche Einzelentscheidungen mit negativen Auswirkungen auf den Kunden ohne weitere Kontrolle erfolgen können. Bei einer Ablehnung durch das oberste Kreditgremium, ist allerdings eine weitere Eskalation innerhalb der Bank nicht mehr möglich.

**Praxisbeispiel**

Peter Sander benötigt für seinen mittelständischen Druckereibetrieb zur Anschaffung einer neuen Druckmaschine von seiner Hausbank möglichst schnell einen Investitionskredit in Höhe von 500.000 Euro. Ein bereits bestehender, noch nie voll ausgenutzter Betriebsmittelkredit beträgt 1,6 Mio Euro. Das zu entscheidende Gesamtkreditvolumen summiert sich also auf 2,1 Mio Euro. Peter Sander weiß, dass sein Firmenkundenbetreuer sehr gut mit dem Unternehmensanalysten Jakob Schmelzer zusammenarbeitet. Dieser kennt inzwischen sein Unternehmen auch sehr gut, so dass Peter Sander eine rasche positive Entscheidung erwartet.

Durch Hinterfragen hat Herr Sander in Erfahrung gebracht, dass Herr Schmelzer nur eine Einzelkompetenz von 2,0 Mio Euro hat. Darüber liegende Engagements muss er seinem Abteilungsleiter vortragen, der diese Funktion erst vor sechs Wochen neu übernommen hat. Auf Basis dieser Informationen will Herr Sander kein Risiko eingehen und bespricht mit seinem Firmenkundenbetreuer, dass er den Betriebsmittelkredit tatsächlich nur bis zur Höhe von 1,3 Mio Euro benötigt. Damit ist die Einschaltung eines weiteren Kompetenzträgers nicht mehr erforderlich. Für Peter Sander verbleibt die Aufgabe, seinen Kreditwunsch nun mit einem überzeugenden und tragfähigen Investitionskonzept zu unterlegen (→ Kapitel 16 „Hilfe, was die Banker alles wissen wollen!").

## Ihr persönlicher Eindruck zählt!

In den meisten Fällen lernt der Unternehmer den Analysten zunächst nicht persönlich kennen. Hat dieser noch Fragen zum Unternehmen oder braucht er für seine Entscheidung zusätzliche Informationen, so wird dieser Wunsch über den zuständigen Firmenkundenbetreuer zugeleitet. Wundern Sie sich also nicht, wenn Sie Ihr Betreuer eines Tages anruft: „Und unser Herr Francke aus der Kreditabteilung möchte gerne noch wissen, ob ..."

**Praxistipp**
Reagieren Sie offen und partnerschaftlich auf zusätzliche Fragen oder Informationswünsche seitens der Kreditabteilung einer Bank. Bieten Sie ein persönliches Gespräch in Ihrem Unternehmen an, damit auch der Analyst das Umfeld noch besser kennen lernt. Gerade bei anspruchsvollen Kreditentscheidungen wird der Unternehmensanalyst dieses Angebot in der Regel gerne annehmen.

Aber Vorsicht! Gute Entscheider sind zumeist sehr strukturiert, kommen schnell zum Punkt und orientieren sich an Fakten. Dies bedeutet für Sie: Je hierarchisch höher Ihr Gesprächspartner angesiedelt ist, umso mehr müssen Sie mit ihm „zusammengefasst" sprechen – so gerne Sie ihm jetzt auch alle technischen Details Ihrer neuen Produktionsanlage und die historischen Entwicklungsschritte Ihres Unternehmertums aufzählen möchten.

Vielfach wird argumentiert, die Kreditvergabe sei inzwischen zu einem anonymen Prozess geworden und Basel II sowie die MaRisk hätten zu einem Verlust an persönlichen Kontakten geführt, so dass Kreditentscheidungen nur noch am „grünen Tisch" getroffen würden. Richtig ist sicher, dass einige Entscheidungsträger im Hintergrund gegenüber dem Unternehmer nicht in Erscheinung treten und dass dort, wo in der Vergangenheit oftmals das „Bauchgefühl" des Bankers maßgeblich für die Kreditvergabe war, heute vielmehr Rationalität und Objektivität gelten.

Ich möchte an dieser Stelle aber nochmals deutlich darauf hinweisen, dass der persönliche Eindruck, den der Unternehmer im ersten Gespräch mit der Bank hinterlässt, ein absolut entscheidendes Kriterium für eine positive Kreditentscheidung ist. Und dies unabhängig davon, dass dieses Erstgespräch „nur" mit einem Firmenkundenbetreuer geführt wird, der keine Entscheidungskompetenz hat. Lassen Sie sich da nicht beirren! Ein schlechter Eindruck kann auch durch scheinbar objektive Kriterien nur sehr schwer und in Ausnahmefällen kompensiert werden. Überzeugen Sie Ihren Firmenkundenbetreuer und denken Sie daran, dass dessen

Erstvotum die Basis für die Entscheidung des Unternehmensanalysten ist (→ Kapitel 8 „Die Spielregeln im Finanzierungsmarkt").

## Maschinelle Kreditentscheidung

Einzelne Banken bieten inzwischen standardisierte Kreditprogramme an, die auf einer maschinellen Kreditentscheidung zum Beispiel mit einem rot-gelb-grünen Ampelsystem beruhen. Voraussetzung ist zumeist, dass die beantragenden Unternehmen und der gewünschte Kredit sich in einer vorher genau definierten und eng begrenzten Größenordnung bewegen, beispielsweise einem Jahresumsatz von 10 bis 50 Mio Euro und einem Kreditvolumen von 0,5 bis 2,0 Mio Euro. Der Vorteil liegt sicherlich in einer sehr schnellen Kreditentscheidung und einer günstigen Preisgestaltung. Die Entscheidung beruht in der Regel auf einem verkürzten Rating und standardmäßig vorzulegenden Unterlagen. Jedoch wird durch die Ausschaltung einer persönlicher Einflussnahme auf Seiten der Bank auch verhindert, dass unternehmerische Individualität besonders bewertet wird oder einzelne Entscheidungsfaktoren gegeneinander abgewogen werden. Profitieren können hiervon vor allem Unternehmen mit guter Bonität, die über Unterlagen und Informationen verfügen, die den allgemeinen Standards der Banken entsprechen (→ Kapitel 16 „Hilfe, was die Banker alles wissen wollen!"). Andererseits ist gerade bei kleineren, nicht bilanzierenden Unternehmen eine ausreichend automatisierte Einschätzung von Kreditrisiken nicht möglich. Dies hat auch die KfW und die DZ-Bank veranlasst, ihr seit mehr als einem Jahr verfolgtes Projekt hinsichtlich einer standardisierten Abwicklung von Förderkrediten Mitte 2007 aufzugeben [Börsenzeitung, 30.06.2007].

## Kreditentscheidung und Rating

Wichtig ist zu wissen, dass Rating und Kreditentscheidung zwei grundsätzlich voneinander getrennte Prozesse sind. Ein gutes Rating bedeutet noch nicht das Recht auf einen Kredit, genauso wie umgekehrt ein schlechtes Rating noch nicht notwendigerweise das Aus bei der Kreditvergabe bedeuten muss. Denn die Bank beachtet bei der Kreditvergabe neben den Ratingkriterien (→ Kapitel 15 „Hilfe, jetzt werden wir geratet") immer auch eigene geschäftspolitische Ziele. So kann zum

Beispiel eine bestimmte Branchen-Portfoliostruktur ausgeschöpft sein. Dies kann bedeuten, dass einem Unternehmen, obwohl gut geratet, der Kredit versagt bleibt, weil die Bank sich in dieser speziellen Branche nicht weiter engagieren will. Man spricht dann von erheblichen „Klumpenrisiken" der Bank in dieser Branche. Oftmals wird auch für Neukreditgeschäft das Erreichen einer bestimmten Mindest-Ratingklasse gefordert. Oder aber die Kreditvergabe hängt von der Möglichkeit ab, einen dem Rating entsprechenden risikoadäquaten Zinssatz auch tatsächlich beim Unternehmen zu erzielen.

**Praxistipp**
Versuchen Sie, die geschäftspolitischen Zielsetzungen Ihrer Bank in Erfahrung zu bringen. Manchmal können Sie erste Hinweise bereits den jeweiligen Geschäftsberichten entnehmen. Fragen Sie aber in jedem Fall Ihren Firmenkundenbetreuer. Achten Sie auf seine Formulierungen. Wenn er sagt: „Bei Finanzierungen in Ihrer Branche tut sich unser Haus derzeit sehr schwer", dann sollten Sie sich ganz schnell nach einer anderen Bank umschauen.

## Kreditbearbeitung

Neben der Kreditentscheidung erfolgen in der Marktfolge auch die formelle Kreditumsetzung, wie beispielsweise Ausfertigung des Kreditvertrages, Vereinbarungen über die Sicherheiten, Auszahlung des Kredites sowie die Risikoüberwachung und Wiedervorlage des Kredites.

Viele Unternehmer klagen darüber, dass der Zeitraum zwischen Kreditbeantragung und Kreditauszahlung („Valutierung") zu lange sei [zeb, 100]. Eine die Kreditprozesse im Mittelstand analysierende Studie des Frankfurter E-Finance Lab [Hackethal, 39] hat gezeigt, dass gerade im breiten Mittelstand die „gefühlte" Bearbeitungszeit oftmals bei bis zu einem Monat liegt, während die Banken durchschnittlich nur von ein bis zwei Wochen ausgehen. Hier weichen die Einschätzungen in Form von Eigen- und Fremdbild ganz deutlich voneinander ab.

Aus meiner Erfahrung ist festzustellen, dass lange Bearbeitungszeiten häufig daraus resultieren, dass während des Kreditvergabeprozesses weitere Unterlagen nachgereicht werden müssen. Dies kann einerseits der Fall sein, weil bei Antragstellung mit der Bank der Umfang der erforderlichen Unterlagen nicht detailliert besprochen wurde. Hier sind natürlich auch die Banken gefordert, weil in fast der Hälfte aller Fälle der Mittelständler bei Antragstellung keine Liste mit den für den Kreditantrag notwendigen Unterlagen erhält. Und dies korreliert erwartungsgemäß mit der Notwendigkeit, während des Kreditprozesses Informationen nachreichen zu müssen [Hackethal, 39]. Es kann aber andererseits auch sein, das die vom Unternehmen eingereichten Unterlagen fehlerhaft oder unplausibel sind. In jedem Fall gilt aber: Eine offene und aktive Kommunikation unterstützt den Entscheidungsprozess immer positiv.

### Praxistipp

Achten Sie darauf, dass Ihnen Ihr Firmenkundenbetreuer bei Kreditantragstellung im Detail darlegt, welche Unterlagen er benötigt. Um spätere Missverständnisse zu vermeiden, ist es sinnvoll, wenn er Ihnen eine Aufstellung übergibt, welche die erforderlichen Unterlagen klar spezifiziert.

## Gremien- und Konsortialvorbehalte

In längeren oder komplexeren Genehmigungsprozessen, bei denen unterschiedliche Kompetenz- und Hierarchiestufen eingeschaltet sind oder die von mehreren Banken gleichzeitig getroffen werden müssen, gibt es immer wieder Zwischenbescheide, die aber letztlich nur indikativen Charakter haben. Sagt Ihnen eine Bank Ihren Kredit „unter Gremienvorbehalt" zu, dann heißt dies, dass sich der zuständige Kompetenzträger oder das Kreditgremium erst noch positiv entscheiden muss. Dies kann manchmal eine reine Formsache sein. Ich habe es aber oftmals erlebt, dass die zuständigen Entscheidungsträger noch ganz unerwartete Anforderungen an die Kreditvergabe gestellt haben und dies letztlich zum Scheitern des Kreditwunsches führte.

### Praxistipp

Verlassen Sie sich bei einer Kreditzusage „unter Gremienvorbehalt" niemals darauf, dass alles nur noch Formsache ist. Tätigen Sie Ihre Investition erst, wenn der Gremienvorbehalt aufgehoben wurde und Ihre Finanzierung tatsächlich steht!

Gleiches gilt auch für den Fall, dass zwei oder mehr Banken kreditmäßig bei einem Unternehmen engagiert sind und die Banken die Einräumung einer Kreditlinie davon abhängig machen, dass auch alle anderen Banken bestimmte Kredite zur Verfügung stellen (Konsortialvorbehalt). Auch wenn Ihre Hausbank Ihnen den Kredit bereits schriftlich bestätigt hat, kann eine Auszahlung erst erfolgen, wenn ein eventuell formulierter Konsortialvorbehalt aufgehoben wurde.

**Praxistipp**

Gremien- und Konsortialvorbehalte müssen nicht zwingend schriftlich formuliert werden. Viel häufiger ist der Fall, dass ein solcher Vorbehalt mündlich im Kreditgespräch geäußert wird. Ich habe es jedoch oft erlebt, dass eine solche Aussage in der „Hitze des Gefechts" überhört wurde, so dass später der Streit vorprogrammiert war. Deshalb: Fragen Sie Ihren Gesprächspartner auf der Bankseite am Ende eines Kreditgesprächs nochmals klar und deutlich, ob seine Zusage noch unter einem Gremien- und Konsortialvorbehalt steht.

Nachdem Sie nun wissen, wie der Entscheidungsprozess über Ihren Kreditwunsch strukturiert ist und wen in der Bank Sie wann ansprechen sollten, kommt es jetzt auf das geschickte Verhandeln mit Ihrer Bank an. Hierzu gebe ich Ihnen im folgenden Kapitel 14 „Professionell verhandeln" eine Reihe von praktischen Tipps und zeige Ihnen, worauf Sie in der Verhandlung mit einer Bank besonders achten müssen.

# 14 Professionell verhandeln

## Unterschiedliche Informationen

Bei Kreditverhandlungen sehen sich mittelständische Unternehmer immer wieder mit ungewohnten Situationen und Anforderungen konfrontiert. Ein entscheidender Grund, warum Verhandlungen zwischen mittelständischen Unternehmen und Banken oft einen unbefriedigenden Verlauf nehmen, liegt in den auf beiden Seiten zunächst unterschiedlich (asymmetrisch) verteilten Informationen:

Der Firmenkundenbetreuer mit seinem finanzwirtschaftlichen Hintergrund kennt in der Regel eine Vielzahl von Unternehmen aus verschiedenen Branchen. Aber auch innerhalb einer Branche betreut er oftmals mehrere Unternehmen unterschiedlichster Größe. Dies ermöglicht ihm einen sehr guten Überblick, insbesondere auch anhand entsprechender Kennzahlen und Branchenvergleiche (Benchmarking). Nischenmärkte, Produktionsprozesse oder die Eigenschaften spezieller Produkte eines einzelnen Unternehmens sind ihm aber oftmals fremd und im Detail nicht bekannt. Dies bedeutet: Je spezieller ein Unternehmen aufgestellt ist, umso größer ist das Informationsbedürfnis beim Firmenkundenbetreuer.

Viele mittelständische Unternehmer kommen dagegen sehr stark aus der vertrauten technischen Welt ihrer Produkte und Produktionsverfahren, die sie häufig sogar als Ingenieur selbst entwickelt haben. In der Regel ist ein guter Überblick über die jeweilige Branche und die Wettbewerber vorhanden. Oftmals fehlt es aber an Detailinformationen, der konkreten wirtschaftlichen Vergleichsmöglichkeit und dem Wissen um finanzwirtschaftliche „Best practice"-Modelle. Dies bedeutet für den Unternehmer: Je übergreifender eine Diskussion wird, umso geringer ist in der Regel sein eigener Erfahrungsschatz. Jetzt besteht bei ihm ein Informationswunsch, den sein Firmenkundenbetreuer hoffentlich erfüllen kann.

**Praxistipp**
Eine grundlegende Zielsetzung von Finanzierungsgesprächen muss
es sein, möglichst frühzeitig bestehende Informationsunterschiede zu
beseitigen. Gehen Sie deshalb niemals mit leeren Händen in ein Gespräch. Zeigen Sie, dass Sie für eine professionelle Verhandlung gut
gerüstet sind. Geben Sie Ihrem Gesprächspartner die Informationen,
die er braucht. Fordern Sie aber gleichzeitig auch die Informationen
ein, die Ihnen noch fehlen. Dies können beispielsweise Branchenkenn-
ziffern aber auch Trendaussagen sein, die der Bank aus eigenem oder
externem Research zur Verfügung stehen.

Ich möchte Ihnen jetzt einige Bausteine aufzeigen, mit deren Hilfe Sie in
Kreditverhandlungen gekonnt überzeugen können. Zur Vertiefung ganz
spezieller Verhandlungsstrategien sei aus der umfangreichen Literatur
insbesondere auf Matthias Schranner, einen jahrelangen Verhandlungsführer der Polizei bei Geiselnahmen und anderen schwierigen Situationen, verwiesen [87, 88]. Zum konkreten Thema „Bankengespräch"
findet sich in der Literatur bisher nur wenig. Auf einige Bücher sei
verwiesen [Ahrendt, 1; BMWi, 7; LfA, 73; Sander, 86].

## Die gute Gesprächsvorbereitung

Immer noch sind viele mittelständische Unternehmer auf die Verhandlung mit ihrer Bank nicht professionell genug vorbereitet. Dies hat zur
Folge, dass die Gespräche häufig damit enden, dass von der Bank be-
nötigte Unterlagen nachgereicht werden müssen. Diese absolut unzureichende Effizienz der Gespräche ist aber für beide Seiten sehr unbefrie-
digend. Denn jetzt steht nicht mehr die eigentlich wichtige inhaltliche
Auseinandersetzung im Vordergrund sondern die Beschaffung der erforderlichen Daten wird zum dominierenden Thema.

**Praxistipp**
Vorbereitung ist alles. Deshalb: Sehen Sie das Gespräch mit Ihrem Firmenkundenbetreuer nicht als lästige Pflichtveranstaltung an, sondern
als Chance zu einem konstruktiven und partnerschaftlichen Dialog.
Sorgen Sie dafür, dass schon zu Beginn eines Finanzierungsgespräches
die wichtigsten Unterlagen in strukturierter Form vorliegen. Hierzu
zählen insbesondere Detailinformationen über die aktuelle wirtschaft-

liche Situation, die Planung des Geschäftsverlaufs und der Liquidität in den nächsten zwölf Monaten sowie ein klares strategisches Konzept mit Blick auf die Marktpositionierung und das Wettbewerbsumfeld Ihres Unternehmens. Sehen Sie Ihre Gesprächsvorbereitung nicht als Aufwand, sondern als Investition an, die sich auszahlt. Agieren Sie anstatt zu reagieren!

Wer seine „Hausaufgaben" richtig macht, kann schon vor dem ersten Treffen die Verhandlungssituation und seine Verhandlungspartner ausführlich analysieren. Hieraus kann dann eine klare, zielorientierte und letztlich erfolgreiche Gesprächsstrategie entwickelt werden.

**Praxistipp**
Versuchen Sie gerade vor schwierigen Gesprächen in einem ersten Schritt die nachfolgenden Fragen zu beantworten. Durch eine solche gezielte Vorbereitung kann man Fehler und spätere „Sackgassen" im Finanzierungsgespräch vermeiden und dafür sorgen, dass man nicht aneinander vorbeiredet:

- Was will ich in dem Finanzierungsgespräch erreichen?
- Welches Maximal- und welches Minimalziel habe ich?
- Was weiß ich über meinen Gesprächspartner?
- Was weiß mein Gesprächspartner bereits über mein Unternehmen?
- Welche Erwartungen wird mein Gesprächspartner an mich haben?
- Welche Motive werden hinter seinen Forderungen und Angeboten stehen?
- Was kann ich selbst anbieten?
- Wo könnte es Differenzen geben? Mit welchen Widerständen muss ich rechnen?
- Wie will ich darauf reagieren?
- Wo könnten Gemeinsamkeiten bestehen?
- Welche Kompromissmöglichkeiten könnte es geben?
- Welchen Zeitrahmen habe ich für die Verhandlung?
- Welche Fristen und formalen Voraussetzungen muss ich beachten?
- Wie könnte ich meine Gesprächspartner positiv überraschen?
- Welche Vorschläge habe ich zum weiteren Vorgehen?
- Welche Folgen hätte ein Scheitern der Verhandlung für mich?
- Wie würde mein Gesprächspartner auf ein Scheitern reagieren?

Versuchen Sie immer auch, für Ihre eigenen Zielsetzungen Prioritäten festzulegen. Was ist Ihnen besonders wichtig? Wo sind Sie am meisten kompromissbereit? Denken Sie daran, dass es Ihnen in der Regel nicht gelingen wird, alle Ihre Zielsetzungen durchzusetzen. Verhandeln mit einer Bank ist auch ein ständiges Geben und Nehmen. Bestehen bei einzelnen Fragen noch unterschiedliche Positionen, so könnten Sie versuchen, beide miteinander zu verknüpfen. Bei der Bank gibt es in einzelnen Punkten fast immer Verhandlungsspielräume, beispielsweise beim Zinssatz, der Laufzeit des Kredites, den Tilgungsmodalitäten oder der Besicherung. Versuchen Sie diese Spielräume auszuloten und zu erfahren, wie hoch oder niedrig die jeweiligen „Schmerzgrenzen" sind. Aber denken Sie daran: Für jedes Erreichen der „Schmerzgrenze" bei Ihrem Firmenkundenbetreuer müssen auch Sie bereit sein, in anderen, der Bank wichtigen Punkten an Ihre eigene „Schmerzgrenze" zu gehen.

## Persönliche Kontakte

Natürlich geht es immer um den persönlichen Kontakt zu Ihrer Bank. Bitte kommunizieren Sie Ihnen wichtige Angelegenheiten nicht per E-Mail. Wenn Sie persönlich mit Ihrem Firmenkundenbetreuer und vielleicht auch dem zuständigen Unternehmensanalysten sprechen, dann fällt es viel leichter, auch bei schwierigen Sachverhalten Vertrauen zu gewinnen. Sehen Sie die Bank als Partner an. Versuchen Sie Ihre Ansprechpartner nicht mit zuviel Fachwissen und technischen Details zu beeinflussen. Machen Sie sich so verständlich, dass es Ihrem Gesprächspartner leicht fällt, Ihr Anliegen nachzuvollziehen.

### Praxistipp

Versuchen Sie bei unerwarteten Fragen nicht, diese aus dem Bauch heraus zu beantworten. Ein Vertrauensverhältnis kann schnell durch „falsche" Antworten gestört werden. Denken Sie immer daran, es bestehen auch auf der Bankenseite andere Netzwerkkontakte, um Ihre Antwort zu verifizieren. Daher ist es immer besser, zu sagen: „Ich weiß es nicht" oder „Zu diesem Punkt kann ich jetzt nichts sagen – aber ich werde mich informieren". Und dann tätigen Sie den verlässlichen Rückruf bei Ihrem Firmenkundenbetreuer und geben ihm die noch fehlenden Antworten.

In komplexeren Situationen werden Sie es auf der Bankseite oftmals mit mehreren Personen zu tun haben, die bestimmte Teilaufgaben zu lösen haben. Dies kann beispielsweise der Firmenkundenbetreuer, ein Kredit-analyst, ein Branchenspezialist oder ein Sicherheitssachbearbeiter sein (→ Kapitel 13 „Mit wem in der Bank sollen wir sprechen?"). Wählen Sie immer den Firmenkundenbetreuer als Koordinator. Hüten Sie sich davor, der Versuchung zu erliegen, mit allen gleichzeitig, mit jedem ein bisschen, vielleicht versuchsweise auch ein bisschen gegeneinander zu sprechen. Wählen Sie einen Ansprechpartner, der auch dann Ihr Kon-taktmann ist, wenn etwas nicht nach Ihren Vorstellungen abläuft. Er ist Ihr Partner. Auf Ihn müssen Sie sich verlassen können. Und er sollte dann in der Lage sein, Ihre Wünsche bankintern bestmöglich zu vertre-ten und umzusetzen.

**Praxistipp**
Lassen Sie Ihre Vorurteile zu Hause. Insbesondere dann, wenn die Che-mie auf Anhieb nicht stimmt. Nicht jeder ist immer jedem sympathisch. Versuchen Sie ein neutrales Bild von Ihrem Gegenüber aufzubauen! Das gilt insbesondere bei Frauen auf der Bankenseite. Männer meinen da oft, dass sie jetzt ihren Charme spielen lassen können. Dass sie sich da aber nicht täuschen! Mit einer neutralen, wertschätzenden Haltung kommt man(n) immer viel weiter. Andernfalls ist ganz schnell die Konfrontation da.

# Wer fragt, der führt

Wählen Sie einen langsamen Einstieg in die Verhandlung. Legen sie sich nicht zu früh fest und drängen Sie nicht zu schnell auf eine Entschei-dung. Lassen Sie Ihrem Gesprächspartner immer noch den notwendigen eigenen Verhandlungsspielraum. Vermeiden Sie zunächst Aussagen wie: „Sie müssen", „Ich erwarte" oder „Das geht doch nicht".

Übernehmen Sie die Gesprächsführerschaft durch gezielte Fragen. Denn auch für das schwierigste Bankengespräch gilt: Eine offene Kommuni-kation erreichen Sie immer ganz schnell über die so genannten „W"-Fragen:

- Warum kommen wir heute zusammen?
- Wie stellt sich unsere geschäftliche Beziehung heute dar?
- Wie könnte sich unsere Verbindung künftig noch besser darstellen?
- Was soll aus Unternehmens- und Bankensicht dabei erreicht werden?
- Wo sind derzeit die größten Probleme in unserer Geschäftsbeziehung?
- Was für Hindernisse gibt es in Bezug auf notwendige Veränderungen?
- Wie können erste Veränderungsschritte aussehen?
- Wann fangen wir damit konkret an?

**Praxistipp**
Fragen Sie, an welchen Informationen die Bank besonders interessiert ist und wie diese aufbereitet sein sollen. Nehmen wir zum Beispiel das Thema „Planungs-Reporting an die Bank": Nicht das unternehmenseigene Berichtswesen darf hierfür die ausschließliche Grundlage sein, sondern die Fragestellung: Welche zielgruppengerechte Datenanalyse wird benötigt? Welcher Detaillierungsgrad oder welche Reduktion oftmals äußerst komplexer Datensysteme ist gewünscht? Welche Annahmen und Prämissen wurden in der Planung hinterlegt? Wie wurden mögliche Unwägbarkeiten bezüglich der künftigen wirtschaftlichen Entwicklung berücksichtigt?

## Gemeinsamkeiten betonen

Unternehmen und Bank haben in Finanzierungsfragen eines gemeinsam: Sie wollen miteinander ins Geschäft kommen. Die Verhandlungsweise der Bank ist dabei insbesondere geprägt durch deren Risikostrategie, das heißt entweder Zustimmung zum Kreditwunsch oder doch dessen Ablehnung. Die Verhandlungsstrategie des Unternehmers ist dagegen mit Blick auf die unterschiedlichsten Anforderungen der Bank zumeist geprägt von den beiden Komponenten „Kooperationsbereitschaft" oder „Unverständnis".

Trifft nun Ablehnung bei der Bank auf Unverständnis beim Unternehmer, so führt dies im Gespräch lediglich zum Austausch unterschiedlicher Standpunkte ohne Lösung der eigentlichen Finanzierungsfrage.

Möglich ist aber auch, dass das Unverständnis beim Unternehmer über die Beweggründe der Bank auf deren grundsätzliche Zustimmung zum beantragten Kredit trifft. In dieser Situation gefährdet eine zurückhaltende und schlechte Informationspolitik durch das Unternehmen die kooperative Grundeinstellung der Bank und damit auch die Lösung der Finanzierungsfrage.

Trifft aber die Kooperationsbereitschaft des Unternehmers auf eine ablehnende Haltung der Bank zum Kreditwunsch, so führt dies unweigerlich zur Frustration auf der Unternehmensseite. Damit sinkt natürlich auch die Bereitschaft zur weiteren Kooperation deutlich. Ziel muss es daher sein, gemeinsam abgestimmte Vorgehensweisen und Lösungen zu erzielen. Diese sollten dann getragen sein von Kooperation, Zustimmung und der Berücksichtigung der berechtigten Interessen aller Beteiligten.

### Praxistipp

Kommunizieren Sie klar und deutlich, warum die von Ihnen vorgeschlagene Lösung auch für die Bank nützlich sein kann. Versuchen Sie mit Nachfolgegeschäft („after sales") zu überzeugen. Versuchen Sie die Verhandlungsmasse zu erhöhen. Verhandeln Sie Sachverhalte, die auf der Bankenseite als Selbstverständlichkeit angesehen werden. Dies könnte zum Beispiel der Verbleib des Tagesgeschäftes oder der Privatkonten bei Ihrer regionalen Hausbank sein.

Versuchen sie, Gemeinsamkeiten herauszuarbeiten, um so eine Situation zu schaffen, von der beide profitieren können („win-win"). Dies bedeutet aber nicht, dass Sie sich mit Ihrem Gesprächspartner immer zwingend in der berühmten „Mitte" treffen müssen. Praktikable Lösungen können durchaus auch rechts und links davon liegen.

Binden Sie Ihren Gesprächspartner mit ein. Wecken Sie Emotionen. Locken Sie ihn aus der Reserve. Fordern Sie seine Unterstützung ein. Fragen Sie ihn:

- „Wie würden Sie reagieren, wenn ...?"
- „Wie sehen Sie ...?"
- „Was könnten wir tun, um ...?"
- „Welche Vorstellungen haben Sie von ...?"

- „Was schlagen Sie vor?"
- „Welcher der von mir genannten Punkte interessiert Sie besonders?"

Nur wer die Vorstellungen des anderen kennt, kann versuchen, diese im Sinne eines „Win-Win" auch in Einklang mit den eigenen Zielsetzungen zu bringen. Natürlich wird man dabei immer wieder auf Interessenkonflikte stoßen. Entscheidend ist aber, dass man die unterschiedlichen Interessen und Wünsche offen auf den Verhandlungstisch bringt. Denn nur dann kann man sich annähern und Gemeinsamkeiten artikulieren: „Vielen Dank. Eine interessante Position. Jetzt haben wir ein gemeinsames Ziel!"

## Die festgefahrene Situation

In vielen Fällen wird im Gespräch mit der Bank ein möglicher Lösungsraum viel zu schnell eingegrenzt, weil bereits im Frühstadium der Verhandlung zu detailliert gesprochen wird. Beispiele für Konfliktpotenzial sind hier die häufig gestellten Fragen nach möglichen Sicherheiten oder den zu gewährenden Zinssatz. Beides sind zunächst einmal „Nebenschauplätze", deren eingehende Diskussion gleich zu Beginn eines Finanzierungsgesprächs in der Regel wenig zielführend ist.

### Praxistipp

Stellen Sie in festgefahrenen Situationen strittige Punkte immer an das Ende Ihrer Verhandlung. Versuchen Sie zunächst möglichst viele gemeinsame Lösungspunkte zu finden. Dies macht am Ende den Kompromiss umso leichter.

Wenn sich nun aber Verhandlungspositionen dennoch verhärtet haben, dann sollten Sie zunächst noch einmal die Gemeinsamkeiten und das im Wege stehende Problem formulieren. Versuchen Sie das Problem an Ihren Gesprächspartner zu übergeben, indem Sie ihn fragen: „Was schlagen Sie nun vor?" oder „Was wäre denn aus Ihrer Sicht die beste Vorgehensweise?" Und dann warten Sie, denn jetzt muss der andere reagieren.

Fühlen Sie sich in schwierigen Verhandlungen mit der Bank manchmal in die Ecke gedrängt? Vermeiden Sie es nun auf jeden Fall, sich frei zu

„kaufen", damit Sie Ihre „Ruhe" haben. Häufig resultiert hieraus eine resignierende Haltung, die dann beispielsweise zur Unterschrift unter einen Vertrag oder zur Akzeptanz bestimmter Kreditbedingungen führt.

Also: Wenn die Situation festgefahren ist, dann lassen Sie sich Zeit. Verhandeln Sie nicht unter Druck. Bitten Sie Ihren Gesprächspartner auf der Bankenseite um etwas Zeit.

**Praxistipp**
Bieten Sie etwas an, wenn die Situation festgefahren ist. Denken Sie in Lösungen, die zum beiderseitigen Nutzen sind und mit denen Bank und Unternehmen langfristig Erfolg haben können. Vermeiden Sie einseitiges, eigenes Nutzendenken, die Maximierung des eigenen kurzfristigen Erfolgs und ein Hervorheben von Sieger- und Verliererpositionen. Sagen Sie, wie Sie sich eine konkrete Lösung vorstellen können und nicht, warum die angebotene Lösung nicht funktionieren kann.

Benutzen Sie Brückenformulierungen wie: „Das bedeutet für Sie ...", „Das hat folgende positive Auswirkungen für Sie ...", „Das bedeutet für Ihr Haus ...", „Dies war doch für Sie von besonderer Bedeutung ..."

Auf dem Weg zu einer gemeinsamen, die Wünsche aller Beteiligten berücksichtigenden Lösung ist immer auch ein Höchstmaß an innerer Konfliktbereitschaft erforderlich. Gemeint ist damit die Fähigkeit, aus ersten Finanzierungsgesprächen bereits gewonnene unbequeme Erkenntnisse und aufgezeigte Schwächen auch in konsequentes eigenes Handeln umzusetzen.

Können Sie mit Konflikten umgehen? Man muss immer aufpassen, dass ein zunächst konstruktiv kritischer Dialog mit durchaus unterschiedlichen Interessen und Meinungen im Verlauf der Diskussion nicht in eine sehr kritische Phase gerät. Argumente werden nicht mehr akzeptiert oder in Frage gestellt. Und dann kommt sehr schnell eine Phase der Eskalation, in der man seinem Gesprächspartner Eigennutz, Taktik oder Unaufrichtigkeit unterstellt. Jetzt gerät die ursprüngliche Sachfrage vollkommen in den Hintergrund und die Emotionen, verbunden mit einer selektiven Wahrnehmung und einer fehlenden rationalen Kontrolle, bestimmen den weiteren Verlauf.

## Umgang mit Einwänden

Denken Sie immer daran: Einwände und kritische Fragen der Bank sind durchaus positive Signale und zeigen Interesse an Ihrem Unternehmen und Ihrem Finanzierungswunsch. Sie stellen somit eine gute Chance dar, das Gespräch zu vertiefen und ein einvernehmliches Ergebnis zu erzielen. Wichtig ist jetzt aber Ihre innere Einstellung. Wie reagieren Sie? Mit Unverständnis? Oder konstruktiv und lösungsorientiert? Sind Sie bereit zuzuhören und eine gleiche Wellenlänge zu Ihrem Gesprächspartner herzustellen?

Wenn Ihr Gesprächspartner auf der Bankenseite das Gefühl hat, dass auch er verstanden und ernst genommen wird, ist er umso mehr bereit, konstruktiv mit Ihnen an einer Lösung zu arbeiten.

### Praxistipp

Denken Sie daran, dass Sie im Gespräch und in der Diskussion nicht nur an der Qualität Ihrer Sachaussage gemessen werden, sondern auch vor allem an der Art und Weise, wie Sie bereit sind, auf der Beziehungsebene mit abweichenden Auffassungen und Kritik umzugehen:

* „Gut, dass Sie diesen wichtigen Punkt ansprechen …"
* „Ich höre, Sie haben Bedenken, dass unser Konzept zu kompliziert ist …"
* „Danke für Ihre Offenheit …"
* „Ich verstehe Ihre Bedenken …"

Binden Sie Ihren Gesprächspartner mit ein: „Ich höre, Sie haben Bedenken, dass unser Konzept zu kompliziert ist. Welche Vereinfachungen stellen Sie sich denn vor?"

## Der Gesprächsabschluss

Ziehen Sie zum Schluss des Gesprächs immer ein Fazit. Wiederholen Sie stichpunktartig, was vereinbart wurde und wer was bis wann zu machen hat. Vergewissern Sie sich, dass keine Missverständnisse bestehen. Erkundigen Sie sich nach dem Ansprechpartner für etwaige Rückfragen. Bitten Sie die Bank um eine schriftliche Zusammenfassung der Gesprächsergebnisse.

Und was können Sie tun, wenn Sie in Ihrem Finanzierungsgespräch zum Beispiel aufgrund eines bestehenden Gremienvorbehaltes noch keine verbindliche Zusage erhalten? Fragen Sie Ihren Gesprächspartner: „Nur einmal angenommen, Sie könnten heute selbst entscheiden, würden Sie sich für unseren Kreditwunsch entscheiden? Und wenn er dann noch abwägt oder unentschieden wirkt, dann fragen Sie nach:

- „Was fehlt Ihnen denn noch für Ihre Entscheidung?
- Worauf würden Sie besonderen Wert legen?
- Wie hat Ihnen das gefallen, was wir präsentiert haben?
- Nehmen wir einmal an, wir können weitere zufrieden stellende Informationen liefern, können wir dann mit einer positiven Kreditentscheidung rechnen?“

Jetzt können Sie sicher sein, dass Sie von Ihrer Seite alles getan haben. Nun ist es wichtig, dass die einvernehmlich besprochenen nächsten Schritte festgehalten werden. Was müssen Sie nun tun? Welche Aktivitäten haben Sie mit der Bank besprochen? Über welchen Zeitrahmen wurde gesprochen? Denken Sie immer daran, dass mit Abschluss Ihres Bankengesprächs schon die neue Vorbereitung auf das nächste Treffen anfängt. Fordern Sie aber auch Ihre Bank! Überwachen Sie Termine und Aktivitäten, die Ihnen zugesagt wurden. Seien Sie selbstbewusst und fordern Sie deren Einhaltung ein, wenn beispielsweise der besprochene zeitliche Rahmen überschritten ist. In Kapitel 18 „Die Entscheidung ist gefallen – wie geht es weiter?“ werde ich Ihnen hierzu noch einige wertvolle Tipps geben.

*Teil IV*

# Erforderliche Informationen und Sicherheiten

# 15 Hilfe, jetzt werden wir geratet!

## Was wissen Sie über Rating?

Für mittelständische Unternehmer wird das Ratingverfahren zunehmend zur Regel. In einer von der KfW im Jahr 2006 durchgeführten
Studie [61] gibt mehr als die Hälfte der befragten rund 6.000 mittelständischen Unternehmen an, bereits ein internes Rating von ihrem
Kreditinstitut bekommen zu haben. Über ein externes Rating verfügt
dagegen nur eine Minderheit von 10 Prozent. Dies sind insbesondere
große Unternehmen mit mehr als 50 Mio Euro Umsatz. Drei Fünftel der
Unternehmen geben an, dass sie die Ratingkriterien der Kreditinstitute
kennen. Und drei Viertel der gerateten Unternehmen kennen auch ihre
Ratingnote.

Dies scheint zunächst sehr erfreulich und ein wesentlicher Fortschritt
gegenüber den Anfängen des Ratings zu sein. Eine aktuelle Befragung
von 1.000 Unternehmen im Rahmen der seit acht Jahren durchgeführten
MIND-Studie [impulse, 54] kommt aber zu ernüchternden Ergebnissen:
Nur ein Drittel der befragten Firmen kümmert sich überhaupt um das
Thema Rating, nur ein Fünftel weiß, dass die Bank sie geratet hat und
lediglich 13 Prozent kennen ihre Ratingnote. Es ist wohl zu vermuten,
dass tatsächlich weit mehr Unternehmen als angenommen geratet sind.
Offensichtlich sind die Ergebnisse ein klarer Hinweis auf immer noch
bestehende, ganz erhebliche Kommunikationsprobleme zwischen Bank
und mittelständischen Unternehmen.

Also Hand aufs Herz: Verstehen Sie als mittelständischer Unternehmer
wirklich die Hintergründe eines Ratingverfahrens? Wissen Sie, aus welchen Komponenten sich die Ratingnote für Ihr Unternehmen zusam-
mensetzt? Wie intensiv haben Sie sich wirklich schon mit der Thematik
vertraut gemacht? Die Fachliteratur und die Vortragsveranstaltungen zu
diesem Thema sind kaum noch zu überblicken; zur Vertiefung sei bei-
spielhaft auf einige wenige an dieser Stelle verwiesen [Bundesverband
Banken, 9; DIHK, 21; Dresdner Bank, 23; IKB, 51, 52; IFD, 56; Inves-
titionsbank, 58; Wildemann, 97]. Und dennoch: Es gibt nach wie vor
deutliche Hinweise auf Verbesserungspotenziale bei der Rating-Kom-
munikation zwischen Kreditinstituten und Unternehmen [KfW, 61; zeb,
100]. Dies betrifft insbesondere kleinere und mittlere Unternehmen. So
erhalten gemäß Studie der Sparkassen-Finanzgruppe [19] immerhin

noch über 30 Prozent der im Jahr 2006 befragten Sparkassen von ihren mittelständischen Kunden den Hinweis, dass das Rating für sie nicht transparent sei oder sie diesem kritisch gegenüber stünden.

## Rating – eine kurze Begriffsbestimmung

Der Begriff „Rating" leitet sich vom englischen „to rate" (jemanden beurteilen oder einschätzen) ab. Im Sinne des Kreditratings bedeutet es eine Aussage über die Wahrscheinlichkeit, dass ein Unternehmen in Zukunft zahlungsunfähig wird (Ausfallwahrscheinlichkeit oder „probability of default" oder „PD-rate"). Das Ratingverfahren selbst beruht auf den Vorschriften von Basel II. Mit Basel II wird die Gesamtheit der weltweit geltenden Eigenkapitalvorschriften für Kreditinstitute bezeichnet. Die Umsetzung in deutsches Recht erfolgt durch die „Mindestanforderungen an das Risikomanagement der Kreditinstitute" (MaRisk). Offiziell ist dieses Gesetz im Januar 2007 mit seiner ersten Stufe in Deutschland in Kraft getreten. Tatsächlich aber wurden die Regelungen bereits seit längerem in der täglichen Bankpraxis sowie in der Beziehung zwischen Unternehmen und Kreditinstituten angewendet. Auch die großen Banken in den USA werden 2008 mit der Einführung der Regeln beginnen.

Ein Eckpfeiler der Richtlinie ist, dass die Höhe der auf Seite der Banken zu erbringenden Kapitalunterlegung für gewährte Kredite von der Bonität eines Kunden abhängt. Und eben diese Bonitätseinschätzung geschieht mit Hilfe eines Ratings. Dagegen sah die seit 1988 gültige vorherige Regelung (Basel I) lediglich vor, dass pauschal acht Prozent der jeweiligen Kreditsumme mit Kapital zu unterlegen war. Die Einschätzung der Bonität eines Unternehmens spielte zwar für die Kreditvergabe als solche, nicht aber für die Unterlegung mit Kapital eine Rolle. Von daher war ein Rating auch nur in Ausnahmen erforderlich, zum Beispiel bei Kapitalmarkttransaktionen großer Unternehmen.

Die besondere Bedeutung des kleineren Mittelstandes wird in den neuen Regelungen dadurch Rechnung getragen, dass Kredite bis zu 1 Mio Euro an Unternehmen mit Jahresumsätzen von bis zu 5 Mio Euro in das so genannte „Retail"-Segment fallen. Sie sind damit, ebenso wie Privat- und Immobilienkredite, mit weniger Eigenkapital zu hinterlegen.

## Rating und Zinssatz

In früheren Zeiten bewirkte eine gute Bonität nur geringe Vorteile bei den Kreditkonditionen. Damit fand regelmäßig auch eine Quersubventionierung der schlechten durch gute Kreditnehmer statt. Die Folge von Basel II kann auf einen ganz einfachen Nenner gebracht werden, der sich in der Bankensprache „risikoadjustiertes Pricing" nennt [siehe auch Tallner, 16]:

Gute Bonität = geringere Kapitalunterlegung erforderlich = geringere Kosten für die Bank = niedrigerer Zinssatz für den Kreditkunden möglich

Schlechte Bonität = höhere Kapitalunterlegung erforderlich = höhere Kosten für die Bank = höherer Zinssatz für den Kreditkunden zu berechnen

Risikoadjustierte Preise ermöglichen den Banken somit, für größere Risiken einen deutlich höheren Preis zu verlangen. Umgekehrt haben jetzt auch kleinere Unternehmen mit einem guten Rating die Chance, einen günstigen Zinssatz zu erhalten.

### Praxisbeispiel
Vor Basel II bekam ein Konzernunternehmen, das im DAX notiert wurde, in der Regel allein aufgrund seiner Größe eine sehr gute Kondition. Diese war denn auch regelmäßig deutlich niedriger als die vergleichbare Kondition eines wirtschaftlich zwar hervorragend aufgestellten, aber doch kleineren Mittelständlers. Das ist heute anders. Auch das DAX-Unternehmen muss sich dem Rating und dem hieraus resultierenden risikoadjustierten Pricing stellen. Jetzt kann es durchaus sein, dass der besser geratete Mittelständler eine günstigere Kondition als das DAX-Unternehmen erhält.

## Basel II - Auslöser einer Finanzierungskrise?

Basel II verpflichtet die Banken also, unternehmerische Tätigkeiten vor der Kreditvergabe zu bewerten. Die Offenlegung der relevanten Daten ist aber mehr als nur eine gesetzliche Auflage. Sie bietet dem Unternehmer auch die Chance, sich für Kapitalgeber und potenzielle Investoren attraktiv darzustellen, vorausgesetzt der Unternehmer weiß die neuen Transparenzanforderungen optimal für sein Unternehmen zu nutzen.

Daher ist es falsch und empirisch nicht haltbar [Deutsche Bundesbank, 18; KfW, 61], wenn immer wieder behauptet wird, durch Basel II sei eine Finanzierungskrise heraufbeschworen worden, durch die in den letzten Jahren „Hunderttausende" von Unternehmen in die Insolvenz getrieben wurden und ein Ende dieser Entwicklung noch nicht abzusehen sei [Guhl, 37]. Für die Banken ist das Produkt „Kredit" nach wie vor ein wesentliches akquisitorisches Ankerprodukt. Insofern geht es ihnen auch nicht darum, das Volumen der zu vergebenden Kredite an sich zu reduzieren oder generell zu verteuern, sondern sie wollen und müssen ihr Kreditportfolio mit kalkulierbaren Risiken und zu für dieses Risiko adäquaten Preisen in die Bücher nehmen. Die Möglichkeit, für größere Risiken einen deutlich höheren Zinssatz verlangen zu können, hat dabei tendenziell eher noch zu einer verstärkten Kreditbereitschaft der Banken geführt, was auch durch das in 2006 nochmals deutlich gestiegene Volumen der von Banken ausgereichten Kredite unterlegt wird (→ Kapitel 9 „Hilfe, jetzt brauchen wir Kredit!"). Und gemäß der jährlich durchgeführten Befragung von „Die Familienunternehmer – ASU" hat sich der Anteil der Unternehmen, die einen leichteren Zugang zu Krediten konstatieren, seit dem Jahr 2000 sogar verzehnfacht [ASU, 3]

**Praxistipp**
Sie können das Rating nicht umgehen. Bereiten Sie sich also konsequent und professionell darauf vor. Beeinflussen Sie es positiv! Die zielgerichtete Gestaltung eines strategischen Finanzierungsprozesses und die eigene Darstellung sind für mittelständische Unternehmen in diesem Umfeld nun oberster Priorität. Vor allem durch eine offene Kommunikation können insbesondere auch kleine und mittlere Unternehmen ihren Teil zu einer guten Risikobewertung und damit einer weiterhin möglichst günstigen Fremdkapitalfinanzierung beitragen.

## Schaffen Sie Transparenz!

Beim Rating lassen vor allem viele kleinere Betriebe eine gewisse Nachlässigkeit erkennen. Zwar wissen rund zwei Drittel der Unternehmen über die Kriterien Bescheid, die ihre Hausbank im Ratingverfahren berücksichtigt, aber nur jedes zweite Unternehmen kennt auch seine genaue Benotung. Eine Wissenslücke, die auf das Konto der Unternehmer geht. Denn neun von zehn Unternehmen, die ihr Rating nicht kennen, haben sich nicht bei ihrer Bank danach erkundigt. Aber weit mehr als einem Drittel der Unternehmen, die ihre Ratingnote kennen, gelingt durch entsprechende Maßnahmen auch eine Verbesserung im Rating [KfW, 65].

**Praxistipp**

Lassen Sie sich von Ihrem Firmenkundenbetreuer informieren, welche Faktoren für die Einschätzung der Bonität Ihres Unternehmens relevant sind. Nur so können Sie sich auf die einzelnen Bewertungsmaßstäbe einstellen. Dabei interessiert vor allem die Gewichtung einzelner Kriterien untereinander. Welche Auswirkungen hat beispielsweise die Einschätzung der Bank hinsichtlich Ihrer Branche? Machen Sie klar und deutlich, dass sich gerade Ihr Unternehmen in seiner Nischenposition sehr positiv vom großen Branchentrend abkoppeln konnte!

Aber ganz wichtig: Diese grundsätzliche Ratingdiskussion sollte immer in einer partnerschaftlichen und von Vertrauen geprägten Atmosphäre stattfinden. Zuhören, verstehen und dann die richtigen Schlüsse ziehen muss jetzt Ihre oberste Devise sein!

## Rating ist nicht gleich Rating

Die Bonitätsbewertung eines Kreditnehmers durch eine Bank wird als internes (Bonitäts-)Rating bezeichnet. Jede Bank verfügt aber über ihr eigenes internes Ratingverfahren, die auf Grund unterschiedlicher Ansätze nur sehr begrenzt miteinander vergleichbar sind. Unterschiede im Rating ergeben sich auch aus der jeweiligen Kreditpolitik eines Institutes.

Die Initiative Finanzstandort Deutschland, IFD, hat erstmals einen institutsübergreifenden Überblick der angewandten Verfahren und deren quantitativen und qualitativen Ratingfaktoren veröffentlicht [56]. Hierdurch ist zumindest im Ansatz eine gewisse erste Vergleichbarkeit gegeben. Es wäre aber sicherlich wünschenswert, in weiteren Schritten zu einer noch klareren Vergleichbarkeit und Standardisierung zu gelangen.

Des Weiteren muss man wissen, dass der Rating-/Unternehmensanalyst der Bank (→ Kapitel 13 „Mit wem in der Bank sollen wir sprechen?") immer auch die Möglichkeit hat, durch individuelle Anpassungen („upgrade/downgrade") das maschinelle Rating zu korrigieren. Er wird dies vor allem dann tun, wenn er beispielsweise spezielle Informationen über die Branche hat. Möglich ist auch, dass er die Auswirkungen von bilanzwirksamen Maßnahmen zum Beispiel durch Leasing und Factoring substanziell anders einschätzt. Dies kann der Fall sein, wenn sich durch solche Finanzierungsinstrumente zwar die Eigenkapitalquote rechnerisch verbessert, der Analyst im Einzelfall aber die Tatsache, dass wesentliche Teile des Umlaufvermögens nicht mehr als freie Assets zur Verfügung stehen, als ein negatives Kriterium wertet. So kann ein Kreditanalyst sich beispielsweise auch durch in der Bilanz „unter dem Strich" („off-balance") ausgewiesenen größere Leasingverbindlichkeiten zu einem solchen Downgrade veranlasst sehen.

### Praxistipp

Sonderfaktoren können beispielsweise stille Reserven in der Bilanz, aktuelle Sonderfaktoren in der Ertragssituation oder Umweltrisiken sein, aber insbesondere auch die Einschätzung der Kompetenz und Persönlichkeit des Unternehmers (→ Kapitel 8 „Die Spielregeln im Finanzierungsmarkt"). Erfragen Sie die individuellen Kriterien für ein Up- und Downgrade und versuchen Sie dann, dieses durch relevante Zusatzinformationen positiv zu beeinflussen. Denn gerade bei einem schlechten Rating kann möglicherweise durch ein individuelles Upgrade des Kreditanalysten im Einzelfall eine negative Kreditentscheidung verhindert werden.

## Ratingkomponenten

Das interne Rating einer Bank ist Basis für die Kreditentscheidung, Konditionsfestlegung und Portfoliosteuerung der Bank. Das (Bonitäts-) Rating besteht dabei aus einem Finanz- und Strukturrating. Basis für das quantitative Finanzrating ist der aktuelle Jahresabschluss sowie die jeweiligen Zwischen- und Planziffern des Unternehmens. Dagegen ist das qualitative Strukturrating eine Analyse der Geschäfts- und Wettbewerbssituation des Unternehmens. In diese so genannten weichen Faktoren („soft facts") fließt vor allem auch die Beurteilung der Managementqualität ein (→ Rating und Management). Weitere qualitative Faktoren sind insbesondere auch:

• Kontoführung und Überziehungshäufigkeit
• Marktanteil und Qualität des Vertriebs
• Wettbewerbsintensität und Konkurrenzdruck
• Kunden- und Lieferantenabhängigkeiten
• Prognosequalität bisheriger Planungen
• Regelungen zur Unternehmensnachfolge

Kein Ratingkriterium ist die Art und Höhe der zur Verfügung gestellten Sicherheiten. Ebenso fließt die Nachfrage des Unternehmens nach anderen Bankprodukten nicht in die Bewertungskriterien des Ratings mit ein. Beide Komponenten haben aber durchaus Einfluss auf die Kreditkondition. Denn die Mehrheit der Institute bepreist einen Kredit immer auch in Abhängigkeit von der Profitabilität der gesamten Kundenbeziehung und der verhandelten Sicherheiten.

**Praxistipp**
Die Stellung von werthaltigen Sicherheiten (→ Kapitel 17 „Hilfe, jetzt sollen wir auch noch Sicherheiten stellen!") und die Nutzung weiterer Bankprodukte (Mehrproduktnutzer) sollten Sie in Ihren Verhandlung mit der Bank dazu einsetzen, eine bessere Kondition zu erhalten, als dies im Durchschnitt Ihrer Ratingklasse entspricht.

Die Bewertung der Bonität erfolgt dann als zusammengefasstes Ergebnis von Finanz- und Strukturrating auf einer aufsteigenden Skala. Die unterste Bonitätsklasse steht für „geringstes Risiko", die oberste Bonitätsklasse dagegen für „höchstes Risiko". Dadurch wird ausgedrückt, wie die Wahrscheinlichkeit eingeschätzt wird, dass das Unternehmen auch tatsächlich seinen monetären Verpflichtungen nachkommen kann.

Bei bestehender Kreditvereinbarung wird für jedes Unternehmen in der Regel mindestens einmal jährlich ein Rating erstellt. Positive oder negative Entwicklungen können aber auch während des Geschäftsjahres durchaus eine Veränderung des Ratings zur Folge haben.

### Praxistipp

Die Rating-Einstufungen lassen sich in zwei große Bereiche einteilen. Zum einen in den Bereich Investment-Grade, der die sehr guten bis guten Bonitäten abbildet, und zum anderen in den Bereich Non-Investment-Grade, in dem die Anlagen zusammengefasst sind, die mit einem höheren Ausfallrisiko behaftet sind. Als Investment-Grade werden beispielsweise in der Bewertung von Standard & Poor's alle Ratings mit der Einstufung AAA bis BBB- bezeichnet [Investkredit, 59]. Unternehmen, die ein Rating von BB+ und schlechter haben, sind in der Regel aufgrund des höheren Risikos noch nicht kapitalmarktfähig und somit Non-Investment-Grade. Dies drückt sich dann sowohl in der Kondition als auch der Möglichkeit der in Frage kommenden Finanzierungsprodukte aus.

## Internes und externes Rating

Ein Kredit beantragendes Unternehmen erhält von der Bank in jedem Fall ein internes Rating. Für ein externes Rating gibt es grundsätzlich auf Grund der Regelungen von Basel II keine Verpflichtung. Je nach Finanzierungsstruktur kann es aber erforderlich sein, ein externes Rating erstellen zu lassen. Dies ist beispielsweise bei fast allen Programm-Mezzanine-Finanzierungen der Fall (→ Kapitel 5 „Mezzanine, das Schlaraffenland der alternativen Finanzierung?") oder immer dann, wenn eine Finanzierung über den Kapitalmarkt dargestellt werden soll.

Neben den weltweit bekannten Ratingagenturen wie Standard & Poor's, Moody's oder Fitch, in deren primären Fokus große Unternehmen stehen, haben sich inzwischen eine Reihe von mittelständischen Agenturen etabliert. Deren Ratingberichte können für mittelständische Unternehmen durchaus sinnvoll und hilfreich sein, wenn sie dem Unternehmer

einen Zusatznutzen bieten, beispielsweise bei der Beurteilung einer speziellen Unternehmenssituation („second opinion") oder bei bankenunabhängigen Finanzierungen. Sie ersetzen jedoch in keinem Fall die internen Ratings der Kreditinstitute. Dies gilt im Übrigen auch für Ratings,
die bereits durch ein anderes Kreditinstitut erstellt wurden. Deshalb
wird für die Mehrzahl der mittelständischen Unternehmen zunächst nur
das interne Rating ihrer kreditgebenden Bank von Bedeutung sein.

Internes Banken-Rating und ein externes Rating können aufgrund der
unterschiedlichen Ratingmethodik oftmals auch voneinander abweichen. Beim externen Rating werden Änderungen der Ratingeinstufung
nur bei wesentlichen Veränderungen vorgenommen, die im Unternehmen oder der Branche begründet sein können, weil die Ratingeinstufung
mittelfristig Bestand haben und dem Investor eine langfristige Orientie-
rung hinsichtlich der Unternehmensentwicklung geben soll. Das interne
Rating der Bank beurteilt aber ein Unternehmen in der Regel auf Basis
der aktuellen wirtschaftlichen Situation zum Zeitpunkt des Ratings.
Dieses kann dann bei wesentlichen Veränderungen auch innerhalb eines
Geschäfts- oder Kalenderjahres deutliche Änderungen aufweisen.

## Rating und Bilanz

Immer noch werden von vielen mittelständischen Unternehmen die eigenen Bilanzen schlecht erläutert und präsentiert. Gibt die Bank dann die
Zahlen ohne Detailerläuterungen in ihr elektronisches Bilanzauswer-
tungssystem ein, kommt es auf Grund feststehender Zuordnungsregeln
oftmals zu „ungewollten" Ergebnissen. So werden dann beispielsweise
nicht näher erläuterte „sonstige Erträge" regelmäßig als außerordent-
licher Ertrag erfasst. Oder die nicht weiter erklärten „sonstigen Aufwendungen" werden als ordentlicher Aufwand eingestuft. Beides führt
dann auf dem Papier natürlich zu einem verschlechterten operativen
Ergebnis und damit möglicherweise auch zu einer schlechteren Ratingeinstufung.

### Praxistipp
Erläutern Sie bereits im Vorfeld immer Details zu Ihrer Bilanz, damit die
Interpretationen der Bank nicht zu einer falschen Ratingeinstufung füh-
ren. Fragen Sie Ihren Firmenkundenbetreuer, zu welchen Bilanzpositi-

onen er mit Blick auf das Rating noch weitere Erläuterungen benötigt. Fragen Sie hinsichtlich der für das Rating so wichtigen Eigenkapitalquote auch, welche Passivpositionen seitens der Bank dem haftenden oder wirtschaftlichen Eigenkapital zugerechnet werden. Dies ist gerade bei Mezzanine-Finanzierungen sehr wichtig (→ Kapitel 5 „Mezzanine, das Schlaraffenland der alternativen Finanzierung?"). Erkundigen Sie sich auch, welche Positionen von der Bank möglicherweise vom Eigenkapital abgezogen werden, wie beispielsweise „Forderungen an Gesellschafter", „Geschäfts- und Firmenwerte", „Ausstehende Einlagen" oder „Off-Balance-Leasingverbindlichkeiten".

## Selbstrating und Ratinggespräch

Inzwischen bieten vor allem Banken, Ratingagenturen oder eine Reihe von Wirtschaftsinstituten und -verbänden Softwarelösungen an, mit denen Unternehmen anhand von Fragen- und Bewertungskatalogen eine internetbasierte Selbstanalyse und eine eigene Einschätzung ihres Ratings (Pre-Rating) vornehmen können. Aber Vorsicht, diese sind von sehr unterschiedlicher Qualität und die reale Welt sieht oftmals anders aus. Auch die komplexeste Anwendung kann nämlich nicht darüber hinwegtäuschen, dass das bankenindividuelle Rating immer noch ganz anders ausfallen kann. Sprechen Sie lieber mit Ihrem Banker. Erkundigen Sie sich nach seinen bankspezifischen Analyseinstrumenten, die sowohl zur Vorbereitung des Kreditgesprächs dienen als auch eine umfassende Datenanalyse mit Kennzahlvergleichen bieten [Lebert, 71; Mayer-Kuckuk, 75].

### Praxistipp

Die Durchführung eines Selbstratings kann durchaus hilfreich sein, wenn Sie bereit sind, mit den gestellten Fragen selbstkritisch umzugehen. Ein solches Rating kann im Rahmen einer Bandbreite eine erste Indikation für das mögliche Ergebnis des Bankenratings sein, wird dieses aber niemals exakt abbilden. Von daher hüten Sie sich vor falschen Versprechungen von Softwareanbietern, die nicht wirklich wissen, wie die über Basel II definierten Anforderungen der Banken aussehen. Prüfen Sie Ihnen vorliegende Angebote deshalb sehr genau und fragen Sie im Zweifel Ihren Firmenkundenbetreuer um Rat.

Auch ohne vorangehendes Selbstrating – sehen Sie das Ratinggespräch
mit Ihrer Bank immer positiv! Gerade auch in der intensiven Diskussion
der Ratingergebnisse mit Ihrem Firmenkundenbetreuer lässt sich für Sie
sehr gut herausfinden, wo die Stärken und Schwächen Ihres Unternehmens, auch als Benchmarking im Branchenvergleich liegen und was Sie
konkret tun müssen, um das Rating bei Ihrer Bank noch zu verbessern.
Wichtig ist, dass in diesem Zusammenhang auch darüber gesprochen
wird, mit welchen konkreten Finanzierungsmodellen oder Maßnahmen
Sie Ihr Rating noch verbessern können.

Aber auch für das Ratinggespräch mit Ihrer Bank gilt: Es kommt immer
darauf an, dass Sie als Unternehmer überzeugen und wissen, wovon Sie
reden. Zeigen Sie, dass Sie eine Unternehmerpersönlichkeit sind und
Ihre eigenen, unternehmerischen Strukturen und Ihre Zahlen im Griff
haben und nicht im „Blindflug" durch den Firmenalltag gleiten. Zeigen
Sie, dass Sie strategisch denken und eine Vision zur Marktführerschaft
in Ihrem Segment haben.

**Praxistipp**

Die Selbstverpflichtung der Banken und Sparkassen innerhalb der Initiative Finanzstandort Deutschland [IFD, 56] lautet: „Jeder Firmen-
kunde kann ab einer nach Kundensegment variierenden Kredithöhe
eine Auskunft von seinem Kreditinstitut über sein Bonitätsrating erhalten." Gehen Sie deshalb aktiv auf Ihre Bank zu und fragen Sie, wie
Ihr Bonitätsrating zustande kommt. Beachten Sie dabei aber, dass in
Abhängigkeit vom Detaillierungsgrad der Ihnen zur Verfügung gestellten Ratinganalyse durchaus eine angemessene Vergütung erhoben
werden kann.

## Rating und Kreditlaufzeit

Eine Studie des DIW Berlin [22] zeigt auf, dass Kredite mit dem niedrigsten Bonitätsrating die geringste Wahrscheinlichkeit einer langen
Laufzeit haben. Oder anders ausgedrückt: Je schlechter das Rating,
desto höher ist die Wahrscheinlichkeit für einen kurzfristigen Kredit.
Dies bedeutet nicht anderes, als dass das Vertrauen der Bank in eine
auch längerfristige Kapitaldienstfähigkeit eines nur schwach gerateten

Unternehmens eingeschränkt ist. Nicht ganz überraschend zeigt die genannte Studie aber auch, dass die Dauer der Bank-Kunden-Beziehung für die Fristigkeit eines Kredites kaum eine Rolle spielt.

## Rating und Management

Der wichtigste weiche Ratingfaktor ist neben einer klaren Unternehmensstrategie die Qualität des vorhandenen Managements. Alle Kredit- und Ratinggespräche mit der Bank bieten dieser immer auch eine Möglichkeit, direkt die Managementqualität zu beurteilen. Dabei wird zwar kein systematischer Management Audit durchgeführt, aber die Bank versucht schon, sich ein Bild über Fachkenntnis, Kompetenz, Führungsstil und Vertrauenswürdigkeit des Managements zu machen und dieses mit dem Wettbewerb und den eigenen Erfahrungen zu vergleichen.

Gerade auch mittelständische Manager sind sich der großen Bedeutung der eigenen Qualität als Einflussfaktor für das Rating oft nicht bewusst. Vielmehr herrscht häufig die Meinung, dass die Unternehmensstrategie und insbesondere wesentliche Finanzkennzahlen, wie beispielsweise die Eigenkapitalquote oder der Verschuldungsgrad den Schwerpunkt der Ratinganalyse bildeten. Dies liegt auch daran, dass dieses Thema von Banken und von Ratingagenturen in der Presse sehr defensiv behandelt wird. So sucht man vergebens nach Mitteilungen, in denen es heißt: „Das Unternehmen XY wurde wegen seiner niedrigen Managementqualität um zwei Stufen herabgestuft." Von daher ist es umso wichtiger, Unternehmer für dieses Thema zu sensibilisieren und sie damit vertraut zu machen, dass sie sich und ihr Führungsteam bei Banken und Ratingagenturen entsprechend positiv darstellen müssen.

Im nun folgenden Kapitel 16 „Hilfe, was die Banker alles wissen wollen" werde ich Ihnen aufzeigen, was Sie für eine professionelle und Kapitalgeber orientierte Informationsaufbereitung tun müssen.

# 16 Hilfe,
# was die Banker alles wissen wollen!

## Sind Banken großzügiger geworden?

Insgesamt hat sich der Finanzierungshorizont seit Mitte 2006 für viele Unternehmen wieder aufgehellt [KfW, 61]. Die spürbare konjunkturelle Belebung erleichtert den Kreditzugang. Dies ist auch darauf zurückzuführen, dass die meisten Kreditinstitute offensichtlich ihre Kreditstandards deutlich gelockert haben und sich mit geringeren Zinsmargen zufrieden geben. So berichtet die Deutsche Bundesbank in ihrer Bank Lending Survey [17], dass im ersten Quartal 2007 bei den Unternehmenskrediten jede fünfte Bank noch großzügiger entschieden hat als bisher. Sicherlich ist dies auch auf die nochmals verschärfte Wettbewerbssituation zurückzuführen: Ein vielfältiges Kreditangebot trifft auf eine nur geringfügig zunehmende Kreditnachfrage, die im ersten Quartal 2007 erneut deutlich hinter den Erwartungen zurückblieb. So schrieb das Handelsblatt am 14. Mai 2007 „Banken werden großzügiger" und am 12. März 2007 „Banken werden Kredite nicht los".

Ist jetzt alles einfach? Sind die hohen Hürden der Vergangenheit passé? Vorsicht bitte! Nur wer seine Hausaufgaben gemacht hat und ein tragfähiges, überzeugendes unternehmerisches Gesamtkonzept sowie eine gute Bonität vorweist, kann auch von der Marktvielfalt profitieren. So berichten in der Studie der KfW [61] immerhin noch 33 Prozent der befragten rund 6.000 Unternehmen, dass die Kreditaufnahme spürbar schwieriger geworden sei. Als wichtigste Gründe werden die gestiegenen Anforderungen an die Offenlegung von geschäftlichen Informationen und die Sicherheitenstellung (→ Kapitel 17 „Hilfe, jetzt sollen wir auch noch Sicherheiten stellen!) genannt. Kleineren Unternehmen wurde somit bei schlechter Bonität eher der Kredit verweigert, während größere Unternehmen den Bonitätsnachteil oftmals durch einen Risikoaufschlag bei den Zinsen noch kompensieren konnten.

## Schnelle Entscheidungen durch überzeugende Informationen

Jetzt sind Sie also gefordert: Schaffen Sie selbst die Voraussetzungen dafür, dass Ihr Finanzierungsvorhaben den Kreditvergabeprozess Ihrer Bank in dem von Ihnen gewünschten Zeitrahmen schnell und ohne Komplikationen durchlaufen kann. In der Befragung der ASU [3] äußerten bereits 32 Prozent der Befragten, dass sie die Maßnahme „Transparenz erhöhen" in ihrem Unternehmen direkt umsetzen wollen, um in Zukunft leichter einen Kredit zu erhalten.

Allerdings sagen auch 33 Prozent der Unternehmer, dass Ihnen keine besonderen Maßnahmen bekannt sind, durch die sie leichter Kredite bekommen könnten. Dieser Prozentsatz ist erstaunlich hoch und ein Hinweis darauf, dass hier weiterer Aufklärungsbedarf besteht. Denn immerhin wurden in der genannten KfW-Studie als Grund für die Verschlechterung der Kreditaufnahme im Jahr 2006 mit über 60 Prozent die Anforderungen der Banken an die Transparenz und mit über 40 Prozent die Anforderungen an die Kreditdokumentation genannt. Oftmals wollen viele Mittelständler ihrer Hausbank aber auch ganz bewusst keine vollständige Transparenz über die eigenen finanziellen Verhältnisse geben. Immerhin äußerten sich in diesem Sinne rund 40 Prozent durch die Managementberatung zeb befragten 700 Unternehmen [100].

## Was hat sich geändert?

Auch schon vor Basel II wurden Kreditnehmer über eine zumeist „unsichtbare" Kreditwürdigkeitsanalyse der Bank auf Stärken und Schwächen überprüft. Das Ergebnis war dann zwar mit ausschlaggebend für die Entscheidung eines Kreditantrages, es verblieb aber immer noch die persönliche Einschätzung des jeweiligen Bankers. Dieser konnte mit seiner eigenen Kompetenz negative Aspekte der Kreditwürdigkeitsprüfung durchaus kompensieren.

Durch Basel II und das Ratingverfahren ist die Kreditvergabe nunmehr viel objektiver, damit auch gerechter und für Dritte nachvollziehbarer geworden. Anhand der eingereichten Unterlagen und des durchgeführten Ratings können die Beweggründe der jeweiligen Kreditentscheidung sehr genau dokumentiert werden. Dadurch ist es insbesondere möglich, auch später das Eintreffen gemachter Annahmen und Prognosen zu überwachen. Nicht zuletzt aber können die getroffenen Entscheidung auch gegenüber einer bankinternen Revision oder einer möglichen externen Prüfung, zum Beispiel durch Wirtschaftsprüfer oder die Bundesanstalt für Finanzdienstleistungsaufsicht (BaFin), klar begründet und dokumentiert werden.

## Gibt es Vorschriften?

Heute gibt es keine regulatorische Vorschriften, die im Detail festlegen, welche Unterlagen Banken für ihre Kreditentscheidungen heranziehen müssen. Bis Anfang 2005 war das Vorgehen noch streng durch die Anforderungen des § 18 Kreditwesengesetz (KWG) und die zugehörigen Bestimmungen der BaFin geprägt. Inzwischen können die Banken weitestgehend selbst festlegen, welche Unterlagen sie für die Beurteilung ihrer Kreditrisiken beim Kunden einfordern.

Der § 18 KWG in seiner seit Mai 2005 gültigen Fassung [www.bafin. de/gesetze/kwg.htm#p18] sagt nur noch: „Ein Kreditinstitut darf einen Kredit, der insgesamt 750.000 Euro […] überschreitet nur gewähren, wenn es sich von dem Kreditnehmer die wirtschaftlichen Verhältnisse, insbesondere durch Vorlage der Jahresabschlüsse, offen legen lässt. Das Kreditinstitut kann hiervon absehen, wenn das Verlangen nach Offenlegung im Hinblick auf die gestellten Sicherheiten oder auf die Mitverpflichteten offensichtlich unbegründet wäre" (→ Kapitel 17 „Hilfe, jetzt sollen wir auch noch Sicherheiten stellen!").

Durch die Mitte 2005 erfolgte Aufhebung sämtlicher Verlautbarungen der BaFin zum § 18 KWG wurde den Kreditinstituten ein erheblicher Ermessens- und Gestaltungsspielraum in der Detail-Erfüllung der gesetzlichen Vorschriften gegeben. Dies allerdings immer mit der Maßgabe, dass die entsprechenden Richtlinien des Kreditinstitutes ein risikoadäquates Handeln in den Vordergrund stellen, die dann auch einer externen Prüfung auf Basis der gültigen Mindestanforderungen an das Risikomanagement der Kreditinstitute (MaRisk) standhalten (→ Kapitel 8 „Die Spielregeln im Finanzierungsmarkt"). Dies gilt insbesondere auch für Kredite, die unterhalb der Grenze von 750.000 Euro liegen.

**Praxistipp**

Bitte schließen Sie aus dem Wortlaut des §18 KWG nicht, dass Sie zum Beispiel für einen Kredit in Höhe von 300.000 Euro keinerlei Unterlagen mehr vorlegen müssen. Es obliegt der jeweiligen Bank, welche Unterlagen sie von Ihnen anfordert. Klären Sie deshalb bereits im Vorfeld die speziellen Erfordernisse Ihrer Bank ab! Und seien Sie nicht überrascht, wenn nun verschiedene Banken, unabhängig von der Höhe Ihres Kreditwunsches, unterschiedliche Anforderungen an die Offenlegung Ihrer wirtschaftlichen Verhältnisse stellen. Hier herrscht durchaus eine Wettbewerbssituation zwischen den Banken. Versuchen Sie, diese Ermessens- und Verhandlungsspielräume für sich zu nutzen.

## Empirische Ergebnisse: Wie informiert der Mittelstand?

Empirische Studien zeichnen ein durchaus ambivalentes Verhältnis der mittelständischen Unternehmer zum Thema „Bereitstellung von Informationen" auf. Eine Studie von Euler Hermes [32] zeigt beispielsweise auf, dass

- noch 54 Prozent der befragten Unternehmer sagen, dass Sie Kapitalgeber nur informieren, wenn es unbedingt sein muss,
- nur 56 Prozent der Unternehmer der Meinung sind, dass es künftig immer wichtiger wird, Kapitalgeber über das eigene Unternehmen zu informieren,
- nur 24 Prozent der Mittelständler Fakten, zum Beispiel aus der Bilanz, durch andere quantitative Informationen ergänzen,
- nur 7 Prozent der Unternehmen ihrem Hauptkapitalgeber Informationen auch monatlich zur Verfügung stellen,
- 50 Prozent der Mittelständler, die Informationen bereitstellen, der Meinung sind, dass der Aufwand größer als der Nutzen ist und
- umgekehrt nur 54 Prozent der befragten Kapitalgeber glauben, dass der typische Mittelständler wirklich wisse, wie er über das eigene Unternehmen informieren sollte.

Letzter Punkt wird auch durch eine KPMG-Studie belegt [68], nach
der

- die überwiegende Mehrheit der befragten Unternehmen glaubt,
  geeignete Unterlagen für die Kreditvergabe zu liefern,
- von Seiten der Kreditinstitute die Erfüllung dieser geforderten
  Verhaltensweisen aber deutlich kritischer gesehen wird, so dass
  von einer Erwartungslücke ausgegangen werden muss und
- aus dieser Lücke ein erhebliches Verständnis- und Kommunikationsproblem resultiert,
- was zum Beispiel bei der Kommunikation und Kommentierung
  von Plandaten deutlich wird: Während zwei Drittel der Unternehmen meinen, die Plandaten aktiv zu kommunizieren und Plan-
  Ist-Vergleiche zu erläutern, wird dies nur von wenigen Kreditinstituten so gesehen.

Eine Studie von Ernst & Young [30] weist klar auf die Konsequenzen
dieser Verhaltensweisen hin:

- Werden mittelständische Unternehmen nicht transparenter und
  bereiten ihre finanziellen Daten professionell auf, bleiben große
  Potenziale ungenutzt. Diese Unternehmen wachsen dann, wenn
  überhaupt, nur unterdurchschnittlich.
- Für gute Ideen und Projekte findet sich kein Finanzier oder die
  Finanzierung wird teurer, weil ein Risikozuschlag aufgrund finanzieller Intransparenz hinzukommt.
- Dabei muss vor allem aber auch die Aufbereitung interner Daten
  deutlich verbessert werden. Dies betrifft insbesondere ein am Cashflow des Unternehmens orientiertes Berichtswesen.

## Informationen müssen kapitalgeberorientiert sein

Mittelständische Unternehmer sollten sich gegenüber den sie finanzierenden Banken immer mit einer partnerschaftlichen, offenen und
glaubhaften Informations- und Kommunikationspolitik positionieren.
Um auf die gestiegenen Transparenzanforderungen der Kapitalgeber
zu reagieren, reicht es aber nicht aus, einfach die Menge der bereitgestellten Informationen zu erhöhen. Wichtig ist ein aussagefähiges und

robustes Zukunftskonzept, das eine überzeugende unternehmerische Strategie als Grundlage hat und einen klaren Weg nach vorne aufzeigt [KfW, 63].

## Praxisbeispiel

Anfang des Jahres wurde ich von dem mittelständischen Druckereibesitzer Norbert Stocker angesprochen. Mit seinem Druckereibetrieb, den er nun schon in der dritten Familiengeneration führte, machte er rund 30 Mio Euro Umsatz. Herr Stocker erkundigte sich nach den Finanzierungsmöglichkeiten für eine neue Sechs-Farben-Druckmaschine. Diese sollte 1,8 Mio Euro kosten, die bisherige veraltete Maschine ersetzen und ihm neue Kundenpotenziale erschließen.

Auf meine Frage, mit wie viel neuen Kunden er denn nun rechne und welchen Neu-Umsatz sowie zusätzlichen Deckungsbeitrag er eingeplant habe, wusste Herr Stocker noch keine Antwort. Wichtigstes Argument für ihn war, dass sich auch zwei seiner unmittelbaren Konkurrenten bereits eine solche Maschine angeschafft hatten. „Wenn wir jetzt nicht nachziehen, bekommen wir Probleme", sagte er und fügte hinzu: „Das müssen auch meine Banken verstehen, die müssen mir jetzt helfen, schließlich haben sie ja lange genug gut an mir verdient."

Ich antwortete Norbert Stocker, dass er – bevor wir uns näher über unterschiedliche Kauf- und Finanzierungsformen unterhalten könnten – erst einmal ein Verkaufs- und Vermarktungskonzept erstellen müsse. Dieses solle vor allem plausible Angaben darüber enthalten, wie er bis wann zu welchen Neukunden kommen wolle und mit welchen neuen Druckaufträgen dann zu rechnen sei. Erst auf dieser Basis könnten wir eine überschlägige Investitionsrechnung erstellen, die die Frage beantwortet, ob sich die geplante Investition denn auch tatsächlich rechnet und damit auch bezahlbar ist. Und erst wenn dies tatsächlich der Fall sei, könnten wir uns an die eigentliche Arbeit machen und ein umfassendes Unternehmens- und Finanzierungskonzept erstellen, mit dem wir dann auch die Banken überzeugen würden.

Ein mittelständischer Unternehmer muss also nicht nur darauf achten, seine Zahlen und Daten in der Sprache der Banken darzustellen, sondern diese Sichtweisen und Werte auch im Unternehmen selbst verankern [Droste, 24], zum Beispiel durch klare Regelungen, die ein kapitalgeberorientiertes Reporting selbstverständlich machen. Letzteres zeichnet sich insbesondere durch eine rollierende Planung aus, die Planabweichungen monatlich anhand von Soll-Ist-Zahlen kommentiert und gezielt Maßnahmen zur Gegensteuerung aufzeigt.

Aus der praktischen Erfahrung [Ernst & Young, 29] lassen sich nun vier Themenbereiche ableiten, deren nachhaltige Bewältigung erfolgreiche mittelständische Unternehmen auszeichnet und damit auch ein klares Anlagekriterium für Kapitalgeber ist:

- Eine wachstumsorientierte Unternehmensstrategie,
- eine auf die Kunden ausgerichtete Vertriebs- und Marketingkonzeption,
- ein strukturierter Innovationsprozess sowie
- eine solide und am Cashflow orientierte Finanzierung.

## Am Cashflow orientierte Kreditbeurteilung

Potenzielle Kreditgeber erwarten immer auch eine detaillierte und qualifizierte Planung des freien Cashflows der nächsten ein bis drei Jahre auf Basis eines plausiblen Geschäftsmodells. Dabei bezeichnet man als freien Cashflow die Mittel, die dem Unternehmen für Ausschüttungen von Dividenden, Gewinnthesaurierungen oder die Zahlung von Zinsen und Tilgungen zur Verfügung stehen [cometis, 12]. Hieraus können Kapitalgeber ablesen, ob der Kapitaldienst auch nachhaltig vom Unternehmen erbracht werden kann und wie hoch die maximale Gesamtverschuldung sein darf (Kapitaldienstgrenze).

Risikobehaftete Planungsvariablen werden dabei durch Sensitivitätsrechnungen in ihren Auswirkungen auf den Cashflow quantifiziert. Ziel dieser am Cashflow orientierten Kreditbeurteilung ist die Einschätzung, inwieweit die Finanzierung auch bei vom Geschäftsplan negativ abweichender Entwicklung noch zurückgeführt werden kann [Harbou, 41]. Dies ist insbesondere dann unerlässlich, wenn die Finanzierung ohne oder ohne nennenswert werthaltige Sicherheiten durchgeführt werden soll (→ Kapitel 17 „Hilfe, jetzt sollen wir auch noch Sicherheiten stellen!) Je stärker also das operative Ergebnis in Form des Cashflows ausgeprägt ist, umso höher werden in der Regel die Kredite sein, die eine Bank bereit ist, dem Unternehmen einzuräumen.

**Praxistipp**
Auch wenn Sie sich als Unternehmer bei der Erstellung der erforderlichen Unterlagen oder deren Strukturierung externer Hilfe bedienen,
muss eines immer sehr deutlich gemacht werden: Sie als Unternehmer
sind nicht nur der Überbringer der professionell aufbereiteten Unterlagen. Im Gegenteil: Alle Informationen sind das Ergebnis einer gemeinsamen Arbeit, mit denen Sie sich vollständig identifizieren und auf
deren Aussagen und Implikationen Sie Ihre weiteren eigenen Entscheidungen aufbauen werden. Überzeugen Sie die Bank deshalb immer als
Unternehmer! (→ Kapitel 8 „Die Spielregeln im Finanzierungsmarkt")

## Mindesterfordernisse für Ihren Kreditantrag: Fragen Sie sich selbst!

In der Literatur, im Internet, bei Banken und den verschiedensten Institutionen sowie Verbänden sind eine Vielzahl von sicherlich im ersten
Schritt sehr hilfreichen Informationen über „Muster-Businesspläne"
sowie Art und Umfang (Checklisten) der für ein Kreditgespräch vor-
zubereitenden Unterlagen abrufbar [beispielhaft: BMWi, 7; HypoVereinsbank, 48, 49; LfA, 73; KfW, 67; netzwerk, 79]. Zu beachten ist
aber, dass es keine allgemein gültigen Regeln gibt, die sicher zum Erfolg
führen. Es kommt immer auf die individuelle unternehmerische Situation und den speziellen Kreditwunsch an. Daher bedarf auch jeder Fall
einer besonderen Würdigung und Ausarbeitung.

Einige wesentliche Erfahrungen aus meiner Praxis, möchte ich Ihnen an
dieser Stelle gerne weitergeben:

**Praxistipp**
Bevor Sie daran gehen, umfangreiche Bilanz- und Reportingunterlagen
über Ihr Unternehmen zusammenzustellen, versuchen Sie doch einfach
einmal, sich selbst als Unternehmer in Frage zu stellen und die Antworten auf folgende sechs Fragen zu finden:

- Wo stehe ich im Lebenszyklus als Unternehmer? Ist erforderlichenfalls meine Nachfolge ausreichend gesichert?
- Weshalb ist mein Unternehmen für den Markt und meine Kunden
  wichtig?
- Brauchen meine Kunden unsere Produkte auch langfristig?

- Was können wir besser als unsere Wettbewerber?
- Wo will ich mit meinem Unternehmen in den nächsten Jahren hin?
- Bis wann und wie will ich dieses Ziel erreichen?

Konnten Sie alle Fragen sofort beantworten? Sehr gut! Denn dies zeigt, dass Sie das Wichtigste haben, um Kapitalgeber zu überzeugen: *ein Strategiekonzept!* Dies ist von unschätzbarem Wert und kann durch keine Checkliste ersetzt werden, denn: Das Verhalten von Kapitalgebern ist zumeist durch eine große Unsicherheit über die strategische Zukunft des Unternehmens, in das investiert werden soll, geprägt. Daher muss es für Sie als Unternehmer oberste Zielsetzung sein, diese Unsicherheit klar und deutlich zu beseitigen.

## Mit einem guten Controlling geht vieles leichter

Ihre zukunftsweisende Unternehmensstrategie steht also. Nun geht es darum, diese auch mit konkreten Zahlen zu unterlegen. Auch wenn es oftmals anders scheint, ein Businessplan wird nicht für die Bank gemacht, sondern im ureigensten Interesse des Unternehmers erstellt. Denn wer im Nebel navigiert, wird ganz schnell Schiffbruch erleiden! Jeder Kapitän braucht einen Kompass, dass heißt ein Planungs-, Informations- und Kontrollsystem zur Steuerung seines Unternehmens und, dies ist besonders wichtig, als Frühwarnsystem für mögliche Fehlentwicklungen [KfW, 64, 66; Pelz 80,81].

Die Analyse von Insolvenzursachen mittelständischer Unternehmen [Euler Hermes, 31] zeigt, dass in 79 Prozent aller Fälle ein unzureichendes Controlling mit die Ursache dafür ist, dass Unternehmer scheitern. Hier haben viele Mittelständler in Sachen Professionalisierung und strategischem Controlling [Berens, 5] noch einen erheblichen Nachholbedarf. Es überrascht immer wieder, wie wenig manche Unternehmer tatsächlich über ihr Unternehmen und die Bereiche, mit denen sie Geld verdienen, wissen. Jüngstes Beispiel ist die Insolvenz des Möbelherstellers Schieder, wo offensichtlich jegliches Frühwarnsystem in Form eines ausreichend integrierten Rechnungswesens und Controllings fehlte, so dass auch Bilanzmanipulationen über Jahre unentdeckt blieben.

Erst ein konsequent eingerichtetes Controllingsystem ermöglicht die Erstellung eines überzeugenden Businessplans, der für jeden Kapitalgeber, egal ob Bank, Investor oder beispielsweise eine öffentliche Beteiligungsgesellschaft transparent und nachvollziehbar ist und damit ein klares Bild über die Zukunftsfähigkeit des Unternehmens aufzeichnet.

**Praxistipp**

Worauf achten Banken nun bei der Beurteilung eines mittelständischen Controllingsystems? Ich stelle Ihnen nun zu acht Grundsatz-Themenbereichen einige Fragen, die Sie sich bitte im Vorfeld eines Kreditgespräches einmal selber beantworten sollten. Ist dies nicht in allen Punkten wirklich zufrieden stellend möglich, besteht auch in Ihrem Unternehmen dringender Handlungsbedarf!

- Wird das Controlling/die Buchhaltung extern oder intern durchgeführt? Wenn extern, werden die Ergebnisse mindestens monatlich bis spätestens zum 15. des Folgemonats an Sie geliefert? Werden die Ergebnisse dann auch gemeinsam mit Ihnen und Ihrem Führungskreis durchgesprochen? Welche Qualifikation hat der externe Dienstleister?
- Wenn intern: Mit welcher Standardsoftware arbeiten Sie? Gibt es einzelne Module für Finanzbuchhaltung, Kostenstellenrechnung, Kostenträgerrechnung und Deckungsbeitragsrechnung? Welche Qualifikation hat Ihr Leiter Rechnungswesen/Controlling?
- Welche Dokumente und Auswertungen liegen für den leistungswirtschaftlichen Bereich Ihres Unternehmens vor? Gibt es Auftragsbestandslisten, ABC-Kundenanalysen, Informationen zur Kapazitätsauslastung und zum Bestellobligo?
- Verfügen Sie über eine Unternehmensplanung zumindest für die nächsten zwölf Monate? Wer plant mit welchen Prämissen und Prioritäten? Werden regelmäßig Abweichungsanalysen durchgeführt? Wie werden diese im Unternehmen kommuniziert? Werden Maßnahmen bei negativen Abweichungen erarbeitet? Wer ist dafür verantwortlich?
- Werden bei Aufträgen eine regelmäßige Vorkalkulation und eine mitlaufende Nachkalkulation erstellt? Werden die Halbfabrikate richtig erfasst, insbesondere im Projektgeschäft? Wer ist dafür verantwortlich?

● Wer kümmert sich um die Lagerwirtschaft (Inventur, Bewertungs-
   methode, Gängigkeitsabschläge, „Langsamdreher"?) und das
   Forderungsmanagement (offene Posten-Liste, überfällige Forderungen, Mahnwesen und Inkasso)? Welche Anreize gibt es, die
   bestehenden Strukturen zu optimieren?
● Wird auf Drei-Monats-Basis ein rollierender Liquiditäts- und
   Finanzplan erstellt? Gibt es eine Liquiditätsvorschau für zumindest
   die nächsten zwölf Monate?
● Werden betriebswirtschaftliche Kennzahlen errechnet? Wenn ja,
   welche? Wie wird damit gearbeitet? Dienen die Kennzahlen auch
   als Steuerungsinstrument, beispielsweise hinsichtlich der Kostenstrukturen?

Eine gute Möglichkeit, dauerhaft gegenüber der Bank mit „offenen
Karten zu spielen", ist die permanente Offenlegung ausgewählter Unternehmensdaten durch eine automatisierte Schnittstelle zur Hausbank
(„value chain crossing"). Der Anreiz für eine solche Informationspolitik
kann in der Verbesserung des Ratings und somit auch der Kreditkonditionen liegen. Bei einer Befragung von mehr als 2.000 Unternehmen
durch das Finanzforschungsinstitut E-Finance Lab [Hackethal, 39]
waren immerhin fast ein Drittel der Unternehmen bereit, ihrer Bank
Zugriff auf ausgewählte Daten zu ermöglichen.

## Externes Coaching

Vor einiger Zeit fragte mich ein Jungunternehmer aus dem Bereich
Medizintechnik um Rat: Er war an der Vielzahl der guten, aber immer
wieder unterschiedlichen Checklisten und Ausarbeitungen im Internet
zum Thema „Businessplanung" verzweifelt, weil ihm die Banken dann
doch immer noch andere Fragen gestellt und zusätzliche Unterlagen
eingefordert hatten. Professionelle Unterstützung bei der Erstellung
der für Kapitalgeber erforderlichen Unterlagen spart deshalb am Ende
eine Menge Zeit und Geld. Außerdem erhöhen Sie die Wahrscheinlichkeit, dass sich Ihr Kreditwunsch auch realisiert. Doch Unterstützung
heißt nicht, dass die ganze Arbeit jemand anderes für Sie macht. Sie
bleiben gefordert. Denn es ist Ihr Unternehmen, Ihr Businessplan, Ihr
Kreditwunsch und Sie müssen die Zukunft bewältigen. Suchen Sie sich

deshalb einen guten Coach, der Sie professionell trainiert. Verwandte und Freunde sind in der Regel keine guten Berater, weil sie meist nicht neutral sind. Und vergessen Sie bei der Auswahl nicht: Der neutrale Berater sollte die Sprache der Banken sprechen und verstehen.

# 17 Hilfe, jetzt sollen wir auch noch Sicherheiten stellen!

## Warum überhaupt Sicherheiten?

Wenn Sie einen Banker auf das Thema Sicherheiten ansprechen, wird er Ihnen sagen, dass ihm die Kredite am liebsten sind, die man mit Blick auf die sehr gute Bonität des Kreditnehmers ohne Stellung von Sicherheiten hinauslegen kann. Denn Sicherheitenbewertung, Sicherheitenbestellung und Sicherheitenverwaltung sind für eine Bank immer mit Zeit, Kosten und Personaleinsatz verbunden.

Aber dennoch: Die Frage der Sicherheiten ist in vielen Kreditgesprächen oftmals *das* zentrale Thema. Und viele Unternehmer haben das Gefühl, dass sie einen Kredit nur dann erhalten, wenn sie der Bank mindestens in der „doppelten" Höhe Sicherheiten stellen. Richtig ist sicherlich die auch zum Beispiel durch Studien der KfW [61] unterlegte Wahrnehmung, dass gerade bei kleineren mittelständischen Unternehmen und Existenzgründungen eine Kreditvergabe in fast jedem zweiten Fall an fehlenden Sicherheiten scheitert und über zwei Drittel der Unternehmer darüber berichtet, dass die Forderung der Bank nach mehr Sicherheiten die Kreditverhandlungen deutlich erschwert habe. Letztlich ist dies auch der Grund dafür, dass sich gerade die KfW und die regionalen Bürgschaftsbanken in diesem Bereich verstärkt mit speziellen Instrumenten, wie beispielsweise der Haftungsfreistellung oder der Stellung von Bürgschaften engagieren (→ Kapitel 9 „Erfolgreiches Networking im Förderdschungel").

Warum also überhaupt Sicherheiten? Weil Vertrauen allein oft nicht genügt. Sicherheiten sind für die Bank eine Art Versicherung auf die Zukunft, nämlich für den Fall, dass die erwartete Kapitaldienstfähigkeit des Kreditnehmers unerwartet endet, der Kredit also nicht vereinbarungsgemäß zurückgezahlt werden kann. Dies könnte zum Beispiel durch ein deutlich höheres Zinsniveau und damit höhere Zinszahlungen ausgelöst werden. Oder durch eine gravierende Verschlechterung der Ertragskraft eines Unternehmens, die es nicht mehr ermöglicht, den Kreditverpflichtungen in vollem Umfang nachzukommen.

## Sicherheiten und Unternehmensbonität

Es gilt die Faustregel: Je besser die Bonität und damit auch das Rating eines Unternehmens ist, umso höher ist die Bereitschaft der Bank, den Kredit ohne Sicherheiten („blanko") hinauszulegen. Dies ist verständlich, denn je besser das Rating ist, umso niedriger ist die Ausfallwahrscheinlichkeit des Kredites und damit die Notwendigkeit der Bank, sich für diesen Fall durch die Stellung von Sicherheiten tatsächlich abzusichern. Dies ist beispielsweise die Basis für in der Regel ohne Sicherheiten zur Verfügung gestellten Schuldscheindarlehen oder mezzanine Finanzierungen (→ Kapitel 5 „Mezzanine, das Schlaraffenland der alternativen Finanzierungen?").

Umgekehrt gilt aber nicht, dass die Stellung von Sicherheiten Einfluss auf die Bonität und damit das Rating eines Unternehmens hat. In die Ratingbewertung fließt die Höhe und Art der gestellten Sicherheiten nicht mit ein, selbst dann nicht, wenn der Kredit durch Barsicherheiten vollständig liquide unterlegt wäre (→ Kapitel 15 „Hilfe, jetzt werden wir geratet!"). Von daher hat zum Beispiel auch die Bürgschaft eines GmbH-Gesellschafters, auch wenn dieser über erhebliches Privatvermögen verfügt, keinerlei Einfluss auf das Rating. Anders sieht es aus, wenn der Gesellschafter seinem Unternehmen direkt Eigenkapital oder eigenkapitalähnliche Mittel zuführt. Dadurch kann sich das Rating natürlich deutlich verbessern.

## Sicherheiten, Zinssatz und Kreditlaufzeit

Die Qualität der gestellten Sicherheiten ist für die Bank bei der Kreditvergabe ein wichtiger Faktor zur Einschätzung der eigenen Risikoposition. Denn davon hängt ab, zu welchem Zinssatz („risikoadjustiertes Pricing") ein Kredit hinausgelegt und auf welche Dauer die Laufzeit des Kredites festgelegt werden kann. Je niedriger die Risikoposition der Bank ist, umso günstiger kann der eingeräumte Zinssatz und umso länger die gewährte Kreditlaufzeit sein. Dabei wird die Risikoposition der Bank von zwei Faktoren bestimmt: Der Ratingeinstufung und der Bewertung der gestellten Sicherheiten. Durch die Stellung von Sicherheiten kann ein Unternehmen mit einem etwas schlechteren Rating also durchaus erreichen, dass es die gleiche Kondition erhält wie ein Unternehmen mit besserem Rating, welches aber keine Sicherheiten stellt.

Laufzeiten von bis zu dreißig Jahren und sehr niedrige Zinssätze kennt man typischerweise aus der klassischen Immobilienfinanzierung, wenn insbesondere eine einwandfreie Bonität des Kreditnehmers mit einer erstklassigen Objektsicherheit zusammenkommt. Eine schwache Absicherung eines Darlehens führt dagegen zu deutlich kürzeren Laufzeiten [DIW, 22]. Feste Regeln für die Einschätzung der Risikoposition durch eine Bank, dem darauf beruhenden Kreditzins oder der vereinbarten Kreditlaufzeit gibt es aber nicht.

### Praxistipp

Nutzen Sie die Möglichkeit der Sicherheitenstellung für Ihre Konditionsverhandlung! Wenn Sie können, bieten Sie aktiv Sicherheiten an, um dadurch eine günstigere Kondition zu erhalten. Verhandeln Sie und sparen Sie Geld! Kredite ohne Sicherheiten, gerade auch im Mezzanine-Bereich können oftmals bis zum Dreifachen eines besicherten Kredites kosten. Allein schon deshalb ist der Rat: „Behalten Sie möglichst eine Reserve an guten Sicherheiten zurück", kaum nachvollziehbar.

## Welche Sicherheiten können gestellt werden?

Unternehmen können Banken grundsätzlich vielfältige Sicherheiten für eine Finanzierungszusage anbieten. Jeder Vermögensgegenstand, ob nun betrieblich oder privat, ist eine potenzielle Sicherheit. Aber nicht jede mögliche Sicherheit ist bei den Kreditinstituten gleich beliebt. Hier hat sich im Verlauf der letzten Jahre ein Wandel vollzogen. Akzeptiert werden vor allem Sicherheiten, die gut zu bewerten, zu verwalten und im Falle einer Ausfallgefahr des Kredites auch leicht zu verwerten sind. Hierzu zählen vor allem liquide Sicherheiten, wie zum Beispiel die Verpfändung eines Wertpapierdepots oder aber Bürgschaften von Einzelpersonen mit Vermögenshintergrund, Ausfallbürgschaften des Landes sowie Grundschulden auf Ein- und Zweifamilienhäuser oder gut vermarktbaren Gewerbeimmobilien.

## Wie werden Sicherheiten bewertet?

Zu jeder möglichen Sicherheit gibt es banktübliche Wertansätze, die aber dennoch von Bank zu Bank unterschiedlich sein können und auch von eigenen Bewertungen des Kreditnehmers oder denen eines Sachverständigen deutlich abweichen können. Feste Regeln gibt es auch hier keine. Vielfach in der Literatur genannte Richtwerte für einzelne Sicherheiten bergen dabei immer die Gefahr, dass gerade Ihre Bank in Ihrem speziellen Fall die Sicherheiten ganz anders bewertet [LfA, 73; KfW, 63].

Grundsätzlich werden Sicherheiten von Kreditinstituten in der Regel nicht mit ihrem vollen aktuellen Zeitwert angerechnet. Grundlage der Bewertung ist vielmehr der von der Bank oder einem von der Bank beauftragten Gutachter ermittelte Beleihungswert, der zumeist deutlich unter dem aktuellen Zeit- oder Verkehrswert liegt. Denn der Beleihungswert soll keine spekulativen, vorübergehenden oder konjunkturellen Elemente berücksichtigen, sondern den nachhaltigen und während der Gesamtzeit der Beleihung voraussichtlich zu erzielenden Wert darstellen. Gerade auch der Rückgang bei den Immobilienpreisen hat viele Banken zu einer Neufestlegung dieser Beleihungswerte veranlasst.

Je nach angenommenem Verwertungsrisiko berücksichtigt die Bank dann beim Beleihungswert noch einen unterschiedlich hohen Sicherheitsabschlag. Dieser verminderte Wert ist die so genannte Beleihungsgrenze. Sie ist zum einen von der Art, Wertbeständigkeit und Verwertbarkeit der jeweiligen Sicherheit abhängig. Zum anderen hängt sie immer auch von der festgelegten Sicherheitenpolitik des jeweiligen Kreditinstitutes ab und kann somit von Bank zu Bank durchaus sehr unterschiedlich sein.

Sicherheiten, die mit ihrem Wert im Rahmen der Beleihungsgrenze liegen, werden als vollwertige oder werthaltige Sicherheiten bezeichnet. Der Teil eines Kreditengagements, der nicht durch vollwertige Sicherheiten unterlegt ist, wird als Blankoteil bezeichnet. Und hier fangen die Kommunikationsprobleme oftmals an.

## Praxisbeispiel

*Ausgangslage*

Die Thomas Schneider GmbH, ein mittelständisches Logistikunternehmen mit 17 Mio Euro Umsatz benötigt einen Betriebsmittelkredit in Höhe von 1,0 Mio Euro. Zwar konnte in 2006 wieder ein Jahresüberschuss von 150.000 Euro erzielt werden, aufgrund eines Verlustes in 2005 in Höhe von 300.000 Euro ist die Eigenkapitalquote aber mit 1,5 Prozent nur sehr gering. Von daher ist das von der Bank erstellte Rating auch nur unterdurchschnittlich. Im Gespräch mit seinem Firmenkundenbetreuer vereinbart der geschäftsführende Alleingesellschafter Thomas Schneider, dass der Kredit zumindest hälftig vollwertig durch eine Grundschuld auf seinem privaten Zweifamilienhaus besichert wird. Der Blankoteil betrüge somit 500.000 Euro. Herr Schneider sieht darin kein Problem, schätzt er den Wert des 1995 in guter Stadtrandlage gebauten Hauses doch auf mindestens 2,0 Mio Euro.

*Bewertung der Sicherheit durch die Bank*

Die Bank erstellt über einen eigenen Immobiliengutachter eine Beleihungswertermittlung, die einen nachhaltigen Beleihungswert der Immobilie von 1,3 Mio Euro ergibt. Aufgrund der Richtlinien der Bank wird die Beleihungsgrenze bei 80 Prozent des Beleihungswertes angesetzt, was einem Wert von rund 1,0 Mio Euro entspricht. Da Herr Schneider den Erwerb der Immobilie teilweise fremdfinanziert und über entsprechende Grundschulden auf seinem Haus abgesichert hat, setzt die Bank die noch valutierenden Verbindlichkeiten (Vorlasten) in Höhe von 700.000 Euro von der ermittelten Beleihungsgrenze ab. Somit verbleibt eine vollwertige Sicherheit von 300.000 Euro. Der Blankoteil, das heißt der nicht durch eine vollwertige Sicherheit unterlegte Kreditteil beträgt daher 700.000 Euro und liegt um 200.000 Euro über dem von der Bank zugestandenen Blankoteil.

*Weiteres Vorgehen*

Der Firmenkundenbetreuer bittet Herrn Schneider um eine zusätzliche Sicherheit in Höhe von 200.000 Euro, was bei Herrn Schneider auf völliges Unverständnis trifft. Seiner Meinung nach hat die Immobilie selbst unter Berücksichtigung der Vorlasten einen verbleibenden Wert von 1,3 Mio Euro. Damit wäre sogar der komplette Betriebsmittelkredit von 1,0 Mio Euro abgedeckt.

*Mein Tipp*
Informieren Sie sich bereits im Vorfeld über die genauen Bewertungsmaßstäbe der Bank. Dabei müssen Sie immer damit rechnen, dass
diese deutlich von Ihren eigenen Vorstellungen abweichen. Nutzen
Sie aber auch die Wettbewerbssituation im Markt und sprechen Sie
andere Financiers an. Wenn im geschilderten Fall eine andere Bank
den Beleihungswert der Immobilie mit 1,5 Mio Euro anstatt mit 1,2
Mio Euro und die Beleihungsgrenze mit 90 Prozent anstatt mit 80 Prozent ansetzt, so ergibt sich auf Basis obiger Rechnung eine vollwertige
Sicherheit in Höhe von 650.000 Euro. Der Blankoteil des beantragten
Kredites betrüge dann nur noch 350.000 Euro.

Aber Vorsicht! Natürlich müssen Sie auch abklären, in welcher Höhe
die andere Bank aufgrund ihrer eigenen Risikopolitik und ihres eigenen
Ratingverfahrens bereit ist, Ihnen einen Blankokredit einzuräumen. Im
obigen Fall könnte es also durchaus sein, dass die andere Bank die Immobilie zwar besser einwertet, aber nur bereit ist, einen Blankokredit
von 200.000 Euro zu gewähren. Auch jetzt müsste Herr Schneider eine
zusätzliche Sicherheit stellen.

Im Markt ist zu beobachten ist, dass sich zunehmend Spezialfinanzierer etablieren, die auch bereit sind und über die Erfahrung verfügen,
spezielle Sicherheiten zu bewerten und damit auf ihr Kreditengagement
anzurechnen. Solche Financiers finden sich zum Beispiel im Bereich
Factoring und Leasing. Die Finanzierung von beispielsweise Auslandsforderungen oder Vorlaufkosten im Forschungs- und Entwicklungsbe-
reich gegen entsprechende Besicherungen ist heute durchaus möglich.
Eine klassische Geschäftsbank hätte solche Sicherheiten im Normalfall
sicher eher abgelehnt. Aber Vorsicht: Gerade beim Leasing spielt die
Bonität des Leasingnehmers eine entscheidende Rolle, womit wir wieder
beim Thema wären.

**Praxistipp**
Es lohnt sich also in jedem Fall, den Markt auf Spezialfinanzierer hin zu
untersuchen. Dies trifft insbesondere dann zu, wenn das Unternehmen
oder Dritte zwar über Besicherungsmöglichkeiten verfügen, diese aber
nicht zu den klassischen, „banküblichen" Sicherheiten gehören. Wenig
hilfreich sind dagegen Tipps wie: „Haushalten Sie gut mit Ihren vor-

handenen Sicherheiten und verweigern Sie überzogene Forderungen, denn Sicherheiten sind meist ein erheblicher Engpassfaktor". Ich garantiere Ihnen: Wenn Sie so mit Ihren Banken verhandeln, werden Sie niemals ein partnerschaftliches Vertrauensverhältnis erreichen.

## Klare Vereinbarungen treffen

Man sollte immer darauf achten, dass zwischen Bank und Unternehmen klare Vereinbarungen hinsichtlich der Bewertung getroffen werden. Dies gilt insbesondere auch für die Möglichkeit, Bewertungsmaßstäbe im Zeitablauf zu ändern. Wichtig ist, dass auf jeden Fall klar geregelt ist, welche Auswirkungen eine solche Veränderung für den Kreditnehmer hat. Eine mögliche Auswirkung bei einer Reduzierung der vollwertigen Sicherheiten könnte zum Beispiel das Recht der Bank sein, eine Nachbesicherung vom Kreditnehmer einzufordern.

Wichtig ist aber auch die eindeutige Zuordnung einzelner Sicherheiten auf eventuell verschiedene Kredite. Diese Zuordnung wird auch Sicherungszweck oder Zweckbindung genannt. Grundsätzlich sind Kreditinstitute daran interessiert, Sicherheitenverträge mit einem so genannten weiten Sicherungszweck abzuschließen. Bei einem weiten Sicherungszweck bestehen Haftungen auch für alle anderen und auch künftigen Kredite des kreditnehmenden Unternehmens. Wird ein Teilkredit zurückgeführt, so kann es durchaus sein, dass die Sicherheit für andere Kredite weiter haftet. Bei einem engen Sicherungszweck ist die Sicherung nur auf einen bestimmten, im Kreditvertrag und bei der Sicherheitenbestellung spezifizierten Kredit begrenzt. Ist dieser Kredit zurückgeführt, wird die Sicherheit frei und die Bank hat keine Sicherungsrechte mehr. Also, sorgen Sie immer für klare Vereinbarungen. Dann sind gut gemeinte Ratschläge wie: „Bedenken Sie aber auch, dass Banken in aller Regel so viel wie möglich von Ihren besten Sicherheiten wollen, später aber trotz teilweiser Kreditrückzahlung oft nicht oder nur widerwillig wieder welche freigeben" völlig überflüssig.

**Praxistipp**
Häufig übernehmen Gesellschafter einer GmbH eine selbstschuldnerische Bürgschaft für ihr Unternehmen. In vielen Fällen wird diese Bürgschaft zeitlich befristet. Dabei ist aber zu beachten, dass die Bürgschaft

nicht automatisch mit dem Ende der Laufzeit ihre Erledigung findet. Denn die Bank wird in der Regel den Bürgen rechtzeitig vor Ende der Laufzeit formal aus seiner Bürgschaft in Anspruch nehmen. Dies bedeutet, dass er dann entweder eine neue Bürgschaft unterschreiben oder den Kredit zurückzahlen muss. Befristete Bürgschaften sind also nur dann wirklich befristet, wenn sich das Kreditverhältnis vorher erledigt hat oder die Bank eine formale Inanspruchnahme tatsächlich einmal vergessen sollte.

Sind mehrere Banken bei einem Unternehmen mit Krediten engagiert und sollen allen diesen Banken gleichzeitig bestimmte Sicherheiten zur Verfügung gestellt werden, dann wird häufig mit dem Kreditnehmer ein so genannter Sicherheitenpoolvertrag vereinbart. Vorteil des von allen Banken zu unterzeichnenden Vertrages ist neben der Festlegung einheitlicher Kreditlaufzeiten insbesondere die gemeinschaftliche Verwaltung vorhandener Sicherheiten. Dadurch werden alle involvierten Banken gleich behandelt.

Die Erfahrung zeigt jedoch, dass gerade für mittelständische Unternehmen, die sich erstmals mit dieser Thematik befassen, die zugrunde liegenden Vertragswerke äußerst komplex sind. Verhandlungen und Vereinbarungen über Sicherheiten gehören mit zu den vielfältigsten und kompliziertesten Themenfeldern im Kreditgeschäft. Um hier nicht bereits zu Beginn einer Kreditvereinbarung gravierende Fehler zu begehen, bedarf es auf Seiten des Unternehmers einiger Erfahrung oder der Unterstützung durch einen externen Experten.

Nun haben Sie alle Klippen überwunden, das Rating überstanden, die erforderlichen Unterlagen professionell aufbereitet und die Sicherheitenfrage für beide Seiten zufriedenstellend verhandelt. Jetzt kann Ihr Kredit genehmigt werden. Aber wie geht es dann weiter? Seien Sie darauf vorbereitet, jetzt fängt die Arbeit erst richtig an. Was nun in der Folge in Ihrer Zusammenarbeit mit der Bank passiert, werde ich Ihnen in Kapitel 18 „Die Entscheidung ist gefallen – wie geht es weiter" aufzeigen.

# 18 Die Entscheidung ist gefallen – wie geht es weiter?

## Was bei der Kreditzusage zu beachten ist

Gerade mittelständische Unternehmen stehen dem zumeist umfangreichen Kreditvertragswerk der Banken mit großem Respekt und häufig mit vielen Fragen gegenüber. Hier kommt es nun auf den konstruktiven Dialog zwischen Unternehmer und Bank an. Nur durch eine offene und frühzeitige Kommunikation kann man den Kreditvertrag mit Leben erfüllen und damit Chancen wahren sowie Risiken vermeiden. Lassen Sie sich deshalb alles erklären, was Sie nicht verstehen und was Ihnen neu ist. Und zwar bevor Sie unterschreiben! Gegebenenfalls helfen Ihnen externe Experten dabei zu verstehen, bei welchen Formulierungen es sich um Standards handelt und welche Passagen des Kreditvertrages individuell auf Ihr Unternehmen zugeschnitten sind.

Dabei sollten Sie ganz besonders auf folgende zwölf Themenfelder achten:

- Wer ist tatsächlich der Kreditnehmer?
- Gibt es eine Mitverpflichtung von dritten Personen oder Unternehmen?
- Welche Sicherheiten müssen bis wann in welcher Höhe gestellt werden?
- Welche Kreditlaufzeit ist vereinbart?
- Welche Tilgungsabsprachen sind vorgesehen?
- Gibt es eine Zinsbindungsfrist oder eine Zinsanpassungsklausel?
- Sind Strukturierungsgebühren oder Bereitstellungszinsen vorgesehen?
- Werden konkrete Auszahlungsvoraussetzungen genannt?
- Gibt es Beschränkungen bei der Mittelverwendung?
- Sind Nebenpflichten („covenants") während der Kreditlaufzeit vereinbart?
- Welche Kündigungsregelungen sind mit welchen Gründen und Fristen vorgesehen?
- Kann der Kredit auf andere Banken oder Investoren übertragen werden?

# Kreditlaufzeit und Zinsen

Häufig schließen Banken insbesondere Betriebsmittelkredite mit einer Befristung „bis auf weiteres" („baw") ab. In diesem Fall ist keine konkrete Kreditlaufzeit vereinbart. Dies hat für Sie den Vorteil, dass Sie nicht zu einem ganz bestimmten Termin mit der Bank ein Gespräch über die Verlängerung Ihres Kredites führen müssen. Beachten Sie aber, dass ein baw-Kredit im Prinzip jeden Tag fällig ist und damit natürlich der Bank die Möglichkeit eröffnet, Sie auch täglich zur Rückzahlung dieses Kredites aufzufordern. Im Normalfall wird Sie dies aber nur tun, wenn sich beispielsweise Ihre wirtschaftlichen Verhältnisse deutlich verschlechtert haben oder Sie Ihren Zahlungsverpflichtungen gegenüber der Bank nicht mehr nachkommen können. Über den Einfluss des Ratings auf die Kreditlaufzeit haben Sie bereits in Kapitel 15 „Hilfe, jetzt werden wir geratet" einiges erfahren.

Beim Zinssatz gibt es zum einen die klassischen Varianten: variabel mit Zinsanpassungsklausel oder Festsatzvereinbarung über einen bestimmten Zeitraum. Als Basiszinssatz wird dabei zumeist der 3-Monats-Euribor („Euro interbank offered rate"), das heißt der Zinssatz für Termingelder in Euro im Interbankengeschäft gewählt, auf den die Bank dann noch die eigene Zinsmarge hinzurechnet. Je nach Vertragsgestaltung kann auch ein so genanntes Margenraster („margin grid") vereinbart werden. Hierbei wird die Marge direkt an die Erfüllung bestimmter Finanzkennzahlen, zum Beispiel die Eigenkapitalquote geknüpft.

Daneben sind in der Vergangenheit eine Vielzahl strukturierter („derivativer") Zins- und Währungsinstrumente in den Markt gebracht worden. Diese bieten durchaus vielfältige Möglichkeiten, Zinsstrukturen zu sichern, Kreditkosten zu senken und ein Ertragsrisiko aufgrund steigender Zinsen oder schwankender Wechselkurse zu vermeiden. Die meisten mittelständischen Unternehmen nutzen diese Möglichkeiten noch viel zu selten. Zinsänderungs- und Wechselkursrisiken werden oftmals als nicht relevant [Berens, 5] oder als weniger großes Risiko wahrgenommen [DZ, 26]. Dies ist nicht unproblematisch, denn das Risikopotenzial aus einer falsch abgesicherten Finanzierung kann durchaus hoch sein. Exemplarische Berechnungen [Berens, 5] zeigen, dass eine Steigerung des Zinsniveaus um einhundert Basispunkte bei mittelständischen Unternehmen zu erheblichen Einbußen von bis zu

zehn Prozent des Vorsteuerergebnisses führen können. Oder eine Auf-
wertung des Euro gegenüber dem Dollar um sieben Prozent könnte
wechselkursbedingte Umsatzeinbußen in fast gleicher prozentualer
Größenordnung zur Folge haben. Es lohnt also auf jeden Fall, sich mit
diesen Themen zu beschäftigen – aber nur, wenn man auch die Risiken
und Kosten genau kennt und am Ende nur das unterschreibt, was man
auch versteht!

**Praxistipp**

Fragen Sie Ihren Firmenkundenbetreuer nach dem Risikoprofil der Ih-
nen angebotenen Zinsvariante. Wissen Sie wirklich genau, was ein
Doppel-Swap ist? Oder ein „synthetischer" Festsatzkredit? Beachten
Sie, dass diesen Instrumenten immer eine vorausgesetzte Meinung über
die künftige Zinsentwicklung im Markt zugrunde liegt, beispielsweise
über gleich bleibende oder steigende Geld- und Kapitalmarktzinsen.
Wenn die Marktentwicklung dann aber anders verläuft, können auch
Verluste entstehen.

Deshalb: Ganz entscheidend für den Abschluss eines solchen Zins-
instruments ist Ihre eigene Meinung über die Zinsentwicklung der
nächsten Monate. Wichtig sind aber auch Ihre persönliche Risikobe-
reitschaft und das, was Sie als Unternehmer finanztechnisch wirklich
wollen. Wichtig ist, dass Sie sich in jedem Fall qualifiziert beraten lassen,
sei es von Ihrer Bank oder einem externen Experten, dem Sie Vertrauen
entgegenbringen. Aber auch dann: Finger weg von Zinsinstrumenten,
die Sie nicht verstehen!

Versuchen Sie es am Anfang doch einmal mit einem einfachen Instrument: Bei nahezu allen Banken können Sie beispielsweise im Kontokorrentbereich gegen Zahlung einer Einmalprämie eine Zinsobergrenze
vereinbaren, die Sie – wie bei einer Art Versicherung – vor allzu stark
steigenden Zinsen schützen kann.

## Auszahlungsvoraussetzungen und sonstige Fallstricke

Nach oftmals langen und schwierigen Kreditverhandlungen ist die Freu-
de zumeist groß, wenn der von der Bank unterschriebene Kreditvertrag
vorliegt. Jetzt kann man endlich über die Kreditmittel disponieren und
schon länger aufgeschobene Zahlungen oder Investitionen tätigen. Aber

Vorsicht! Ein von der Bank unterschriebener Kreditvertrag ist noch nicht damit gleichzusetzen, dass Ihnen die Mittel im selben Augenblick auch auf Ihrem Konto zur Verfügung gestellt werden.

Lesen Sie bitte sehr genau, welche Auszahlungsvoraussetzungen die Bank an eine Valutierung des Kredites knüpft und bis wann spätestens diese erfüllt sein müssen. Typische Bedingungen sind zum Beispiel

- die Einreichung weiterer Unterlagen, die dann natürlich von der Bank noch eingehend geprüft werden müssen,
- die Stellung bestimmter Sicherheiten, deren juristisch einwandfreie Bestellung oftmals aber noch einen längeren Zeitraum in Anspruch nehmen kann,
- die Erfüllung ganz spezieller Aufgabenstellungen, wie beispielsweise Einrichtung eines neuen Controllingsystems,

und nicht zuletzt in den Fällen, in denen weitere Banken involviert sind:

- die Bereitschaft auch dieser Banken, mit Mitteln zur Verfügung zu stehen (Konsortialvorbehalt → Kapitel 13 „Mit wem in der Bank sollen wir sprechen?").

**Praxistipp**
In vielen Fällen wird erst bei der konkreten schriftlichen Vorlage des Kreditvertrages deutlich, welche Auswirkungen die einzelnen Regelungen tatsächlich auf den möglichen Zeitpunkt einer Kreditvalutierung haben. Um hier nicht unangenehm überrascht zu werden, ist es ganz wichtig, bereits während der Verhandlungen immer wieder deutlich zu hinterfragen, welche „Nebenbedingungen" es wohl noch geben wird. Nur so können Sie rechtzeitig ein Gespür dafür entwickeln, ob und in welchem zeitlichen Rahmen Sie diese Bedingungen erfüllen können.

Findet hier keine klare und professionelle Kommunikation statt, kann sich das Thema am Ende schnell zum „Schwarzer Peter"-Spiel entwickeln. Dies bedeutet, dass die Bank Ihnen zwar einen Kreditvertrag gibt, Sie aber letztlich nicht in der Lage sind, die gestellten Auflagen zu erfüllen. Und dann ist klar, dass die „Schuld" immer beim Unternehmer liegt.

## Covenants

Bei der Kreditgewährung wird den Unternehmen seitens der Banken immer häufiger die Erfüllung von Nebenbedingungen („covenants") während der Kreditlaufzeit auferlegt. Diese Covenants beinhalten zwar keine Zahlungsverpflichtung, aber immer die Verpflichtung zur Einhaltung von bestimmten Finanzkennzahlen („financial covenants") oder bestimmter Verhaltensweisen („qualitative covenants"). Hierdurch soll der Bank ein Instrument zur frühzeitigen Risikoerkennung an die Hand gegeben werden, das dieser ermöglicht, bereits bei einer Verschlechterung der wirtschaftlichen Situation entsprechende Maßnahmen zu ergreifen. Die Nichteinhaltung der Covenants wird von daher zumeist mit zuvor definierten Rechtsfolgen und Sanktionen belegt. Es ist dabei dem Kreditgeber zunächst völlig frei gestellt, welche Art von Covenants er mit dem kreditnehmenden Unternehmen vereinbaren möchte. Gleichwohl haben sich in den letzten Jahren gewisse Standards herausgebildet [Eder, 27; Investkredit, 59], die inzwischen über eine breite Akzeptanz verfügen. Beispiele für in verschiedenen Ausprägungen angewendete Financial Covenants sind insbesondere

* Eigenkapitalausstattung,
* Verschuldungsgrad,
* Zinsdeckungsgrad und/oder
* Liquiditätsgrad des jeweiligen Unternehmens.

### Praxisbeispiel

Financial Covenants werden von Banken nicht nur bei größeren Unternehmen vereinbart. Ein Beispiel sei die Highspeed GmbH, ein aufstrebendes Unternehmen im Bereich der Herstellung von Laser-Anlagen. Zwar werden derzeit nur rund 2,8 Mio Euro Umsatz erwirtschaftet, aber dennoch sind die Wachstumsperspektiven nicht zuletzt aufgrund einiger neu angemeldeter Patente sehr gut, so dass bereits zwei Investorengruppen gewonnen werden konnten.

Bei einer Bilanzsumme von rund 5,4 Mio Euro beträgt das Eigenkapital im Rahmen der Handelsbilanz knapp 28 Prozent oder 1,5 Mio Euro. Die Hausbank, die mit einem Rahmenkredit von 800.000 Euro zur Verfügung steht, hat bei Kreditgewährung vereinbart, dass die Eigenkapitalquote auch künftig mindestens 20 Prozent beträgt. Die Berechnung der

Kennzahl erfolgt dabei gemäß einem dem Kreditvertrag beigefügten „Berechnungsschema für Financial Covenants". Berechnungsbasis ist der jeweilige Einzeljahresabschluss der Highspeed GmbH.

Als Joachim Meister, Geschäftsführer der Highspeed GmbH, das Berechnungsschema genau studiert, fällt ihm auf, dass die Bank bei der Definition des Eigenkapitals diesem zwar die nachrangigen, langfristigen Gesellschafterdarlehen der Investoren in Höhe von rund 1,2 Mio Euro hinzurechnet, auf der anderen Seite aber auch die Aufwendungen für die Ingangsetzung und Erweiterung des Geschäftsbetriebes sowie den aktivierten Firmenwert von der Eigenkapitalposition abzieht. Da die beiden letztgenannten Positionen in seiner Bilanz rund 1,5 Mio Euro ausmachen, reduziert sich nach der Bankendefinition die Eigenkapitalposition um 0,3 Mio Euro und damit auch die Eigenkapitalquote auf rund 22 Prozent. Joachim Meister weiß nun, dass er dies bei seinen künftigen Überlegungen berücksichtigen muss.

Beispiele für Qualitative Covenants sind

* das Verbot, andere Gläubiger in der Besicherung besser zu stellen,
* das Gebot alle Gläubiger gleich zu behandeln,
* die Verpflichtung, nicht nur den Kreditvertrag einzuhalten, sondern auch weitere, mit Dritten abgeschlossene Verträge zu erfüllen,
* die Verpflichtung, bestimmte Informationen und Auskünfte (Jahresabschluss, Bericht des Wirtschaftsprüfers, Steuererklärung, Quartalsberichte, Budget- und Planzahlen, sonstige Geschäftsunterlagen) innerhalb vorgegebener Fristen vorzulegen,
* das Verbot, über wesentliche Vermögensteile des Unternehmens zu verfügen oder bestehende Beteiligungsverhältnisse nennenswert zu verändern.

**Praxistipp**
Achten Sie darauf, dass klar definierte Vereinbarungen getroffen werden, die später nicht interpretiert werden müssen. Bei den Financial Covenants sollte immer eine genaue Berechnungsdefinition zugrunde liegen. Prüfen Sie, ob Ihr Unternehmen überhaupt in der Lage sein wird, die vorgeschlagenen Covenants auch zukünftig durchgängig zu erfüllen. Klären Sie vor der Unterzeichnung ab, wann sich welche Konsequenzen ergeben, wenn eine Klausel nicht erfüllt ist. Gebräuch-

liche Sanktionen sind beispielsweise die Erhöhung des Zinssatzes, das
Erfordernis (weitere) Sicherheiten zu stellen, aber auch die Kreditkün-
digung.

Der Umgang mit den aus der angelsächsischen Finanzierungswelt
stammenden Covenants erfordert große Erfahrung. Um hier keine
Fehler zu begehen, die Sie später nicht mehr oder nur noch sehr schwer
korrigieren können, sollten Sie sich unbedingt einen erfahrenen Finanzierungsexperten als Coach zur Seite stellen.

In jüngster Vergangenheit ist zu beobachten, dass einzelne Anbieter
aufgrund des hohen Wettbewerbsdrucks ihre Standards deutlich zu
Gunsten der Kreditnehmer reduzieren, beispielsweise durch Verzicht
auf Haftungsbrücken oder konsolidierte Ziffern. Dies kann auch zu Ihrem Vorteil sein. Achten Sie aber darauf, dass Ihr Kredit auch krisenfest
ist und sich „Light-Strukturen" am Ende nicht als Problem darstellen,
weil solche Strukturen vereinbarende Banken dann in einer möglichen
Krise nicht mehr zu Ihnen stehen.

## Kontinuierliche Kommunikation und Information

Wenn der Kreditvertrag von beiden Seiten unterschrieben und die Mittel
ausgezahlt sind, wird die Kreditakte bei der Bank aber nicht geschlos-
sen. Jetzt beginnt für die Bank das eigentliche Kreditmanagement. Ein
Schwerpunkt ist die laufende Überwachung des Kreditengagements
durch einen Kreditanalysten aus dem Bereich der Marktfolge (→ Kapitel 13 „Mit wem in der Bank sollen wir sprechen?").

Warum eine laufende Überwachung nach Abschluss des Kreditvertrages
überhaupt erforderlich ist? Weil die Bank sich aufgrund der Mindestan-
forderung an das Risikomanagement (MaRisk) auch unterjährig ein
Bild davon machen muss, ob sich die Bonität des kreditnehmenden
Unternehmens und damit die Risikoeinschätzung des Kredites nicht
verschlechtert haben. Denn sollte dies der Fall sein, müsste die Bank
umgehend entsprechende Maßnahmen zur Risikobegrenzung einleiten.
Dies könnte die Forderung nach (weiteren) Sicherheiten sein, aber auch
die Einschaltung von internen oder externen Krisenspezialisten (→ Kapitel 19 „Kommunikation in der Krise").

**Praxistipp**

Fragen Sie Ihren Firmenkundenbetreuer, welche Informationen seitens der Bank für das weitere Handling Ihres Kreditengagements gebraucht werden. Liefern Sie diese Unterlagen zeitgerecht an die Bank. Überprüfen Sie selbst regelmäßig, ob Sie Ihre Verpflichtungen im Kreditvertrag noch einhalten können. Warten Sie dann nicht darauf, dass Ihre Bank agiert. Ergreifen Sie selbst die Initiative, sprechen Sie Ihren zuständigen Firmenkundenbetreuer an und erläutern Sie den Sachverhalt.

Achten Sie auf Ihre Kontoführung. Auch hier sollten Sie rechtzeitig das Gespräch suchen, wenn Sie für einen gewissen Zeitraum über die genehmigte Linie hinaus einen temporären Finanzbedarf haben. Denn ein Banker hasst nichts mehr als eine ungeregelte Überziehung!

Kontinuierliche Information ist also das Thema. Mindestens einmal jährlich sollte ein ausführliches Gespräch mit Ihrem Firmenkundenbetreuer stattfinden. In der Regel dient dies als Basis für einen „strategischen Dialog", im Rahmen dessen die unternehmerischen Perspektiven und der hieraus resultierende Finanzierungsbedarf besprochen werden. Im einfachsten Fall ist dies die Prolongation Ihrer bereits bestehenden Linien. Die Bank wird sich in der Regel aber nicht damit zufrieden geben, dass Sie sich erst wieder in einem Jahr melden. Ganz wichtig ist deshalb die unterjährige Kommunikation. Informieren Sie die Bank regelmäßig und sehr zeitnah über die Entwicklungen sowie Veränderungen in Ihrem Unternehmen. Die Bank erwartet dies von Ihnen! Oftmals ist auch bereits im Kreditvertrag genau festgelegt, welche Unterlagen und Informationen der Bank wann vorgelegt werden müssen, beispielsweise in Form eines Quartalsreportings mit vierteljährlicher Ergebnis- und Liquiditätsrechnung.

Durch kontinuierliche, aktive Kommunikation gewinnen Sie Vertrauen und die Bank einen verlässlichen Eindruck. Erläutern Sie insbesondere auch rechtzeitig eventuelle negative Entwicklungen oder Abweichungen in Bezug auf eine zuvor kommunizierte Unternehmensplanung (→ Kapitel 19 „Kommunikation in der Krise"). Sie merken, nach den umfangreichen Finanzierungsverhandlungen haben Sie keine Zeit zum Ausruhen. Ab sofort ist der kontinuierliche Dialog mit allen Ihren Banken sowie sonstigen Beteiligten, beispielsweise Kreditversicherern oder Spezialfinanzierern auf ein auch weiterhin professionelles Niveau zu stellen.

Viele mittelständische Unternehmen müssen gerade auch das alltägliche Umgehen mit der Kommunikation noch lernen. Hierzu zählt auch die Erfahrung, zu wissen, wann man am besten welche Information wie in den Finanzierungsmarkt hinein geben sollte [Droste, 24]. Die meisten Unternehmer unterschätzen diese Arbeit und die zugrunde liegenden Anforderungen, da sie häufig sehr stark mit ihrem operativen Tagesgeschäft und oftmals vielfältigen technischen Problemen beschäftigt sind. Manche glauben, dass nach den nervenaufreibenden Finanzierungsgesprächen nun an der Bankenfront wieder alles in ruhigen Bahnen verläuft. Leider weit gefehlt! Jetzt geht die Arbeit erst richtig los. Dies merkt man spätestens dann, wenn den Kapitalgebern unterjährig erstmals ganz konkret beispielsweise ein auf deren Wünsche ausgerichtetes Monatsreporting vorzulegen ist. Was ist nun zu tun, insbesondere wenn eigene Erfahrungen auf diesem Gebiet fehlen? Auch hier gibt es einen einfachen Praxistipp:

### Praxistipp

Holen Sie sich zum Thema Kapitalgeber-Reporting temporär eine qualifizierte Unterstützung in Ihr Unternehmen. Sie werden sehen, Sie sparen auf längere Sicht Zeit und Geld, weil es Ihnen so gelingt, Vertrauen bei Ihren Kapitalgebern zu schaffen. Und dieses Vertrauen ist die Grundlage dafür, dass Ihnen auch morgen noch die finanziellen Mittel zur Verfügung gestellt werden, die Sie für die weitere Wachstumsentwicklung Ihres Unternehmens brauchen!

## Entwirren Sie Ihre Bankenstruktur

Einige mittelständische Unternehmen haben sich in den vergangenen Jahren ein Beziehungsgewirr von Bankverbindungen geschaffen. Dabei wird oftmals projektbezogen mal auf die eine, mal auf die andere Bank zurückgegriffen. Je komplexer aber das Unternehmen und je verzweigter seine Geschäftstätigkeit ist, desto unübersichtlicher gestalten sich oftmals die Kreditstrukturen und die zugrunde liegenden Verträge. Misstrauisch und mit Argusaugen schaut jede Bank auf die andere, dabei immer auf der Hut, keine rentablen Geschäfte an die Konkurrenz zu verlieren. Hier gilt der klare Rat: Entwirren Sie Ihre Bankenstruktur. Im breiten Mittelstand aufgestellte Unternehmen sollten sich im Regelfall auf eine vertrauensvolle Zusammenarbeit mit zwei bis drei klassischen Banken konzentrieren.

Größere mittelständische Unternehmen, die zu mehreren Banken in einer bilateralen Kreditbeziehung stehen, haben oftmals das Problem, neue Investitions- oder Akquisitionsfinanzierung einheitlich zu strukturieren. Unterschiedliche und nicht aufeinander abgestimmte Kreditlaufzeiten, unterschiedlichste Sicherheitenabsprachen sowie die Vielzahl der Ansprechpartner sorgen mit dafür, dass sich die Darstellung einer neuen Finanzierung oftmals sehr schwierig gestaltet. Dies bedeutet, dass die Standardpraxis der bilateralen Verträge zwischen Unternehmen und Bank in vielen Fällen durchaus auf den Prüfstand zu stellen ist.

Eine Alternative stellt der Konsortialkredit, auch syndizierter Kredit genannt dar, der sich im Markt zunehmender Beliebtheit erfreut [Potthoff, 83]. Bei diesem Finanzierungsinstrument schließen sich die beteiligten Banken (Konsorten) zu einer festen Gruppe (Syndikat) unter der Leitung eines Konsortialführers zusammen. Dabei übernimmt der Konsortialführer als Arrangeur die Koordination mit allen Banken, mit denen dann das Unternehmen nur noch einen Vertrag, nämlich den Konsortialkreditvertrag abschließt. Dieser regelt einheitlich die typischen kreditvertraglichen Inhalte hinsichtlich Laufzeit, Konditions- und Sicherheitenrahmen oder der Vereinbarung von Covenants. Die Syndizierung, das heißt die Beteiligung mehrerer Banken an einem Finanzierungsprojekt, ermöglicht den Financiers eine stärkere Risikostreuung, wodurch insbesondere die Finanzierung von größeren Investitionen oder anstehenden Akquisitionen sehr erleichtert wird.

### Praxistipp

Die Mindestgröße für einen Konsortialkredit lag bisher in der Regel bei 20 bis 30 Mio Euro, gelegentlich auch etwas darunter. Damit war dieses Finanzierungsinstrument zunächst nur für den gehobenen Mittelstand interessant. Inzwischen haben eine Reihe von Banken das Modell „Konsortialkredit" mit deutlich niedrigeren Volumina auch auf den breiten Mittelstand übertragen. Doch auch hier gilt es, ein wenig Vorsicht walten zu lassen: Denn ein Konsortialkredit ist hinsichtlich seiner Vertragsgestaltung und seiner unterschiedlichen Varianten für einen Unternehmer, der damit nicht täglich vertraut ist, zunächst sehr komplex. Achten Sie beispielsweise auf den Vertragsumfang, der sich oftmals danach orientiert, ob ein deutscher oder angloamerikanischer Standard („LMA Londoner Loan Market Association Standard") zugrunde gelegt wird. Denn nicht alle Regelungen, die auf diesem Standard basieren, sind auch nach deutschem Recht und insbesondere auch für kleinere Volumina sinnvoll. Versuchen Sie deshalb, die Vertragsgestaltung auch an Ihren eigenen unternehmerischen Zielsetzungen auszurichten.

## Ist auch Ihr Kredit handelbar?

Seit dem Jahr 2003 hat sich in Deutschland zunehmend die Praxis verbreitet, vor allem notleidende („faule") Kredite im Markt zu veräußern. Der zunehmende Verkauf von Bankkrediten beschäftigt nun auch Unternehmerverbände und den Bundestag, wie das Handelsblatt am 21. Juni 2007 schrieb. Denn immer häufiger ist zu beobachten, dass auch gut laufende Kredite, bei denen Zins- und Tilgungszahlungen vertragsgemäß erfolgen, verkauft werden, ohne dass die Banken auf diese Möglichkeit bei Vertragsabschluss ausdrücklich hingewiesen oder ihren Kunden ein Sonderkündigungsrecht eingeräumt haben.

### Praxistipp

Sprechen Sie offen mit Ihrer Bank über dieses Thema und bitten Sie um Transparenz. Erkundigen Sie sich, welche Auswirkungen die Möglichkeit einer Übertragung auf Ihre jetzige Kondition hat. So können Kredite, die übertragbar sind, durchaus deutlich billiger sein, als Kredite, bei denen ein Verkauf ausgeschlossen ist. Denkbar sind hier durchaus Unterschiede von zehn und zwanzig Basispunkten. Oftmals kann auch der Kreis möglicher Käufer auf ganz bestimmte Kapitalgeber-Gruppen, beispielsweise klassische Kreditinstitute, beschränkt werden. Verhandeln Sie dieses Thema selbstbewusst und testen Sie ab, wie wichtig Ihrer Bank eine vertrauensvolle Hausbankbeziehung ist.

# 19  Kommunikation in der Krise

## Aktive Kommunikation als Schlüssel zum Erfolg

Eine empirische Untersuchung von Unternehmenskrisen in Familienunternehmen [Wieselhuber, 95] zeigt, dass bei 78 Prozent der untersuchten Unternehmen ein Vertrauensverlust bei zumindest einer finanzierenden Bank vorlag. Insbesondere eine Kombination von wiederholten Planverfehlungen, unzureichender Bankenkommunikation und nachhaltigen Verlusten kennzeichnen rund zwei Drittel der untersuchten Unternehmen.

Das Vertrauen der Bank in die Zukunftsfähigkeit eines Unternehmens kann in Krisensituationen nur gewahrt bleiben, wenn das Management den Kapitalgebern auch jetzt offen und sehr zeitnah alle erforderlichen Informationen zur Verfügung stellt. Die Praxis zeigt aber, dass es zu Beginn einer Krise hinsichtlich der Einschätzung der Folgewirkungen bei den Beteiligten durchaus unterschiedliche Wahrnehmungen gibt. Oftmals wird die wirtschaftliche Situation von Fremdkapitalgebern bereits als kritisch angesehen, wenn das Management des Unternehmens noch eine grundsätzlich positive Einschätzung der künftigen Entwicklung hat. Dies führt häufig dazu, dass vermeintlich negative Signale, wie beispielsweise der plötzliche Ausfall eines Großkunden oder ein deutlicher Umsatzrückgang nicht oder nicht besonders intensiv mit der Bank kommuniziert werden. Denn in den meisten Fällen glaubt der Unternehmer zunächst, dass dies nur ein einmaliger Sondereffekt und nicht der Beginn einer wirklichen Krise sei. Warum also die Bank mit diesen Informationen beunruhigen, wenn sich doch schon bald alles wieder gebessert haben wird? Unternehmer entwickeln in solchen Situationen immer wieder eine ihnen eigene „Psychologie des Krisenmanagements" [TAC, 91].

Verschärfen sich die Probleme dann aber doch, glauben manche Unternehmer immer noch, es sei geradezu die Pflicht ihrer Hausbank, mit zusätzlichen Kreditmitteln zur Überbrückung einer Krisensituation beizutragen. Dies hat sich in der Vergangenheit oftmals als eine existenzielle Fehleinschätzung erwiesen. Viele mittelständische Unternehmer haben die bittere Erfahrung machen müssen, dass sie in wirtschaftlich schwierigen Zeiten mehr oder weniger aus scheinbar heiterem Himmel

die Mitteilung ihre Bank erhielten, dass Kreditlinien gekürzt werden
oder gar die gemeinsame Geschäftsverbindung beendet wird. Und dies,
obwohl vielfach eine jahrelange Zusammenarbeit bestand. Viele Unternehmen fühlen sich in solchen Krisensituationen teilweise alleingelas-
sen von ihrer Hausbank, von der sie sich eine stärkere Unterstützung
gewünscht hätten [zeb, 100].

**Praxisbeispiel**
Die Rudolf Maurer GmbH ist als Zulieferer in der Bauwirtschaft tätig. Gefertigt werden unter anderem Aluminium-Panelen, die bei der
Verkleidung von Außenflächen, beispielsweise in Bahnhofskomplexen,
verarbeitet werden. Aufgrund einer vermehrt zu Überziehungen nei-
genden Kontoführung entschließt sich der Geschäftsführer Sebastian
Hausmann, einen „beruhigenden" Brief an seine Hausbank zu schrei-
ben, die der Rudolf Maurer GmbH schon seit Jahren mit einem Kontokorrentkredit von 1,5 Mio Euro zur Verfügung steht:

„[…] Es ist ein starker Preisdruck in der gesamten Branche zu verzeichnen, weil zunehmend ausländische Konkurrenten aus Osteuropa mit
niedrigen Löhnen im Markt agieren. Um unsere eigenen Löhne so
niedrig wie möglich zu halten, haben wir einen neuen Haustarifvertrag
mit einer Laufzeit von zwei Jahren abgeschlossen. Dieser sieht unter
anderem vor, dass wir keine Zuschläge mehr für Montagearbeiten am
Wochenende zahlen müssen. Aufgrund des derzeit stattfindenden
Preiskampfes gehen wir davon aus, dass in den nächsten zwei bis drei
Jahren eine Marktbereinigung stattfinden dürfte. Solange wollen wir
unser Unternehmen mit geringen Margen führen, um dann von der
verbesserten Situation zu profitieren […] Wir bitten Sie daher, uns zur
Überbrückung einen zusätzlichen Kredit in Höhe von 500.000 Euro
einzuräumen."

Als Georg Jansen, ein erfahrenen Firmenkundenbetreuer, den Brief liest,
leuchten bei ihm alle Warnsignale auf. Sebastian Hausmann scheint die
Möglichkeiten des eigenen Unternehmens völlig zu überschätzen. Dass
der ruinöse Wettbewerb in der Branche auch dramatische Folgen für
die Rudolf Maurer GmbH haben wird, darin ist sich Herr Jansen mit
seinem Kreditanalysten Josef Huber schnell einig. Gerade mit Blick auf
die langjährige, partnerschaftliche Zusammenarbeit will Herr Jansen
jetzt das offene Gespräch mit seiner Kundin suchen. Dabei schließt
er nicht aus, dass der bis auf weiteres zugesagte Betriebsmittelkredit

künftig nur noch auf deutlich reduzierter Basis gewährt werden kann. Da es sich um einen schwierigen und für die Bank mit erhöhtem Risiko verbundenen Fall handelt, schaltet Herr Huber darüber hinaus – den Regeln seines Hauses entsprechend – noch einen erfahrenen Spezialisten für „Problemfälle" aus der Zentrale ein. Dieser soll mithelfen, eine für alle Beteiligten tragfähige Zukunftslösung zu finden (→ „Was verändert sich auf der Bankseite?").

Kommen derartige Verhaltensweisen wirklich überraschend? Sind sie völlig unangemessen und überzogen? Oder sind sie doch eher die Reaktion auf eine unzureichende Informationspolitik mittelständischer Unternehmen? Wenn die Bank aufgrund einer nur zögerlichen Informationspolitik erst einmal das Vertrauen in die Unternehmensführung verloren hat, entsteht eine äußerst kritische Situation, die sich in der Regel ohne externe Unterstützung nicht mehr bewerkstelligen lässt.

**Praxistipp**
Rufen Sie Ihren Firmenkundenbetreuer nicht erst dann an, wenn es wirklich brennt. Kommunizieren Sie aktiv und rechtzeitig jede nennenswerte Abweichung von Ihrer Unternehmensplanung. Nehmen Sie Ihren Banker gerade auch bei einer strategischen Krise frühzeitig mit ins Boot. Nutzen Sie dabei vor allem auch die Analysekompetenz und das Netzwerk Ihrer Bank. Tun Sie dies bitte auch, wenn Sie sich sicher sind, dass Sie die Situation wieder rasch in den Griff bekommen werden.

## Mit einem eigenen Konzept den Weg nach vorne aufzeigen

Nutzen Sie die Krisensituation als Gelegenheit, um Ihr unternehmerisches Profil zu zeigen: Erarbeiten Sie ein Konzept und kommunizieren Sie aktiv die Maßnahmen im Detail, mit denen Sie der Entwicklung entgegensteuern wollen. Dies ist viel besser, als einfach nur um Hilfe zu bitten. Bevor Sie bei Ihrer Bank eine Reduzierung der monatlichen Belastung aus Zinsen und Tilgung „einfordern", sollten Sie alle Möglichkeiten, Kosten in Ihrem Unternehmen einzusparen, ausgeschöpft haben.

Wichtig ist, dass Sie die Ursachen für Ihre momentane Situation ausführlich und von allen Seiten beleuchten. Vermeiden Sie dabei aber Schuldzuweisungen, die nur unnötig emotionalisieren und sehr schnell den Eindruck erwecken könnten, dass Ursachen und Fehler ausschließlich bei anderen gesucht werden.

Für die involvierten Kapitalgeber ist es immer besonders wichtig, dass eventuell erforderliche Unterstützungsbeiträge auf viele Schultern verteilt werden. Hoffen Sie also nicht nur auf Ihre Bank, nehmen Sie immer auch andere Beteiligte, wie beispielsweise Gesellschafter, Lieferanten, Kreditversicherer oder sonstige Gläubiger mit ins Boot. Wichtig ist, dass in einer solchen Situation alle Gläubiger gleich behandelt werden und keiner den Eindruck gewinnt, er wäre benachteiligt. Denn sonst ist ein mögliches Lösungskonzept schnell zum Scheitern verurteilt.

## Was verändert sich auf der Bankseite?

Banken legen bei ihrem Krisenmanagement einen wesentlichen Schwerpunkt in eine aktive Betreuung der betroffenen Unternehmen durch besonders erfahrene Krisenspezialisten. Dieser Ansatz wird heutzutage von fast allen Kreditinstituten umgesetzt. Die entsprechenden Abteilungen, die dem Bereich der Marktfolge zugeordnet sind (→ Kapitel 13 „Mit wem in der Bank sollen wir sprechen?"), nennen sich beispielsweise „Spezialkreditmanagement", „Intensive Care" oder auch „Kredit-Consulting". Die Aufgabe einer solchen Abteilung besteht darin, eine unternehmerische Krisensituation möglichst umfassend zu begleiten. Dies zum einen mit der Zielsetzung, die Risikosituation für die Bank zu reduzieren, um dadurch einen Ausfall zu vermeiden. Zum anderen aber auch, um dem Unternehmen in schwierigen Zeiten fachliche und wenn möglich finanzielle Unterstützung zukommen zu lassen. Dadurch soll erreicht werden, dass die Kundenverbindung auch in Zukunft auf tragfähiger Basis fortgeführt werden kann.

Die Spezialisten der Bank werden in der Regel nicht erst dann aktiv, wenn eine schwere Krise ihren Höhepunkt erreicht hat, sondern bereits sehr viel früher, wenn erste Indikatoren das Heraufziehen einer Krise vermelden. Diese proaktive Betreuung verfolgt das Ziel, zusammen mit dem Kunden ein Konzept zur Sicherstellung der Liquidität und der Finanzierungskosten sowie der Zukunftsfähigkeit des Unternehmens zu erstellen. Eine solche Aufgabe stellt auf Seiten der Bank hohe Ansprüche an die Qualifikation der Mitarbeiter: Sie müssen über fachliche Kompetenz und langjährige Erfahrungen in der Kreditanalyse, im Management von Kreditrisiken und in der Kundenbetreuung verfügen [Steinmetz, 90].

## Neue Ansprechpartner

Mit der Einschaltung der Krisenspezialisten durch die Bank wechselt für das Unternehmen auch der Ansprechpartner. Für alle Fragen und Themen rund um das Produkt „Finanzierung" und das Kreditverhältnis zur Bank ist nun nicht mehr länger der Firmenkundenbetreuer, sondern der Spezialkreditmanager oder Intensivbetreuer zuständig. Erst nach überstandener Krisensituation geht die Betreuung wieder auf den bisherigen Firmenkundenbetreuer über.

Viele Unternehmer haben in der Vergangenheit die Erfahrung gemacht, dass in der neuen Situation auch der Umgangston durchaus rauer wird. Oftmals ist nun die Gesprächsatmosphäre kälter und auf der Bankenseite geprägt von vielen negativen Erfahrungen des Spezialisten.

### Praxistipp

Auch wenn es Ihnen in dieser Situation schwer fällt: Je offener und sachlicher Sie weiterhin auf die Bank zugehen, umso schneller lassen sich gemeinsam Lösungen finden.

Aber eines ist auch klar: Sobald die Bank ihre Spezialisten einschaltet, werden Sie mit einer Vielzahl von Dingen konfrontiert werden, die sicherlich überhaupt nicht zu Ihrem unternehmerischen Alltag gehören. Versuchen Sie deshalb erst gar nicht, hier Paroli zu bieten, sondern suchen Sie sich professionelle externe Unterstützung, die über langjährige Erfahrung in diesem Bereich verfügt und Ihnen bei den anstehenden Verhandlungen mit Rat und Tat zur Seite stehen kann. Auf der Bankenseite wird eine solche professionelle Unterstützung gerne gesehen, weil es eine sachliche Diskussion über wichtige Themen deutlich erleichtert, wenn die Verhandlungspartner die gleiche Sprache sprechen – was nicht heißen soll, dass auf Seiten des Unternehmens nicht unverändert hart um jeden Punkt verhandelt wird.

## Vom Einzelgespräch zur Poolbildung

Im Durchschnitt steht ein mittelständisches Unternehmen mit zwei bis drei Banken in Verbindung [Hackethal, 39; impulse, 54]. Zu Beginn einer Krise wird das Unternehmen in der Regel zunächst mit diesen Kreditgebern Einzelgespräche führen. Typische gruppendynamische Prozesse bleiben damit noch aus. Zu Problemen kann es aber trotzdem kommen, wenn bei der Unternehmensleitung in diesen Einzelgesprächen der Eindruck entsteht, dass die Bank die Angelegenheit „nicht so schlimm" sieht. Dieser falsche und trügerische Optimismus resultiert vielfach daraus, dass das Management keine Erfahrung im Umgang mit Krisengesprächen hat und durchaus erkennbare Signale bei den Gesprächspartnern nicht richtig deutet oder in ihrer Bedeutung untergewichtet. Dies führt dann dazu, dass das Management glaubt, es könne so weitermachen wie bisher.

### Praxistipp

Banker neigen dazu, vieles „zwischen den Zeilen" und auch nicht immer schriftlich zu formulieren. Dies trifft ganz besonders auf Themen rund um den Komplex „Managementqualifikation" zu. Hier muss man sehr genau zuhören. Vor allem aber muss auch die Bereitschaft da sein, wirklich das zu hören, was gesagt wird und nicht zu glauben, man habe das gehört, was man hören wollte.

Sind mehrere Banken mit Krediten engagiert, wird spätestens mit dem offenen Ausbruch der Krise regelmäßig ein so genannter Bankenpool gebildet. Dieser ermöglicht in der Regel ein abgestimmtes Handeln unter den Banken hinsichtlich ihrer weiteren Kreditbereitschaft. Er führt aber auch dazu, dass das Unternehmen sich jetzt oftmals der „geballten Macht" seiner Kreditgeber gegenübersieht. Konnte man in den Einzelgesprächen vielleicht noch darauf hoffen, die eigene Position von Fall zu Fall zu stärken, so ist dies nun ungleich schwieriger.

Verhandlungsführer („Poolführer") auf der Bankenseite ist oftmals die Hausbank, die zumeist auch das größte Kreditengagement beim Unternehmen verbucht. In der Folge wird dann gemeinsam mit den Poolpartnern versucht, durch eine abgestimmte, in einem Poolvertrag noch festzuschreibende Vorgehensweise das Risiko der Banken zu reduzieren, und dabei die weitere Existenz des Unternehmens zu sichern.

Doch ein Poolvertrag ist nicht mal eben schnell abgeschlossen. Ihm geht in der Regel ein zähes Ringen unter den Banken und mit dem Unternehmen voraus. Dies ist ein intensiver Verhandlungsprozess, der durchaus einige Wochen, ja manchmal leider auch Monate dauern kann, weil die Interessenlagen der involvierten Parteien oft extrem divergieren. Die im Hintergrund ablaufenden Prozesse und die zeitlichen Verzögerungen sind für den Unternehmer meistens nicht mehr zu verstehen.

**Praxistipp**
Der schnelle Abschluss eines Poolvertrages ist in Krisensituationen überlebenswichtig. Gerade in dieser Situation kommt es zwischen dem Unternehmen und seinen Banken aber immer wieder zu erheblichen Kommunikationsstörungen. Dies liegt zum einen daran, dass der Unternehmer in der Regel über keinerlei Erfahrung mit diesem Thema verfügt. Zum anderen bedarf die Vielzahl der unterschiedlichen Interessenslagen oftmals einer externen, neutralen Moderation, die weder vom Unternehmer noch vom Banken-Poolführer geleistet werden kann. Tatsächlich ist es in der Vergangenheit in vielen Fällen gelungen, durch eine professionelle Moderation den Prozess der Poolbildung erheblich zu beschleunigen und somit eine entscheidende Grundvoraussetzung für eine positive Zukunftsentwicklung des Unternehmens zu schaffen.

## Wie können drohende Konflikte verhindert werden?

Konflikte zwischen Unternehmen und Kapitalgebern gehören zum Alltag unseres Wirtschaftslebens, insbesondere in Krisensituationen. Sie bergen einerseits durchaus auch erhebliches Potenzial für die positive Weiterentwicklung einer Geschäftsbeziehung. Andererseits besteht aber auch die Gefahr, dass Werte vernichtet und im äußersten Fall Existenzen zerstört werden. Effektives Konfliktmanagement und langfristiger Unternehmenserfolg gehen somit Hand in Hand [Duve, 25].

Sitzen auf der Bankenseite mehrere Beteiligte gleichzeitig am Tisch, so entstehen typische gruppendynamische Prozesse. Oftmals verfolgt jeder Teilnehmer zunächst seine eigenen Interessen, wodurch das emotionale Konfliktpotenzial rasch ansteigt. Dies geschieht insbesondere dann, wenn einzelne Partner merken, dass im Vorfeld der Informationsaustausch nicht gleichermaßen erfolgt ist oder beispielsweise gegen

Gleichbehandlungszusagen bei den Sicherheiten verstoßen wurde. Jetzt kann es schnell zu Verteilungskonflikten kommen, die in ersten Verhärtungen und der Formulierung absoluter Bedingungen („conditio sine qua non") gipfeln.

Oftmals ist in solchen Situationen auch die Vertrauensbasis zerstört. Häufig beschäftigt man sich jetzt nicht mehr mit der dringend notwendigen Lösung sachlicher Themen. Schuldzuweisungen und die Suche nach Verantwortlichkeiten können sehr schnell und emotional die Diskussion beherrschen. Jetzt besteht auf allen Seiten die Gefahr, dass Entscheidungen nicht mehr rational getroffen werden. Hier ist neutrale Mediation gefragt, die überlegt und mit kühlem Kopf die richtigen Schritte einleitet.

## Setzen Sie auf Mediation!

Der Mediator oder Konfliktmoderator, der in der Regel keine Entscheidungskompetenz besitzt, sollte versuchen, schnell und vor allem konstruktiv die bestehenden Konflikte zu lösen. Gelingen kann ihm dies, wenn er durch geschickte Kommunikation und ein Höchstmaß an Verständnis wieder das Vertrauen der beteiligten Banken gewinnt. Oftmals wird er dabei nach einer ersten Bestandsaufnahme im Zweiergespräch versuchen, Standpunkte, Ziele und Emotionen offen herauszufinden und sie dann zielführend zu kanalisieren. Dabei ist es durchaus erlaubt, weniger lösungsorientierten Banken auch einmal die negativen Konsequenzen bestimmter Handlungsweisen aufzuzeigen.

Aufgabe des Mediators ist es dann, unterschiedliche Interessen zu gewichten und mögliche Lösungsoptionen zu konkretisieren und zu bewerten. Am Ende sollte dann immer eine tragfähige Lösung als Kompromiss unterschiedlichster Sachziele sowie die nächsten operativen Schritte stehen. Vereinbarungen sehen dabei in der Regel immer ein ganzes Lösungspaket vor, mit dem es gelingt, unterschiedliche Standpunkte auch mit einem individuellen Kosten-Nutzen-Ansatz zu befriedigen [Duve, 25].

# Was ist zu tun, wenn wichtige Kreditgeber verloren gehen?

Trotz aller Bemühungen wird es immer wieder geschehen, dass eine oder mehrere Banken Kredite nicht verlängern oder ganz zur Rückzahlung fällig stellen. Gerade auch die Vergabe von neuen Krediten („fresh money") ist in Krisensituationen oftmals in den Entscheidungsgremien der Banken nur schwer durchzusetzen. Dies ist insbesondere dann der Fall, wenn keine entsprechenden Äquivalente in Form von neuen Sicherheiten gestellt werden können.

Daher ist das Management eines Unternehmens in einer Krisensituation immer auch gefordert, eigene Überlegungen zur finanziellen Restrukturierung anzustellen und dieses Thema nicht den involvierten Banken zu überlassen. Wichtig ist dabei ein eigenes Finanzierungskonzept, dass bestmöglich zu den Interessen und Strategien des Unternehmens, seiner Anteilseigner aber auch der involvierten Gläubiger passt. Nur dadurch, dass das Unternehmen selbst die Initiative ergreift und aktiv Gespräche mit anderen Financiers, ob beispielsweise Banken oder Investoren führt, kann verhindert werden, dass es zum Spielball anderweitiger Interessen wird.

## Praxistipp

Seien Sie aktiv, stimmen Sie Ihre Aktivitäten aber immer mit Ihrer Hausbank oder dem Banken-Poolführer ab. Entwickeln Sie ein tragfähiges Unternehmenskonzept, dass für potenzielle neue Kreditgeber interessant sein könnte. Gerade in Krisensituationen ist es immer wieder möglich, bestehende Bankenverbindungen durch Umschuldungsverhandlungen neu zu gestalten. Hierzu zählt auch die Möglichkeit, bestehende Kredite mit einem Abschlag (Forderungsverzicht) an andere Financiers zu verkaufen. Sichern Sie sich aber auch hier professionelle Unterstützung. Denn nur wenn Sie den Markt und die Spielregeln für solche Finanzierungen genau kennen, können Sie optimal agieren!

Eine effiziente, aktive und professionelle Kommunikation kann also helfen, Krisen besser zu bewältigen. Wenn über Restrukturierungsmaßnahmen bei mittelständischen Unternehmen gesprochen oder geschrieben wird, dann ist zumeist von Liquiditätssicherung, Verstärkung des Controllings, dem Abbau von internen Komplexitäten oder Kostenstrukturen sowie von Sparprogrammen oder der Verbesserung der Organisation die Rede. Häufig kommt dabei die professionelle Kommunikation mit allen Beteiligten zu kurz. Sie ist aber in der Tat eine der Grundvoraussetzung für eine nachhaltige Krisenbewältigung.

# Teil V

# Erfolgsrezepte

# 20 Was Sie besser nicht tun sollten oder: Die zehn größten Fehler im Umgang mit Banken

Sie haben in den vorangegangenen 19 Kapiteln vieles gelernt über den Umgang mit Banken, welche Stolpersteine es gibt und warum Kreditgespräche immer wieder scheitern. Ich zeige Ihnen jetzt nochmals die zehn größten Fehler auf, die Sie unbedingt vermeiden sollten. Prägen Sie sich diese Ratschläge gut ein und richten Sie Ihre Finanzierungskommunikation daran aus. Mit Hilfe der angeführten Querhinweise können Sie in den einzelnen Kapiteln nochmals nachlesen, auf was Sie im Detail achten sollten und wie Sie erfolgreich im Finanzierungsmarkt agieren können. Ich bin sicher, dass Sie nun alle Gefahren und Klippen sicher umschiffen werden.

### 1. Vergessen Sie niemals: Kommunikation ist Chefsache!

Versuchen Sie nicht, die Kommunikationsfähigkeit Ihres Controllers zu verbessern. Arbeiten Sie zuerst an sich selbst und zeigen Sie Ihre starke Unternehmerpersönlichkeit!

→ Lesen Sie Details in den Kapiteln 1, 3, 4, 6 und 8 nach.

### 2. Gehen Sie niemals unvorbereitet in ein Finanzierungsgespräch!

Führen Sie wichtige Gespräche nicht unangemeldet und ohne klares Konzept. Nehmen Sie sich genügend Zeit und sammeln Sie bereits im Vorfeld alle wichtigen Informationen!

→ Lesen Sie Details in den Kapiteln 7, 10, 14, 15 und 16 nach.

### 3. Verhandeln Sie nie zuerst über Konditionen und Sicherheiten!

Engen Sie Ihre Verhandlungsspielräume nicht ein. Verhandeln Sie aber auch nicht wie auf einem Basar. Legen Sie klare Prioritäten und Zielsetzungen fest. Zeigen Sie Nutzen auf!

→ Lesen Sie Details in den Kapiteln 7, 8, 10, 14 und 17 nach.

### 4. Taktieren Sie nicht!

Seien Sie offen. Spielen Sie Ihre Gesprächspartner nicht gegeneinander aus. Stellen Sie bei Verhandlungen mit mehreren Banken einzelne niemals besser!

→ Lesen Sie Details in den Kapiteln 6, 12, 14, 17 und 19 nach.

### 5. Verschweigen Sie niemals wichtige Informationen!

Sprechen Sie Probleme offen an, malen Sie nicht in rosarot. Informieren Sie rechtzeitig, vor allem auch in schwierigeren Zeiten!
→ Lesen Sie Details in den Kapiteln 16, 18 und 19 nach.

### 6. Drohen Sie niemals mit Vorgesetzten!

Unterschätzen Sie nicht die Entscheidungsträger auf der Ebene der Sachbearbeitung. Bringen Sie Ihren Gesprächspartnern Wertschätzung entgegen!
→ Lesen Sie Details in den Kapiteln 1, 7, 13 nach.

### 7. Seien Sie niemals unzuverlässig!

Halten Sie getroffene Absprachen ein. Schaffen Sie Vertrauen! Kommunikation bedeutet, etwas gemeinsam zu machen!
→ Lesen Sie Details in den Kapiteln 1, 18 und 19 nach.

### 8. Stellen Sie niemals Forderungen zur falschen Zeit!

Verhandeln Sie immer aus einer Position der Stärke. Machen Sie vor allem zuerst Ihre eigenen Hausaufgaben!
→ Lesen Sie Details in den Kapiteln 8, 10, 13 und 17 nach.

### 9. Denken Sie niemals: Unwissenheit schützt vor Misserfolg!

Informieren Sie sich umfangreich. Argumente wie „weiß ich nicht" oder „brauchen wir nicht" öffnen keine Horizonte für neue Wege in der Unternehmensfinanzierung!
→ Lesen Sie Details in den Kapiteln 2, 5, 9 und 11 nach.

### 10. Unterschätzen Sie niemals die Denkwelt Ihres Bankpartners!

Versuchen Sie die Sprache Ihres Gegenübers zu verstehen. Holen Sie sich, falls erforderlich, die Unterstützung von erfahrenen Netzwerk-Partnern!
→ Lesen Sie Details in den Kapiteln 2, 5, 9, 11, 12 und 13 nach.

Jetzt wissen Sie, welche Fehler Sie im Umgang mit Banken auf keinen Fall begehen dürfen. Folgen Sie mir nun in das letzte Kapitel und lassen Sie mich dort Acht Geheimnisse lüften, um die Sprache der Banken zu verstehen.

# 21 Acht Geheimnisse,
## um die Sprache der Banken zu verstehen

Ganz ehrlich: Wollen Sie schneller auf der Lernkurve sein als Ihre Wettbewerber? Wollen Sie neue Wege gehen und damit erfolgreich sein? Wollen Sie Vorbild sein? Fangen Sie doch bei sich an und fragen einmal, was sich grundsätzlich in Ihrer Finanzierungskommunikation ändern könnte oder wie Sie in einer festgefahrenen Finanzierungssituation vorgehen wollen. Wenn Sie die nachfolgenden acht Fragen offen und ehrlich beantworten, dann kommen die wahren Potenziale zum Vorschein! Nutzen Sie die Chance zu einem positiven Veränderungsmanagement:

1. Was will ich zukünftig in der Kommunikation mit meinen Kapitalgebern erreichen?
2. Warum soll es erreicht werden? Was passiert, wenn ich mein Ziel nicht erreiche?
3. Was hindert mich momentan an einer aktiven Finanzierungskommunikation?
4. Was müsste anders sein? Welche Handlungsalternativen gibt es?
5. Welchen Nachteil hat ein Untätigsein?
6. Welcher Nutzen kommt aus der Veränderung?
7. Wie sehen die ersten Veränderungsschritte aus?
8. Wann fange ich mit der Veränderung an?

Und denken Sie dabei immer daran:

**„Die Größe Ihres Unternehmens hat nichts zu tun mit der Qualität Ihrer Finanzierungskommunikation"**

und

**„Was für Sie als Unternehmer gut ist, ist auch für Ihre Kapitalgeber gut"**

In jedem Fall entscheidend wird aber Ihre Lernbereitschaft sein, um die Denkwelt Ihrer Finanzpartner zu erfragen, sich in sie hineinzuversetzen, sie zu akzeptieren und dann konsequent und zielgerichtet die richtigen Schritte einzuleiten. Und nun verrate ich Ihnen, mit einem leichten Augenzwinkern,

## Acht Geheimnisse, um die Sprache der Banken zu verstehen:

1. Banker sind auch nur Menschen!

2. Banker denken immer strukturiert!

3. Banker wollen immer Geschäfte machen!

4. Banker beachten immer Risiken und Nebenwirkungen!

5. Banker sind immer pünktlich!

6. Banker verstehen keinen Spaß, wenn es um Geld geht!

7. Banker lieben ihr Milieu!

8. Banker genießen Artenschutz!

# „Don't shoot the bankers! They're our friends"

(gemäß dem ironischen Motto des amerikanischen Konzeptkünstlers Chris Burdon, welches dieser anlässlich der 5. Art Basel Miami Beach im Dezember 2006 auf eine weiße Leinwand geschrieben hat).

# 22 Zum Schluss: Auf ein Wort ...

Nun haben Sie sich bis auf die letzten Seiten dieses Ratgebers durchgekämpft und damit einen ersten großen Schritt auf dem Weg zu einem professionellen Finanzierungsmanagement getan. Vielleicht vermissen Sie an dieser Stelle aber auch etwas: Checklisten für die weitere Vorgehensweise, Checklisten für den optimalen Finanzierungsmix oder Checklisten als Entscheidungshilfe zur Nutzung unterschiedlichster Finanzierungsinstrumente.

Ich habe ganz bewusst darauf verzichtet. Denn Checklisten suggerieren nur, man könne die Vielfalt unternehmerischen Handelns und die Vielfalt hieraus resultierender Herausforderungen einfach glätten – ganz zu schweigen von der Vielfalt der Produkte und Anforderungen auf der Angebotsseite. Individualität lässt sich aber nicht über standardisierte Checklisten abbilden. Und auch eine situationsspezifische und auf das einzelne Unternehmen ausgerichtete Finanzierungsanalyse lässt sich nicht durch Checklisten ersetzen.

Investieren Sie also nicht zuviel in eine virtuelle Vorbereitung – das richtige Leben ist immer anders! Das Sprichwort sagt: Aus Fehlern wird man klug. Aber natürlich müssen Sie nicht unbedingt alle Fehler selbst machen. Nutzen Sie doch das Wissen anderer. Wachsen Sie mit den Ressourcen und dem Know-how starker Partner, machen Sie nicht alles allein, nutzen Sie eine intelligente Form des Outsourcings. Könnte es nicht Ihre Zielsetzung sein, den gesamten zeitaufwendigen Prozess der Beschaffung von Finanzierungsmitteln, angefangen bei der Informationsaufbereitung bis hin zur erforderlichen Kommunikation mit den Kapitalgebern sowie der geeigneten Strukturierung der Finanzierung professionell durchzuführen und entscheidungsreife Handlungsoptionen klar und deutlich auf den Tisch zu legen.? Natürlich sollen Sie dabei keineswegs Ihre unternehmerischen Entscheidungskompetenzen aufgeben!

Es wird angesichts der gestiegenen Komplexität in den Märkten immer wieder Situationen geben, in denen Ihr vorhandenes internes Wissen nicht ausreicht, um anstehende Finanzierungsentscheidungen in Ihrem Unternehmen fundiert und sicher zu treffen. Was Sie nun brauchen, ist ein aktives, professionelles Finanzierungsmanagement. Holen Sie sich hierfür die Mithilfe eines erfahrenen Spezialisten, dem Sie, aber auch

die Kapitalgeberseite, voll und ganz vertrauen („trusted advisor"). Die
Zeit der Einzelkämpfer im Chefsessel ist vorbei. Kooperationen sind
gefragt, insbesondere immer wichtiger mit Beratern, die ergänzende
Leistungsschwerpunkte anbieten [Meyer, 76]. Machen Sie sich also die
Stärke des jeweils anderen zu Nutzen. Neue Ideen kommen auch auf
dem Finanzierungssektor verstärkt durch den Input von außen. Daher
sind solche Kooperationsstrategien immer auch Vorwärtsstrategien. Alles, was Sie wissen müssen, ist: Zu wissen, wen Sie im Zweifelsfall um
qualifizierten Rat fragen können und wie Sie sich die notwendigen Informationen beschaffen können, um sie dann für eigene Zwecke nutzbar
zu machen [Pelz, 80].

Die KfW Mittelstandsbank hat auf ihrem Forum „Strukturwandel im
Bankensektor" am 15. März 2006 in Berlin zu den Konsequenzen des
Wandels auf die Finanzierung des Mittelstandes und die zukünftige Rolle der Beratung unter anderem ausgeführt [62]: „Spezialisiertes Bran-
chenwissen, ganzheitliches Coaching und die Beratung über alternative
Finanzierungsformen wie Beteiligungs- und Mezzaninekapital werden
in den kommenden fünf Jahren die wichtigsten Kompetenzfelder in
der Mittelstandsberatung. Dabei werden Berater immer stärker in eine Vermittlerrolle zwischen Bank und Mittelständler hineinwachsen.
Gleichzeitig wachsen die Anforderungen an Qualität und Intensität der
Beratung."

Unterstützung bei der Finanzierungsstrategie, Effizienz in Finanzierungsverhandlungen, Erschließung neuer Finanzierungsquellen und die
Verbesserung der Transparenz sind nur einige wichtige Themenfelder,
bei denen heute vielfach noch die angestammte Hausbank oder der
langjährig tätige Steuerberater der erste Ansprechpartner für den Unternehmer sind [Berens, 5; impulse, 54]. Zukünftig wird aber immer
mehr der Moderator zwischen dem einzelnen Unternehmen und den
verschiedenen Banken und Kapitalgebern gefragt sein, der über ein entsprechendes Netzwerk im Finanzierungsmarkt und Erfahrungen in der
partnerschaftlichen Kommunikation mit der Finanzwelt verfügt.

In der Studie „Wege zum Wachstum" von Ernst & Young aus dem Jahr
2006 [30] gaben mehr als 60 Prozent der befragten Unternehmen an,
dass der Einfluss bankexterner Financiers bei der Wahl und Nutzung
alternativer Finanzierungsformen zunehmen werde. Die Antworten
der Untersuchung zeigen auch, dass die Unternehmen bei ihren Finan-

zierungsvorhaben sehr wohl an alternativem, bankenunabhängigem
Know-how interessiert sind. „Aus Sicht der Unternehmen bestehen nämlich vielfach Defizite ihrer Hausbank hinsichtlich der Beschaffung von
fehlendem Eigenkapital, der Realisierung komplexer Finanzierungen
und der optimalen Nutzung von Förderprogrammen" schreibt Ulrich
Schröder, Vorsitzender des Vorstands der NRW.Bank Düsseldorf am 14.
Mai 2007 in der Frankfurter Allgemeine Zeitung [89].

Auch die Rolle der Steuerberater, die für die meisten Mittelständler die
wichtigsten Ansprechpartner in betriebswirtschaftlichen Fragen sind,
wird hinsichtlich ihrer Beratungsqualität verstärkt in Frage gestellt:
Sind sie mehr Verwalter statt Gestalter? [Heiden, 45]. Immerhin, gemäß
einer Umfrage des Magazins ProFirma in Kooperation mit dem Bund
der Selbständigen halten 46 Prozent der Befragten ihren Steuerberater
in Finanzierungsfragen für kompetent. Und die restlichen 54 Prozent?
Hier scheint es, als ob diese oftmals die von ihnen betreuten Unternehmer über neue Finanzierungsinstrumente noch nicht intensiv genug
informieren und beraten [Haunschild, 43].

Zukünftig wird auch der Moderator zwischen dem einzelnen Unternehmen und den verschiedenen Kapitalgebern gefragt sein, der versuchen
muss, unterschiedliche Zielsetzungen, Vorstellungen oder Informati-
onsbedürfnisse in Einklang zu bringen. Denn vielfach ist festzustellen, dass im Finanzierungsmarkt zwar ausreichend Liquidität auf der
Angebotsseite vorhanden ist, dieses aber nicht immer zum „richtigen"
Zeitpunkt zur „richtigen" Nachfrage gelangt. Angebot und Nachfrage
finden also nicht zueinander. Spezialisierte Dienstleister, Intermediäre
genannt, können hier helfen, Kapitalgeber und kapitalsuchende Unternehmen zusammen zu bringen [IFD, 55]. Die Rolle der beratenden
Intermediäre ist umso wichtiger, je komplexer die Finanzierungsstrukturen werden oder je weniger der mittelständische Unternehmer Zeit
findet, sich mit diesen Themen zu beschäftigen.

Eines steht somit fest: Mittelständische Unternehmen müssen auf die
gestiegenen Herausforderungen beim Thema Finanzierungsmanagement zukünftig noch professioneller reagieren. Sie dürfen dies nicht als
Nebensächlichkeit betrachten, für die man im oft hektischen Tagesgeschäft sowieso keine Zeit hat. Nur so können sie weiter wachsen und
sich von der Konkurrenz entscheidend abheben. Der Weg ist also klar
vorgezeichnet: Innovative Produkte und Dienstleistungen können nur

mit innovativen, maßgeschneiderten Finanzierungen und klaren unternehmerischen Konzepten vorangetrieben werden [Schröder, 89].

Und was bleibt nun für Sie als Fazit, ganz persönlich? Was könnten Ihre nächsten Schritte sein? Hierzu von mir abschließend noch drei „Wegweiser":

1. Schaffen Sie in Ihrem Unternehmen eine professionelle *Finanzierungs- und Kommunikationskultur*: Seien Sie offen für Neues. Binden Sie das komplette Expertenwissen Ihrer Mitarbeiter in Ihre Entscheidungsfindung mit ein. Holen Sie sich externen Rat!

2. Entwickeln Sie eine schlüssige *Finanzierungs- und Kommunikationsstrategie*: Denken Sie dabei immer daran, dass diese Strategie ganzheitlicher Bestandteil Ihrer Unternehmensstrategie sein muss! Formulieren Sie Ihre Ziele!

3. Sorgen Sie für ein professionelles *Finanzierungs- und Kommunikationsmanagement*: Achten Sie auf eine konsequente Umsetzung innovativer Ideen. Installieren Sie ein Finanzierungs-Controlling. Betreiben Sie Networking!

Deshalb zum Schluss:

**Finanzierungskommunikation bleibt auch im Mittelstand Chefsache. Aber machen Sie nicht alles allein. Dolmetscher können Ihnen auf dem Weg durch den Finanzierungsdschungel helfen, teure Missverständnisse zu vermeiden!**

238

# Literaturhinweise

[1]  Ahrendt, Bernd und Ahrendt, Rolf (2005): Bankgespräche richtig führen. Haufe, München

[2]  Allianz Dresdner Economic Research (2007): Der Wandel im deutschen Finanzsystem – Chance für die Mittelstandsfinanzierung; Working Paper Nr. 82, Autor Rolf Sandvoß, www.group-economics.allianz.com/images_deutsch/pdf_downloads/working_papers/ mittelstand_april07.pdf

[3]  ASU-Unternehmerumfrage (2006): „Mittelstandsfinanzierung durch Banken", Dezember 2006, www.familienunternehmer.eu/www/doc/70b508afd336fb9317ab 2736cd128e1d.pdf

[4]  Bastian, Nicole und Köhler, Peter (2007): Insolvenzen verunsichern Geldgeber und: Fünf Fragen an: Michael Auracher, Handelsblatt 30.05.2007

[5]  Berens, Prof. Dr. Wolfgang (2006): Aktuelle Probleme des Mittelstandes. Ergebnisse einer Befragung in Zusammenarbeit mit der WGZ-Bank,www.wiwi.uni-muenster. de/ctrl/md/content/aktuelles/untersuchung.pdf

[6]  BMWi (2007): Der Mittelstand in der Bundesrepublik Deutschland: Eine volkswirtschaftliche Bestandsaufnahme, Dokumentation Nr. 561, Berlin

[7]  BMWi (2006): E-Training für Existenzgründer: Vorbereitung auf das Bankengespräch, www.existenzgruender.de/gruendungswerkstatt/online_training/02883/index.php

[8]  Brzeski, Eberhard u.a. (2006): Mezzanine-Kapital für den Mittelstand. Schäffer-Poeschel, Stuttgart

[9]  Bundesverband Deutscher Banken (2005): Bankinternes Rating mittelständischer Kreditnehmer im Zuge von Basel II, Berlin, www.bankenverband.de

[10]  Bundesverband Deutscher Banken (2005): Mittelstandsfinanzierung – Partnerschaftliche Zusammenarbeit von Unternehmen und Banken, Berlin, www.bankenverband. de

[11]  Buschardt, Tom (2006): Der Journalist – das unbekannte Wesen? Vortrag am 19.09.2006 auf dem 5. Mittelstandstag Hessen-Thüringen in Frankfurt a.M., www. die-journalisten.de

[12]  cometis AG (2004): Kennzahlen für Investor Relations, cometis, Wiesbaden

[13]  ConVent GmbH, FINANCE u.a., Hrsg. (2005, 2006): Unternehmensfinanzierung, Jahrbuch 2006 und 2007, Financial Gates, Frankfurt a.M., www.finance-magazin. de

[14]  Creditreform (2007):Insolvenzen in Europa 2006/07, www.credit-reform.de

[15]  Deloitte & Touche (2006): Förderperspektiven für Start-up-Unternehmen, Vortrag Kerstin Dreizner am 06.12.2006 in Frankfurt a. M., www.deloitte.com/de

[16]  Deter, Henryk und Diegelmann, Michael, Hrsg. (2003): Creditor Relations. Beziehungsmanagement mit Fremdkapitalgebern, Bankakademie-Verlag, Frankfurt a. M., hierin insbesondere der Beitrag von Tallner, Günter: Risikoadjustierte Preise als Basis eines zukunftsfähigen Firmenkundengeschäfts – Erklärungen und Handlungsempfehlungen für Unternehmer aus Sicht einer Großbank

[17]  Deutsche Bundesbank (2007): April-Umfrage des Bank Lending Survey für Deutschland, Frankfurt am Main 11.05.2007, www.bundesbank.de/volkswirtschaft/vo_ veroeffentlichungen.php

[18]  Deutsche Bundesbank (2006): Zur wirtschaftlichen Situation kleiner und mittlerer Unternehmen in Deutschland seit 1997, Monatsbericht Dezember 2006, www.bundesbank.de/volkswirtschaft/vo_monatsbericht_2006

[19]  Deutscher Sparkassen- und Giroverband (2007): Diagnose Mittelstand, Berlin, www. dsgv.de/download/files/diagnose_mittelstand_2007.pdf

[20] DIHK (2007): Auswirkungen von Basel II auf die Finanzierung von Unternehmen, Ergebnisse einer Online-Befragung, Berlin, www.ihk.de
[21] DIHK (2003): Rating für den Mittelstand, Berlin
[22] DIW Berlin (2007): Rating beeinflusst die Laufzeit von Unternehmenskrediten. Wochenbericht Nr. 13/2007, S.199-203, www.diw.de
[23] Dresdner Bank (2005): Dresdner Bank Rating: Vorteile und Chancen. Die Praxis der Bonitätsbeurteilung für mittlere und große Unternehmen, Frankfurt a. M.
[24] Droste, Heinz W.(2005): Praktiker-Handbuch Investor Relations, Books on Demand, Norderstedt
[25] Duve, Christian u. a. (2003): Mediation in der Wirtschaft, Dr. Otto Schmidt, Frankfurt a. M.
[26] DZ Bank (2007): Mittelstand im Mittelpunkt. Finanzierungsinstrumente und Risikomanagement. Ausgabe Frühjahr/Sommer 2007, www.dzbank.de
[27] Eder, Dr. Ulrich (2004): Financial Covenants aus Kreditnehmersicht, www.financial-covenants.de
[28] Ernst & Young (2007): Mittelstandsbarometer 2007: Der deutsche Mittelstand – Stimmungen, Themen, Perspektiven, Studie 2007, Stuttgart
[29] Ernst & Young, F.A.Z.-Institut (2007): Märkte im Focus, Siegerstrategien im deutschen Mittelstand, Studie 2007, Stuttgart/Frankfurt a. M.
[30] Ernst & Young, Luther Menold (2005): Finanzierungsstrukturen im deutschen Mittelstand. Wege zum Wachstum, Studie 2005, Berlin/Essen, www.de.ey.com
[31] Euler Hermes, ZIS Mannheim (2006): Warum Unternehmen insolvent werden. Die wichtigsten Insolvenzgründe. Repräsentative Befragung von Insolvenzverwaltern, www.eulerhermes.com/ger/ger/press/news_20060927_001.html?parent=archive
[32] Euler Hermes, Impulse und BDI (2005): Finanzkommunikation im Mittelstand, Studie 2005, Hamburg, www.FIKomM.de
[33] Europäische Kommission (2006): Die neue KMU-Definition. Benutzerhandbuch und Mustererklärung, Brüssel, ec.europa.eu/enterprise/enterprise_policy/sme_definition/index_de.htm
[34] FINANCE und HypoVereinsbank (2006): Mezzanine – Vom Krisen- zum Wachstumsinstrument. Erfahrungswerte deutscher Mittelständler beim Einsatz von Programm- und Individual-Mezzanine, Studie 2006, Frankfurt a. M./München, www.finance-magazin.de/research/studien/mezzanine2006.html
[35] FINANCE und The Royal Bank of Scotland (2006): Factoring – Image im Wandel. Befragung von Finanzentscheidern und Praxisberichte, Studie 2006, Frankfurt a. M., www.finance-magazin.de/research/studien/factoring2006.html
[36] Goebel, Lutz, Hrsg. (2006): Mittelstandsfinanzierung, Vogel Industrie Medien, Würzburg
[37] Guhl, Markus (2006): Der Mittelstand unter Basel II, in: Hermann, Jürgen (Hrsg.): Handbuch Factoring, VisAvis, Bonn
[38] Grunow, Hans-Werner und Figgener, Stefanus (2006):Handbuch Moderne Unternehmensfinanzierung. Strategien zur Kapitalbeschaffung und Bilanzoptimierung, Springer, Berlin
[39] Hackethal, Prof. Dr. Andreas und Gleisner, Fabian (2006): Kreditprozesse aus der Sicht des Mittelstandes, Studie E-Finance Lab 2006, Frankfurt a. M., www.efinancelab.de/research/kreditprozesse/pdf/2006/E-FinanceLabStudieKreditprozesseAusSichtdesMittelstands.pdf
[40] Handelsblatt (2007/2006): Unicredit schlägt erneut zu, Ausgabe vom 21.05.2007 und: Die größten europäischen Banken 2006, Ausgabe vom 02.05.2007 sowie: Anschluss verpasst, Ausgabe vom 29.08.2006
[41] Harbou, Joachim v. (2001): Financial Engineering für europäische Firmenkunden in Hummel, Detlev und Breuer, Rolf-E. (Hrsg.): Handbuch Europäischer Kapitalmarkt, Gabler, Wiesbaden

[42]  Hartmann, Wolfgang (2004): Die Hausbank der Zukunft – Angstgegner oder zuver-
      lässiger Partner des Mittelstandes in der Krise?, Vortrag bei der Tagung Deutsches
      Forum Insolvenzrecht und Sanierungsmanagement e.V. am 12.11.2004 in Frankfurt
      a. M.
[43]  Haunschild, Ljuba, Dr. (2007): Private Equity- und Mezzanine-Finanzierung im
      Mittelstand, in Unternehmer Edition – Know-how für den Mittelstand, April 2007,
      S. 60-62
[44]  Hauser, Dr. Christian (2007): KMU-Finanzierung in der Bundesrepublik Deutsch-
      land, Vortrag vom 11.04.2007, veröffentlicht vom Institut für Mittelstandsforschung
      (IfM), Bonn
[45]  Heiden, Sigrun an der (2007): Verwalter statt Gestalter, in ProFirma, Ausgabe
      05/2007, www.profirma.de
[46]  Hermann, Jürgen, Hrsg. (2006): Handbuch Factoring, VisAvis, Bonn
[47]  Hierold, Emil (2002): Sicher Präsentieren - Wirksamer Vortragen, Redline, Frankfurt
      a. M.
[48]  Hypovereinsbank (2006): Mittelstandsfinanzierung. Themenreport Märkte & Chan-
      cen 2006, München
[49]  Hypovereinsbank (2005): Bonität ist planbar. Wie Mittelständler in der Kreditver-
      handlung überzeugen. Themenreport Märkte & Chancen 2005/2006, München
[50]  IfM Institut für Mittelstandsforschung Bonn (2006): Unternehmensgrößen in
      Deutschland. Auswertungsstichtag 31.12.2005, Bonn, www.ifm-bonn.org/dienste/
      unternehmensregister-18-12-06.pdf
[51]  IKB Deutsche Industriebank (2006): Rating & Transparenz, Vortrag Dr. Marcus
      Richter am 19.09.2006 auf dem 5. Mittelstandstag Hessen-Thüringen in Frankfurt
      a. M.
[52]  IKB Deutsche Industriebank (2005): Vor neuen Herausforderungen. Rating für den
      Mittelstand, Düsseldorf
[53]  impulse (2007): Fördermittel. Stärken Sie Ihre Finanzkraft, Ausgabe Mai 2007, S.16-
      28
[54]  impulse, Deutscher Sparkassen-und Giroverband, IfM (2007/2006): Studie Mind
      2007, impulse 08/2007 („Ratings in Zeitlupe“) und Studie Mind 2006 – Aufschwung
      aus eigener Kraft, www.impulse.de/the/man/265749.html
[55]  Initiative Finanzstandort Deutschland IFD (2007): Private Equity Broschüre 2007,
      www.finanzstandortdeutschland.de/BaseCMP/documents/5000/finalifdpeeinzelsei-
      ten.pdf
[56]  Initiative Finanzstandort Deutschland IFD (2006): Rating Broschüre 2006, www.
      finanzstandortdeutschland.de/BaseCMP/documents/5000/final_ratingbroschuere-
      fr_homepage.pdf
[57]  INTES Akademie für Familienunternehmen (2006): Finanzierung von Familienun-
      ternehmen, Studie, Bonn, www.intes-online.de
[58]  Investitions- und Förderbank Niedersachsen (2007): Die Ratingampel, Hannover,
      www.ratingampel.de
[59]  Investkredit Bank AG (2006): InvestGlossar. 1597 Begriffe aus der Finanzwelt,
      Manz, Wien
[60]  KfW Bankengruppe (2007): Wann wirkt Mezzanine-Kapital Rating stärkend? Wirt-
      schaftsObserver online, Nr.23, Mai 2007, Frankfurt a. M., www.kfw.de/DE_Home/
      Service/Online_Bibliothek/Research/PDF-Dokumente_WirtschaftsObserver_on-
      line/2007/WOb_online_2007-05.pdf
[61]  KfW Bankengruppe (2006): Unternehmensbefragung zu Bankenverhalten und Fi-
      nanzierung in Zusammenarbeit mit Verbänden der Wirtschaft, Studie 2006: Ban-
      ken entdecken den Mittelstand neu. Kreditzugang für kleine Unternehmen bleibt
      schwierig, Frankfurt a. M., www.kfw.de/DE_Home/Research/PDF-Dokumente/
      Ubef_2006_Langfassung.pdf

[62] KfW Bankengruppe (2006): Berater erfüllen zunehmend Vermittlerrolle zwischen Bank und Mittelständler – KfW-Forum „Strukturwandel im Bankensektor" am 15.03.2006 in Berlin, www.kfw-mittelstandsbank.de/DE_Home/KfW_Mittelstands-bank/Aktuelles/PDF-Dokumente/PE_Beraterbefragung.pdf

[63] KfW Bankengruppe (2006): Wachstum. Die 10 goldenen Regeln für eine gesunde Unternehmensentwicklung, F.A.Z.-Institut, Frankfurt a. M.

[64] KfW Bankengruppe (2006): Controlling. So behalten Gründer und junge Unternehmer ihre Finanzen im Griff, F.A.Z.-Institut, Frankfurt a. M.

[65] KfW Bankengruppe (2005): Unternehmensbefragung zu Bankenverhalten und Finanzierung in Zusammenarbeit mit Verbänden der Wirtschaft, Studie 2005: Unternehmensfinanzierung. Immer noch schwierig, aber erste Anzeichen einer Besserung, Frankfurt a. M., www.kfw.de/DE_Home/Service/Online_Bibliothek/Research/PDF-Dokumente_Unternehmensbefragung/Unternehmensbefragung_2005_lang.pdf

[66] KfW Bankengruppe (2005): Krisenmanagement. Strategien gegen die Insolvenzgefahr in kleinen und mittleren Unternehmen, F.A.Z.-Institut, Frankfurt a. M.

[67] KfW Bankengruppe (2004): Existenzgründung. Zwölf Meilensteine auf dem Weg zum erfolgreichen Unternehmensstart, F.A.Z.-Institut, Frankfurt a. M.

[68] KPMG (2005): Finanzierung mittelständischer Unternehmen aus Sicht der Kreditnehmer und Kreditgeber, Doppelstudie 2005, Berlin, www.kpmg.com

[69] KPMG (2004): Finanzierung in mittelständischen Unternehmen, Ergebnisse einer empirischen Studie, Berlin, www.kpmg.com

[70] Langen, Rainer (2005): Professionell verhandeln. Die Kommunikation mit Kapitalgebern lässt sich lernen, Handelsblatt Journal Mittelstand, 11.04.2005

[71] Lebert, Rolf (2006): Banken tüfteln an Ratings für Basel II. Geldinstitute bieten Firmenkunden Datenanalysen an, Financial Times Deutschland 04.10.2006

[72] Leidig, Dr. Udo und Smets, Ulrich, KfW Bankengruppe (2006): Banken und Mittelstandsfinanzierung 2006, Ergebnisse einer empirischen Erhebung, Studie 2006, Frankfurt a.M., www.boersenverein.de/de/69181?rubrik=124442&dl_id=131639

[73] LfA Förderbank Bayern (2006):Ihr Leitfaden für den Bankbesuch, München, www.lfa.de

[74] Lutz, Andreas (2005): Praxisbuch Networking. Einfach gute Beziehungen aufbauen, Linde, Wien

[75] Mayer-Kuckuk, Finn (2006): Wie sieht mich die Bank, Handelsblatt 08.11.2006

[76] Meyer, Jörn-Axel und Schleus, Rene (2006): Der Druck wächst. Trends in der Beratung von kleinen und mittleren Unternehmen Frankfurter Allgemeine Zeitung 30.08.2006, Verlagsbeilage Consulting

[77] Meyer, Prof. Jörn-Axel (2007): „Eigentlich gibt es keinen Mittelstand" in: Fünf Fragen an..., Handelsblatt 21.03.2007

[78] Müller, Anja (2007): „Netzwerke sind mehr wert als Geld", Handelsblatt 21.05.2007

[79] netzwerk nordbayern (2006): Handbuch zur Businessplan-Erstellung. Der Weg zum erfolgreichen Unternehmen, Nürnberg, www.netzwerk-nordbayern.de

[80] Pelz, Dr. Bernd F. und Mahlmann, Regina (2007): Manager im Würgegriff. Eine Aufforderung zum Nachdenken in turbulenten Zeiten. Rosenberger Fachverlag, Leonberg

[81] Pelz, Dr. Bernd F. und Mahlmann, Regina (2006): Erfolgsplanung KMU. Souveräne Unternehmensführung durch systemische Erneuerung. Ein Instrument für die Praxis, Rosenberger Fachverlag, Leonberg

[82] Piwinger, Manfred und Prött, Monika, Hrsg. (2002): Ausgezeichnete PR. Von Profis lernen. Fallbeispiele exzellenter Kommunikation, F.A.Z.-Institut, Frankfurt a. M.

[83] Potthoff, C. (2006): Konsortialkredite boomen, Handelsblatt 04.12.2006

[84] PricewaterhouseCoopers (2006): Familienunternehmen - Deutschland 2006, Studie, www.pwc.com/de/mittelstand

[85] Reppesgaard, Lars (2007): Die Bank ist nicht die einzige Adresse, Handelsblatt Karriere und Management, 26.01.2007

[86] Sander, Carl-Dietrich (2007): Sicherer Kredit. Gute Konditionen. Erfolgreich mit der Bank verhandeln, BBE-Verlag, Köln

[87] Schranner, Matthias (2003): Der Verhandlungsführer, ecowin, München

[88] Schranner, Matthias (2001):Verhandeln im Grenzbereich – Strategien und Taktiken für schwierige Fälle, Econ, München

[89] Schröder, Ulrich (2007): Innovationsfinanzierung im Mittelstand, Frankfurter Allgemeine Zeitung, 14.05.2007

[90] Steinmetz, Otto (2003): Gretchenfrage Sanierungskredit, Deutsches Forum Insolvenzrecht und Sanierungsmanagement (Hrsg.): Krisen vermeiden, Krisen bewältigen. Unternehmenssanierung in der Praxis, Tagungsband vom 14.11.2003, Stuttgart

[91] TAC Turn Around Consulting (2002): Psychologie des Krisenmanagement. Kritische Momente der Unternehmensführung erfolgreich bewältigen, München, www.tac-consulting.de/publikationen_managementliteratur.php

[92] Thiele, Albert (2000): Innovativ Präsentieren. F.A.Z.-Institut, Frankfurt a. M.

[93] Werner, Dr. Horst S. (2007): Mezzanine-Kapital. Mit Mezzanine-Finanzierung die Eigenkapitalquote erhöhen, bank-verlag, Köln

[94] Werner, Dr. Horst S. und Kobabe, Rolf (2005): Unternehmensfinanzierung, Schäffer-Poeschel, Stuttgart

[95] Wieselhuber, Dr. & Partner (2006): Unternehmenskrisen in Familienunternehmen, Studie 2006, www.wieselhuber.de

[96] Wikipedia (2007): Kommunikation, de.wikipedia.org/wiki/Kommunikation

[97] Wildemann, Horst (2006): Risikomanagement und Rating. TCW, München

[98] Winkeljohann, Prof. Dr. Norbert (2006): Eigenkapital mit Pfiff, in Markt und Mittelstand, Mai 2006, S. 96f

[99] Winkeljohann, Prof. Dr. Norbert (2006): Mischformen ergänzen klassische Finanzierung, Handelsblatt 22.02.2006

[100] zeb/rolfes.schierenbeck.asssociates und IHK Nord Westfalen (2007): Das mittelständische Firmenkundengeschäft in Deutschland – Zufriedenheit, Erwartungen und Anregungen des deutschen Mittelstands, Studie, www.zeb.de sowie www.ihk-nordwestfalen.de

# Zum Autor

Rainer Langen, Jg. 1957, war bis 2002 Leiter Spezialkreditmanagement der Dresdner Bank AG Region Rhein-Main. Nach dem Studium der Volkswirtschaftslehre begann sein beruflicher Werdegang 1982 im Kreditgeschäft der Dresdner Bank AG in Essen. Es folgten an verschiedenen Orten mehrere erfolgreiche Tätigkeiten in leitender Funktion im Firmenkundenkreditgeschäft. Fachliche Schwerpunkte lagen dabei unter anderem in der Entwicklung von Konzepten zur Risikosteuerung sowie der Führung von erfolgsorientierten Kompetenzteams im Risiko- und Sanierungsmanagement der Bank.

Es folgte von 2003 bis 2006 eine Tätigkeit als Senior Manager in der Restrukturierungsberatung von KPMG Advisory in Frankfurt am Main. Besonders durch seine persönlichen Netzwerkbeziehungen im Finanzmarkt sowie seine Moderation in Konfliktsituationen konnten zahlreiche Mandanten in der Umsetzung ihrer unternehmerischen Konzepte und der hierfür erforderlichen Kommunikation mit Kapitalgebern erfolgreich unterstützt werden.

Seit 2006 ist Rainer Langen Inhaber der bundesweit tätigen Beratungsgesellschaft Rainer Langen & Partner Mittelstandsfinanzierung, Kronberg. Kernkompetenz ist die Entwicklung und praktische Umsetzung individueller Finanzierungskonzepte für alle Phasen einer Unternehmensentwicklung. Dabei helfen ihm mehr als 20 Jahre Erfahrung im operativen Finanzierungsgeschäft, beste Kontakte in die internationale Finanzwelt sowie die Fähigkeit, Herausforderungen mit Leidenschaft anzunehmen und erfolgreich zu gestalten.

Kontakt: www.langenpartner.de

# Lektüre für den Mittelstand

◉ **Bernd F. Pelz, Regina Mahlmann**
**Manager im Würgegriff**
Eine Aufforderung zum Nachdenken in turbulenten Zeiten
2007, 180 Seiten mit 17 Abbildungen, broschiert
ISBN 978-3-931085-61-2

*„Kontroverse Thesen, gesammelt in eigener Führungserfahrung, anschaulich dargestellt.*
*Ein praxisorientiertes Lesebuch für Manager, insbesondere mittelständischer Unternehmen,*
*das nachdenklich stimmt und Impulse gibt". (Prof. Dr. Wilhelm Schneider, FH Bonn-Rhein-Sieg)*


◉ **Bernd F. Pelz, Regina Mahlmann**
**Erfolgsplanung KMU**
Souveräne Unternehmensführung durch systemische Erneuerung.
Ein Instrument für die Praxis. 2006, 134 Seiten mit 11 Abbildungen,
broschiert, ISBN 978-3-931085-55-1

*„Den Autoren gelingt ein gut lesbares, praktisch hoch relevantes Grundlagenwerk zur erfolgreichen*
*Geschäftssteuerung von KMUs. Empirische Fundierung und die konzeptionelle Entwicklung eines*
*Erfolgsplanungssystems heben dieses Werk aus der Menge der Unternehmensliteratur heraus."*
*(Dr. Helmut Willke, Professor für Soziologie an der Universität Bielefeld)*


◉ **Gerhard Feldmeier, Wolfgang Lukas, Heike Simmet (Hrsg.)**
**Globalisierung KMU**
Entwicklungstendenzen, Erfolgskonzepte und Handlungs-
empfehlungen. 2007, 77 Seiten mit Abbildungen, broschiert
ISBN 978-3-931085-63-6

*Eine empirische Studie des „Institute for Management and Economics" an der Hochschule*
*Bremerhaven im Verbund mit acht Industrie- und Handelskammern aus dem IHK-Nordverbund.*

**Rosenberger-Bücher**
**gibt es direkt beim**
**Verlag und überall**
**im Buchhandel**

◉ **Sie finden Leseproben**
**auf unserer Internetseite**

**Rosenberger**
Fachverlag

**Bücher für Berater**
**und Führungskräfte**
Postfach 1616 · D 71206 Leonberg
Telefon 07152.22627 · Fax 24321
**info@rosenberger-fachverlag.de**
**www.rosenberger-fachverlag.de**